特集

ディジタル表示回路を使ってモニタを直ドライブ

高速ビデオ・インターフェース×FPGA

FPGAマガジン

『FPGAマガジン発刊にあたって』

FPGA（Field Programmable Gate Array）

　本誌を手に取られた読者の方々は，FPGAと聞いてどんなイメージを持たれるでしょうか？　自分自身の手元で自由にハードウェアを作れる，それはまさに夢のようなデバイスではないでしょうか．FPGAを使って何ができるのか，あんなことやこんなこともできる，…　FPGAの無限の可能性を感じていただきたいと思い，本誌を企画しました．

　編集子は以前に何度か，雑誌や書籍に付属するマイコン基板の企画を担当したことがあります．それらのマイコンは高機能であるにもかかわらず「プログラマが窮屈に感じるアーキテクチャ」だと思ったことがあります．マイコンはメーカによってアーキテクチャが決められており，プログラマはその上でしか作業ができません．

　FPGAであれば，好きなようにアーキテクチャをデザインできます（現実問題として，すべてをオリジナルで設計するのは非常に大変だが）．そういう意味では，プログラマにこそFPGAを使ってもらいたいと考えています．

　本誌は"FPGAマガジン"と銘打たれていますが，リコンフィギャラブル・デバイス(Reconfigurable Device)や広い意味でのPLD(Programmable Logic Device)など，一般的にはFPGAに分類されていなくても，プログラマブルなデバイスであれば，どしどし取り上げていく予定です．ご期待ください．

FPGAマガジン編集長　村上 真紀

FPGAマガジン No.1

特集 高速ビデオ・インターフェース×FPGA

プロローグ
モニタ直結！D-Aコンバータやトランスミッタはもう要らない
ビデオ・インターフェース 完全ディジタル時代到来 ……………… 4

第1章
【アナログもディジタルも基本はいっしょ】
ディジタル・インターフェースの超定番DVI/HDMIを理解するために
元をたどればやっぱりアナログ・ビデオ信号 ……………… 6
佐藤 達之

第2章
【DVIとHDMIは互換性あり】
ディジタル・ビデオ・インターフェース 基本中の基本
三大インターフェース DVI, HDMI, DisplayPortの仕様 ……… 11
長野 英生

第3章
【トランスミッタICを使うと簡単】
定番品からアナログRGB出力タイプ，モニタ開発用のレシーバまで
DVI/HDMIトランスミッタ/レシーバICのいろいろ ……………… 23
海老原 祐太郎, 長嶋 毅, 池上 政和

Appendix
【Zynq入門にはZedBoardが最適】
ナンテいい時代！こんなに高機能なのに今すぐキットで誰でも試せる
ソフトもハードもプログラミング！
ARM Cortex-A9搭載FPGA Zynq ………… 33
鈴木 量三朗

第4章
【まずはDVIから始めよう】
トランスミッタIC不要！FPGAと直結！
実験研究！
DVI&DisplayPort対応の
ディジタル・ビデオ表示回路 ……………… 38
長嶋 毅

第5章
【そんな回路でDVI表示ができるわけがない！】
抵抗&コンデンサだけのシンプルなDVI表示回路でモニタに直結
FPGAスタータ・キットDE0で研究！
ディジタル・ビデオ差動信号 ……………… 50
大野城 春日

第6章
【フルHDインベーダ・ゲームも動く！】
FPGAでトランシーバ回路とレシーバ回路を作ってみた
HDMI出力のフルHD
CMOSカメラとHDMI入力画像処理ボード ……………… 58
江崎 雅康, 長屋 雄一朗, 安田 晃, 寺西 修, 岩田 正雄

CONTENTS

表紙・目次デザイン／竹田 壮一朗　イラスト／小島サエキチ　表紙写真撮影／矢野 歩

最新技術

【シミュレータを使って今からでも設計を開始できる】
ARM Cortex-A9搭載！全部入り最新FPGAの研究 〜アルテラSoC編〜
アルテラSoCの概要と開発ツールの紹介 ………………………………………… 69
姫野 呂裕

【スタータ・キットZedBoardで試せる】
ARM Cortex-A9搭載！全部入り最新FPGAの研究 〜Zynq編〜
開発ツールPlanAheadの使い方とZedBoardのOLEDの制御方法 ……… 76
中原 啓貴

【Cyclone, Arria, Stratixの3シリーズ】
定番＆最新FPGAの研究 〜Altera編〜
歴代デバイスの変遷と最新デバイスのラインナップ紹介 ………………… 84
浅井 剛

【最新デバイスは7シリーズ】
定番＆最新FPGAの研究 〜Xilinx編〜
デバイスの特徴と開発ツールの概要 ………………………………………………… 91
丹下 昌彦

【IC 1個でもここまでやれる】
カメレオンIC PSoC3/5 の研究
PSoCの使いどころとPSoC3/5の概要 ……………………………………………… 104
浅井 剛

【ARM Cortex-M3コア搭載でアナログにも強い！】
SmartFusionで作るMyワンチップ・マイコン
ARM系CPUコア搭載FPGAの使い分けとSmartFusionの概要 ……… 112
浅井 剛

基礎解説

【IPコアの活用技法を体験】
無償で使えてよりどりみどり！オープン・ソースIPコアの研究
WISHBONEバスとPWMコントローラの接続 …… 98
横溝 憲治

【HDLを1行も書かずにFPGAマイコンを使おう！】
Nios IIのアーキテクチャと「Hello World」チュートリアル
FPGAスタータ・キットDE0で初体験！
無償ソフトCPUコアNios II/e入門 ………………… 121
長船 俊

【誰でもプログラミング言語Cで回路が作れる】
高位合成言語Impulse Cによる画像処理アルゴリズムの実装
高位合成の使いどころと最適化の勘所 … 127
宮島 敬明

【MicroBlazeでも無償で使えるバージョンが登場！】
USBドングル型のお手軽FPGAキット
MicroBoardでチョコット体験
無償ソフトCPUコアMicroBlaze MCSで
ハード＆ソフト作り …………………………………… 134
横溝 憲治

特集

プロローグ モニタ直結！D-Aコンバータやトランスミッタはもう要らない

ビデオ・インターフェース 完全ディジタル時代到来

編集部

● ビデオ・インターフェースもディジタルへ

長らくアナログの世界が続いたビデオ信号の世界も，2011年7月24日にアナログTV放送が終了して以降，一気にHDMIの普及が加速した感じがあります．既にほとんどの家庭では，HDMI端子を装備したTVをお持ちでしょう．そうです，ビデオ・インターフェースもディジタルの時代なのです．

パソコンでよく使われるビデオ・インターフェースも，アナログRGBからDVIへ，そしてHDMIやDisplayPortに移り変わってきました（図1）．

これから映像表示機能を持ったシステムをFPGAベースで設計開発しようとされるそこのあなた！いつまでもアナログRGBのままでいいのですか？

● まずは規格概要の把握から…

ディジタル・ビデオ・インターフェースを採用するには，まずはその規格について理解しなければなりません．アナログとは全く異なる技術の上にディジタル・ビデオ・インターフェースがあるように思われがちですが，実はその基本的な考え方はアナログでもディジタルでも共通したのものが多数あります．

そこで第1章では，ディジタル・ビデオ・インターフェースを理解する上で必要なアナログ時代から共通したキーワードを解説します．

そして第2章でディジタル・ビデオ・インターフェースとしての仕様概要を解説します．どんな高速差動信号が採用されているのか，DVIとHDIMI，DisplayPortはそれぞれ何が違うのかを解説します．

● ディジタル化への道その1～トランスミッタICを搭載～

既存のアナログ・ビデオ表示システムにディジタル・ビデオ・インターフェースを採用するてっとり早い方法は，トランスミッタICの採用です．

第3章では，市販されているDVI/HDMIトランスミッタ/レシーバICの使い方を解説します．まずはDVIトランスミッタとして定番のTFP410（Texas Instruments社，**写真1**），DVIとアナログRGB出力の両方が同時に表示できるCH7301C（Chrontel社），そしてHDMIトランスミッタとしてよく使われているADV7511（Analog Devices社，**写真2**），最後はDVIレシーバとしてSTDP602x（STMicroelectronics社）の使い方を解説します．

● ディジタル化への道その2～FPGA直結～

搭載するFPGAがDVIやHDMIで採用されているTMDS（Transition Minimized Differential Signaling）

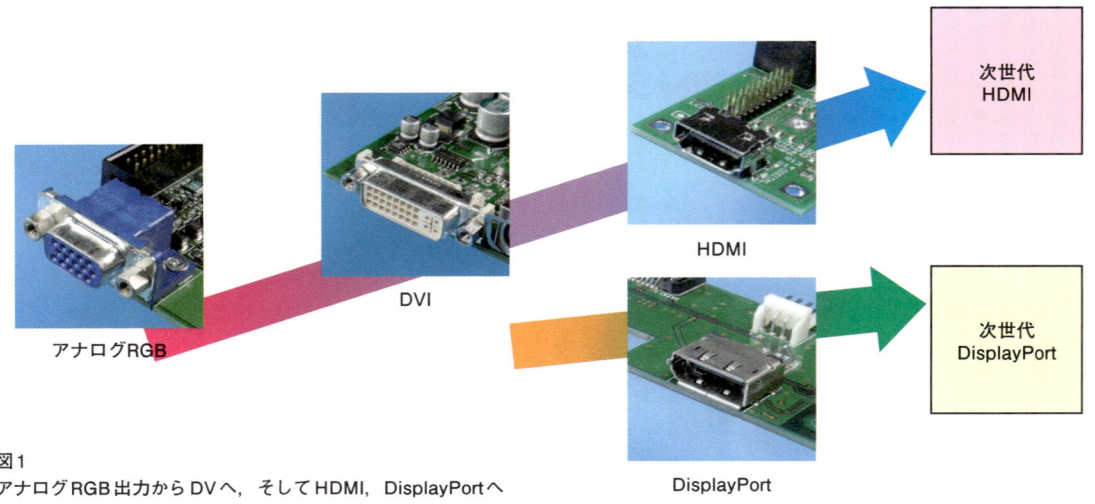

図1
アナログRGB出力からDVへ，そしてHDMI，DisplayPortへ

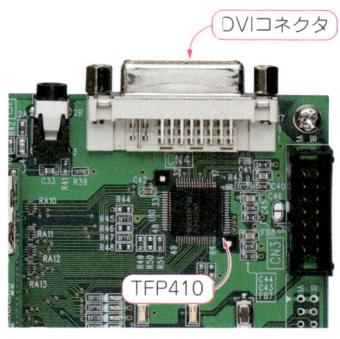
写真1　定番DVIトランスミッタTFP410
→第3章で解説

写真2　定番HDMIトランスミッタADV7511
→第3章で解説

写真3　FPGAとDVIを直結
ZedBoard+ZedBoard対応フルカラーDVI出力アダプタ
→第4章で解説

写真4　FPGAとDisplayPortを直結
Arria GX用DisplayPort拡張ボード
→第4章で解説

写真5　FPGAとレベル変換ICを介してDVI接続
MicroBoard+MicroBoard用拡張ボード
→第4章で解説

写真6　フルHDインベーダ・ゲーム
→第6章で解説

に対応していれば，トランスミッタICは不要でFPGAとDVI/HDMIコネクタを直結可能です．さらにFPGAに，1.62Gbps対応のギガビット・トランシーバが1チャネルでも内蔵されていれば，最もベーシックな仕様（RBR：Reduced Bit Rate，1レーン）のDisplay Portも直結可能になります．第4章では，FPGAとDVI/HDMI，DisplayPortを直結（**写真3**，**写真4**）する方法について解説しています．

また，DVI/HDMIに直結まではできなくても，ほかの高速差動信号モードでDVI相当のタイミングを作り出し，レベル変換ICでDVI信号レベルに変換して表示することも可能です（**写真5**）．この方法についても第4章で解説しています．

● FPGAでDVI/HDMIを表示する方法

まだまだあります！

第5章では，入門向けFPGA評価ボードDE0に，抵抗とコンデンサを追加しただけでDVI表示が可能か実験します．まさに「そんな回路でDVI表示ができるわけがない！」と叫びたくなる外付け回路です．

第6章はDVI/HDMIのより本格的な応用事例として，高解像度CMOSカメラをHDMIに変換して出力し，それをHDMIで入力して画像処理が可能なFPGA評価ボードを紹介します．FPGAにHDMIトランスミッタ機能とレシーバ機能の両方を実装しています．面白い応用例として，フルHDインベーダ・ゲームも動いています！（**写真6**）

● お手元のFPGAボードのアナログ・ビデオ出力をディジタルに！

あなたのお手元に，まだアナログRGB出力のままのFPGAボードがありませんか？そしていつディジタル・ビデオ・インターフェースに切り替えますか？
『今でしょ！』

プロローグ　ビデオ・インターフェース 完全ディジタル時代到来

特集

第1章 ディジタル・インターフェースの超定番DVI/HDMIを理解するために

元をたどればやっぱりアナログ・ビデオ信号

アナログもディジタルも基本はいっしょ

佐藤 達之
Tatsuyuki Sato

ここではビデオ信号の基礎知識として，ディスプレイ上での色表現や画面表示方式，同期信号，フレーム・レートなど，グラフィックス表示とビデオ信号の基礎知識について解説します．

● コンピュータ系はRGB方式が主流

今日のディジタル・データによる画像はたくさんの小さなピクセルを方眼上に敷き詰めることで表現されます．四角い色タイルを敷き詰めて作るモザイク画と同じ原理です．本来，解像度はピクセルの大小で決まりますが，ピクセルの大きさにかかわらず縦横の総ドット数で表すのが一般的です．フルHDでは縦横1920×1080（1080p），安価なノートPCやタブレットでは1336×768や1280×800，Apple社Retinaディスプレイ（15インチ）では2880×1800，そして4K2KはフルHDの縦横2倍近いのものを指します．

各ピクセルがどのような光または色なのかはカラー・スペース（色空間）で表現します．カラー・スペースにはsRGB，AdobeRGB，XYZなどの加法混色系，YUV，YCbCr（YPbPr）などの輝度色差系，HSV，HSSなどの色相系，CMYK，CMKなどの減法混色系など様々な種類があります．ほとんどのカラー・ディスプレイでは，図1に示すような光の三原色を使い，図2のように赤（R），緑（G），青（B）のドットを発色させてピクセルを再現しています．このようにコンピュータ系では，最も直交性が高いRGB方式が採用されてきました．

● AV機器は輝度色差も使われる

一方テレビジョンやビデオ装置などAV機器ではアナログ放送信号の復調工程で必ず通過する信号であり，同じデータ量で人間の視覚に対して効率良く色空間を再現できる輝度色差がよく使われてきました．

どちらも3種類のパラメータで3次元の位置を表しますが，1ピクセル当たり何ビットで表現するかによって色深度が決まり，これをbpp（bits per pixel）という単位で表します．

現在，コンピュータ系では赤，青，緑を各8ビットで表すRGB24bppが主流です．人間の目が識別できる範囲をほぼカバーできるということで一般的にTrue Color（トゥルー・カラー）と呼ばれます．その他，15/16bppをHigh Color（ハイ・カラー），24bppを超えるものをDeep Color（ディープ・カラー）と呼びます．

送受信機の回路に合わせて選択されてきたカラー・スペースですが，半導体の集積度とディジタル処理技術の向上からコスト面への配慮は不要となり，現在は再現性の方が重視されるようになっています．

● ラスタ・スキャン方式と描画方法

画面の左上端から水平方向に右端まで描画を行い，これを垂直方向に上から下まで順番に繰り返して画面

図1　光の三原色

図2　ディスプレイでの表示

- RGBが全て強く光ると白色
- Rが強く，Gがその半分，Bが少し光るとオレンジ色

全体を描画する方式がラスタ・スキャン方式です．ラスタ（走査線）でスキャンすることからこう呼ばれますが電話より古いファクシミリから用いられている方式で，人が横書きの文章を読む行為がこれと似ています．

最初の1ラスタを左端から右端まで描画した後は水平帰線期間に入り1ドット下の左端に戻ります．図3では(639,0)から(0,1)へ移る点線の部分で，この指示を行うのが「水平同期信号」と呼ばれる信号です．同様に(639,479)から(0,0)の間は垂直帰線期間となり「垂直同期信号」が発生します．垂直同期信号が発生したら原点(0,0)に戻り次のフレームの描画に続きます．

ピクセル情報は送信側から受信側へ無手順で単方向に伝達されるため，ビデオ信号では一般的に送信側をソース（Source），受信側をシンク（Sink）と呼びます．

ラスタ・スキャンと別の描画方法としてベクタ・スキャン方式があります．人が文字を書く行為のように線を直接なぞって描画する方式です．少ない情報で高速に描画できることから古くはオシロスコープに，今日ではレーザ・プロジェクタなどでも使われますが，ビデオ画像の再生には向きません．

● フレーム・レートと倍速駆動

フレーム・レートとは画像を更新する周期のことでリフレッシュ・レートや垂直走査周波数ともいいます．1秒間に何回更新するかをfps（Frames Per Second）やHz（ヘルツ）で表します．両者は同じ単位ですがfpsはCGなど描画側の周期でよく使い，伝送信号ではHzがよく使われます．

映像ソースのフレーム・レートは，NTSCやPALといったアナログ放送信号の関係から29.97Hzや25Hz，フィルム映写機の関係で映画やアニメでは24Hzだったりと様々です．

HDMIはNTSC圏では59.94Hz/60Hzのいずれかに変換して伝送することを基本としていますが，セカンダリ・モニタの規格には25Hzから200Hzまで実に様々なフレーム・レートが定義されています．

フレーム・レートの変換は画質の劣化を生じるため24Hzなどに対応する機器も増えてきており，画面モー

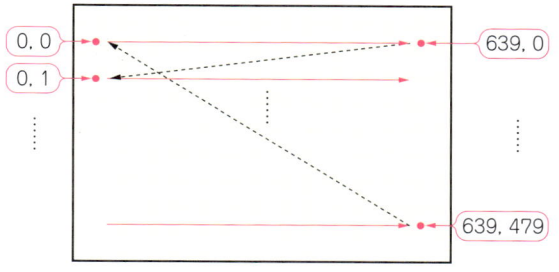

図3 ラスタ・スキャン方式（640ドット×480ラインの場合）
画面左上の(0,0)から右上の(639,0)を描画する．次に一つ下の(0,1)から右に向かって描画する．同じように一段ずつ描画し，最後に(639,479)を描画したら(0,0)へ戻る．

ドに'1080p/24Hz'などフレーム・レートまで記載することがあります．コンピュータでは60Hzが常用されることが多いのですが，3D映像やゲーム用途では120Hzや144Hzといった高フレーム・レートが使われることがあります．

市販されている高性能テレビの中には「モーションフロー」や「アクティブスキャン」などの名称で240/480/960といった数字が出てきます．これらは倍速駆動や倍速液晶と呼ばれるもので，フレーム間に補間フレームを生成したり表示パネルを駆動する周期などを表すもので，映像ソースにおけるフレーム・レートとは異なります．

● インタレースとは

ビデオ信号にはインタレース（Interlace）モードという特殊な送信方式があります．これは，偶数ラインと奇数ラインを分離して1フレームごとに交互に伝送する方法で，同じ転送レートで擬似的に2倍の解像度とフレーム・レートを得ようという欲張りなものです（図4）．

HDMIやD端子の画面モードで1080iなど末尾に"i"の表記があるのがインタレースになります．インタレースでないものをプログレッシブと呼び，画面モードの末尾に"p"が表記されます．

アナログ時代にはCRT（ブラウン管モニタ）のスキャン速度や放送信号に制約が大きかったため，

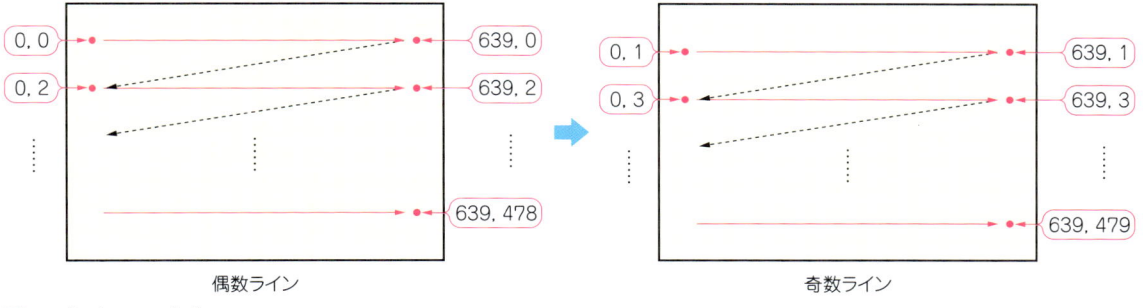

図4 インタレース方式

第1章 元をたどればやっぱりアナログ・ビデオ信号

NTSCやPALでは有効な方式として採用されました．しかし動きに対してプログレッシブより画質が劣ります．情報量を減らす目的や伝送経路の帯域に制約があるケースで使用されます．

● 3D映像

左目の画像と右目の画像を別々に送る方法と，左目の画像と右目の差分を送る方法がありますが，前者が主流です．サイドバイサイド（SIDE-by-SIDE），トップアンドボトム（TOP-and-BOTTOM），ラインバイライン（LINE-by-LINE），フレームシーケンシャル（フィールドシーケンシャル）と様々な方法がありますが，これらは左右の画像の配置方法に差があるだけで原理は同じです．

左右に異なる画像を送るので情報量が2D映像の2倍になります．2Dの同じ画面モードに対して2倍の転送レートが必要です．

● ラスタ・スキャンと信号規格

NTSC，VGA端子，DVI-D，D端子，HDMIからDisplayPortに至るまで，非圧縮の画像フォーマットのほとんどがラスタ・スキャン方式です．右端から左端へ1ライン伝送し，これを上から下まで順に行って画像を構成し，次のフレームに移るという基本概念は全て一緒です．

もともとビデオ信号におけるラスタ・スキャンは，電子ビームをねじまげて任意の位置に照射できるCRTで，ビームを画面の端から端まで順序良く照射して画面全体に画像を表示させる駆動方式として採用されました．水平同期信号や垂直同期信号の前後にブランク期間が存在するのはこのためです．

今日のフラットパネル・ディスプレイ（FPD）とは駆動方式が異なり，フレーム・バッファ上で画質補正を行うものも多く，ビデオ信号から直接駆動することはほとんどありません．

それでもピクセル情報をシリアライズして伝送するラスタ・スキャン方式は単純で扱いやすいため，ビデオ信号の伝送フォーマットとして継承され続けています．

図5に標準的なVGAモード（640×480/60Hz）におけるVGA端子とDVI-Dにおける信号タイミングを示します．スキャン方式が変わらない一方で，ビデオ信号の規格は様々に変化しています．元となるピクセル情報は同じでも，トランスポート層（Transport Layer）と呼ばれる伝送信号に変換する部分と，物理層（Physical Layer）と呼ばれる信号レベルやコネクタやケーブルの部分が規格によって異なります．

コンピュータ系では，NTSC/PALで文字を鮮明に表示できないことからRGBセパレート方式となり，それが多色プログレッシブ化してVGA端子になりました．解像度の向上でアナログ信号が帯域不足となったためディジタル化してDVI-Dとなり，高解像度化がさらに進んでDVI-Dでも帯域不足が懸念されるようになり，その後継としてDisplayPortが誕生しています．

規格が乱立することは好ましくありませんが，必要に迫られる中で互換性の維持やコスト面などを考慮しながら改良してきた経緯があり，仕方がない側面もあります．

● ラスタ・スキャンの問題点と課題

ラスタ・スキャン方式は単純で扱いやすいのですが，無圧縮で転送するため高解像度化や色深度の増加に比例してデータ転送量が膨大になります．

そのため記録容量の限られるBlu-Ray DiscやDVD，帯域幅に制限のある地上デジタル放送やネットワーク映像配信のソースには，MPEG2やMP4といった効率的な圧縮フォーマットが用いられています．

これまで転送レートを引き上げる方向で帯域を広げてきましたが，純粋なラスタ・スキャン方式を継承する必要性はなくなっているはずです．

携帯端末用ではI/Oピン数にも制限がありますし，転送レートの引き上げが困難になってくれば今後はラスタ・スキャンを離れて圧縮フォーマットへ移行していくのかもしれません．

● 各種ビデオ信号とFPGAにおけるビデオ送信の留意点

FPGAを使って実際にビデオ出力を行うためにはどのような回路が必要でしょうか．各種ビデオ信号の出力に必要な処理の概要を図6に示します．

どのようなビデオ伝送仕様でも，ラスタ・スキャンでピクセル情報を取り出す部分は共通です．ただしピクセル・クロック，水平周期，垂直周期などは各規格に合わせる必要があります．ラスタ・スキャンで得たピクセル情報を，トランスポート層で規格で定められた方法でエンコードを行い，規格に沿った物理ポート層で出力すれば各ビデオ信号に対応できます．

◆参考文献◆

(1) 佐藤達之：グラフィクが表示される仕組み，Interface 2009年8月号，CQ出版社．
(2) VESA DisplayPort Standard Version 1, Revision 1a, VESA, http://www.vesa.org/
(3) DisplayPort Technical Overview - VESA, VESA, http://www.vesa.org/
(4) LLC, http://www.hdmi.org/prodFinder/ProductSearch.aspx
(5) Introducing HDMI 1.4 Specification Features, HDMI
(6) ウィキペディア，http://ja.wikipedia.org/
(7) 通信用語の基礎知識，http://www.wdic.org/

さとう・たつゆき　ティー・アンド・エー

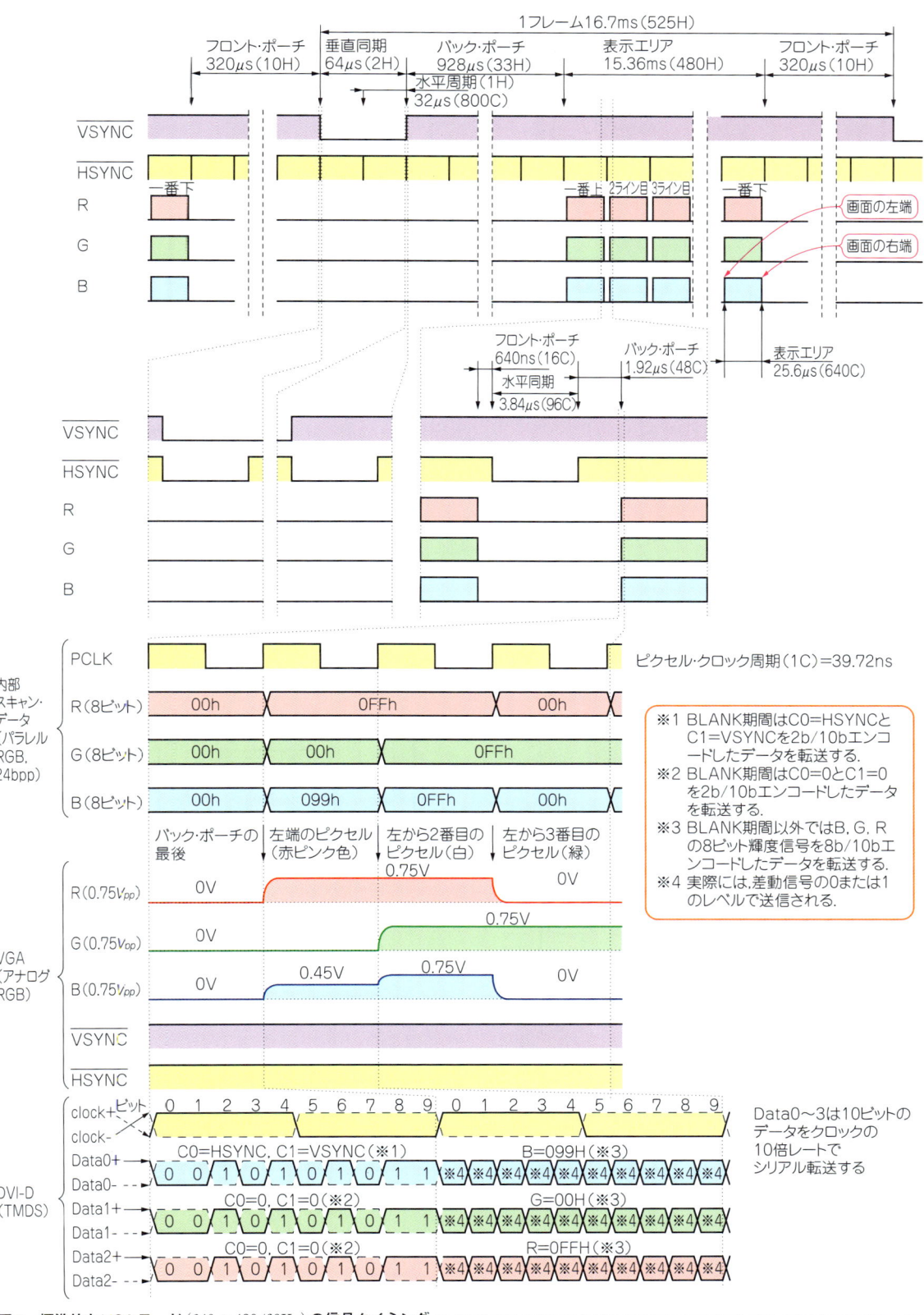

図5 標準的なVGAモード（640×480/60Hz）の信号タイミング

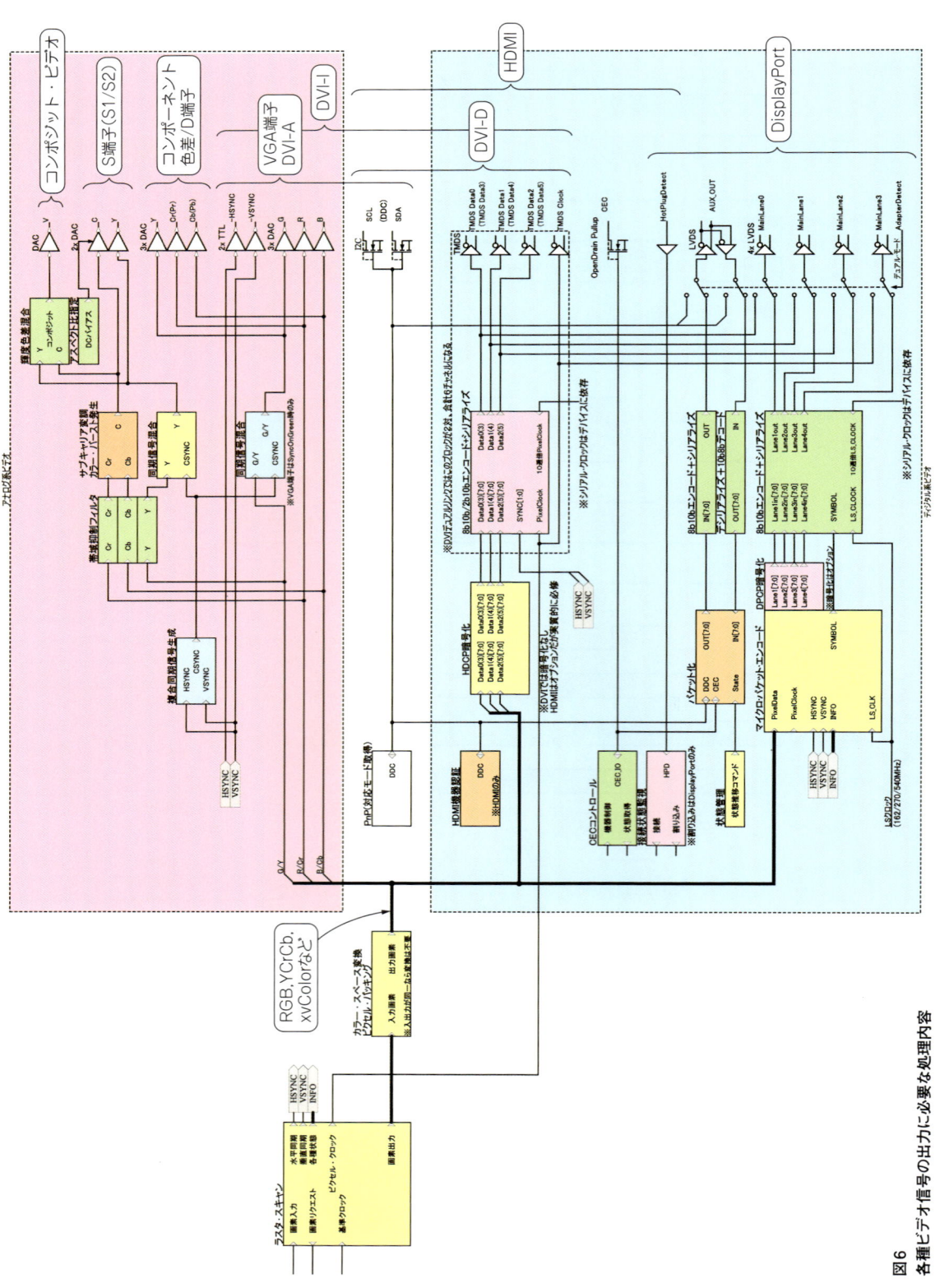

図6 各種ビデオ信号の出力に必要な処理内容

特集

> DVIとHDMIは互換性あり

第2章 ディジタル・ビデオ・インターフェース 基本中の基本
三大インターフェース DVI, HDMI, DisplayPortの仕様

長野 英生
Hideo Nagano

ここでは，DVI，HDMI，DisplayPortの各ディジタル・ビデオ・インターフェースの仕様について要点を解説します．HDMIはDVIを拡張して誕生した規格なので，電気的に互換性がありコネクタ変換で接続が可能です．しかしDisplayPortはHDMI/DVIとは全く異なるビデオ・インターフェースとなっています．

1. HDMIの基礎知識

● HDMIのシステム構成

図1にHDMIトランスミッタ/レシーバを含む全体のシステム構成を示します．HDMIでは物理層である信号ラインに，TMDS（Transition Minimized Differential Signaling）と呼ばれる高速差動信号が使われています．TMDSは4レーン（4差動ペア）あり，データ・レーンが3レーン（CH0，CH1，CH2）と，クロック・レーンが1レーンあります．TMDSデータ・レーンのうち，CH0はRGBのうちB映像とVSYNC（垂直同期信号）/HSYNC（水平同期信号）がアサインされています．CH1は，G映像とコントロール信号がアサインされています．CH2にはR映像とコントロール・データがアサインされています．

このことからHDMIは，アナログであるVGA信号のRGB各映像を，それぞれTMDSの高速差動信号に変換して伝送するものと考えることができます．

DDC（Display Data Channel）は，VESA（Video Electronics Standard Association）で標準化されたディスプレイ・データに関するインターフェース規格であり，通信プロトコルはI²Cを使った低速の通信線です．レシーバのEDIDのデータをリードしディスプレイの性能（解像度，製品情報など）をトランスミッタからリードするのに使います．またHDCPの認証動作もDDCラインを使って行います．

+5V Powerは，5V電源ラインで，トランスミッタ

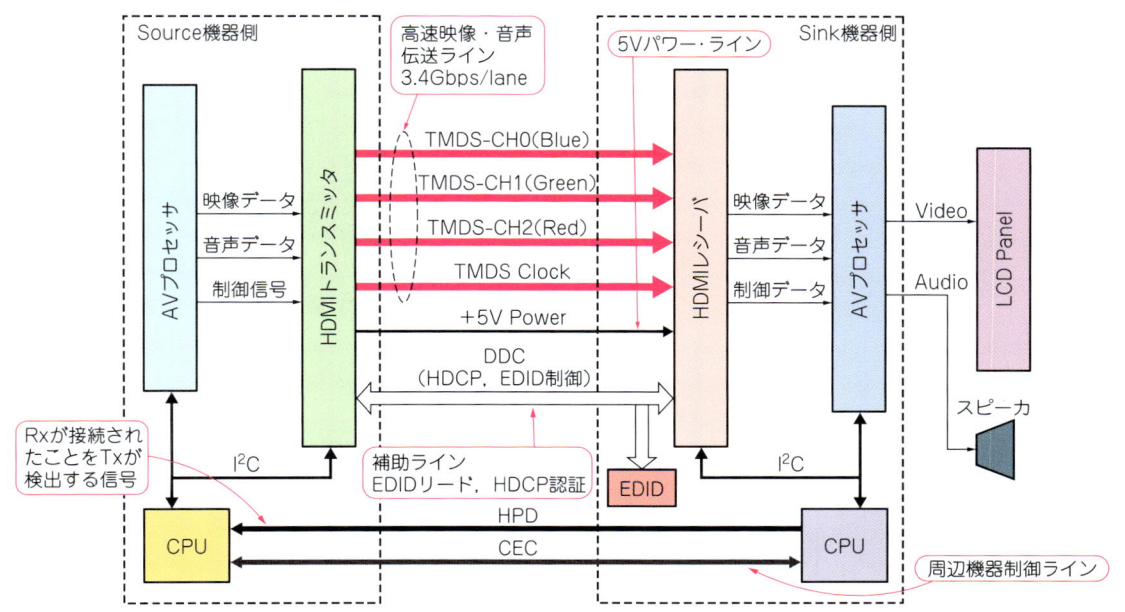

図1 HDMIトランスミッタ/レシーバを含むシステム全体構成

はDDCあるいはTMDSを出力するときは，+5V PowerをON（"H"レベル）にします．レシーバは+5V Powerが"H"レベルになったことを検出し，EDIDがリード可能であればHPD（Hot Plug Detect）を"H"レベルにします．

● HDMIトランスミッタのブロック図

図2にHDMIトランスミッタの内部ブロック図を示します．

ビデオ・プロセッサ部は入力映像を，RGB444/YCC444/YCC422などのフォーマットに変換したり，フルレンジ/リミテッド・レンジを変換したり，ピクセル・レピティション（Pixel Repetition）[注1]を設定したりします．

オーディオ・プロセッサ部は入力オーディオから，128fs（fs：サンプリング周波数）やN/CTS[注2]設定などの音声基準信号を生成します．これらの設定はCPUからI²C経由のレジスタで設定されます．

その後，HDMIプロトコル・エンコーダで，パケット・データの生成，HDMIプロトコルへのマッピングなどを行います．そして，HDCPエンジンでHDCP認証・暗号化処理を行います．HDCP認証にはHDCPキーを使うため，ほとんどの場合はSoC内部の不揮発性メモリ（電源を落としてもデータが保持されるメモリ）に格納されます．

TMDSデコーダで8ビットの映像データは10ビットのTMDSデータに変換されます．音声データはTERC4（TMDS Error Reduction Cording 4bit）による4ビット・データを10ビット・データに変換します．そして，TMDS物理層で10：1のパラシリ変換を行い，差動バッファから出力されます．

● HDMIレシーバのブロック図

図3にHDMIレシーバのブロック図を示します．TMDSは物理層（TMDS PHY）とリンク層（TMDSデコーダ）で構成されます．物理層ではTMDS信号をイコライザを使って受信し，CDR（Clock Data Recovery）で1：10のシリパラ変換を行います．パラレル・データに変換された後，リンク層であるTMDSデコーダで映像データは10ビットのTMDSデータ8ビットの映像データに変換します．その後HDCPエンジンにて暗号を解除します．HDCPの認証にはHDCPキーを使うので，ほとんどの場合はSource機器同様SoC内部の不揮発性メモリに格納されます．HDMIプロトコル・デコーダでパケット・データを抽出しレジスタに格納します．映像データはビデオ・プロセッサにてRGB/YCC444/YCC422の変換処理，フルレンジ/リミテッドレンジ処理，ピクセル・レピティション処理などHDMIの主要な映像処理を行います．

音声データはオーディオ・プロセッサにて，N/CTS値から128fsを再生します．また，音声データがオーバフロー，アンダ・フローしないようにFIFOメモリで調整します．

● 映像ブランキング期間を有効活用し，音声とパケット・データを送信

HDMIではブランキング期間をうまく活用することで，音声データやInfoFrameの各種パケット信号を送信する方式が採られました．図4にHDMIにおける

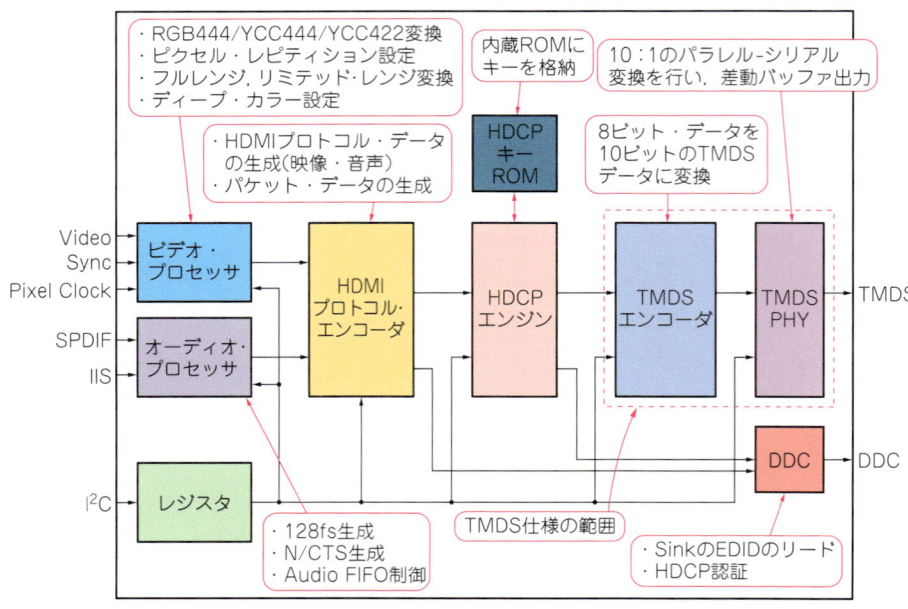

注1：TMDSクロック周波数をピクセル・クロック周波数のN倍に設定できる機能．主にピクセル・クロック周波数がTMDS周波数の下限以下のときに使われる．

注2：Sink側で音声クロック（fs）を再生するためにSource側から送信するパラメータ．

図2 HDMIトラッスミッタの内部ブロック図

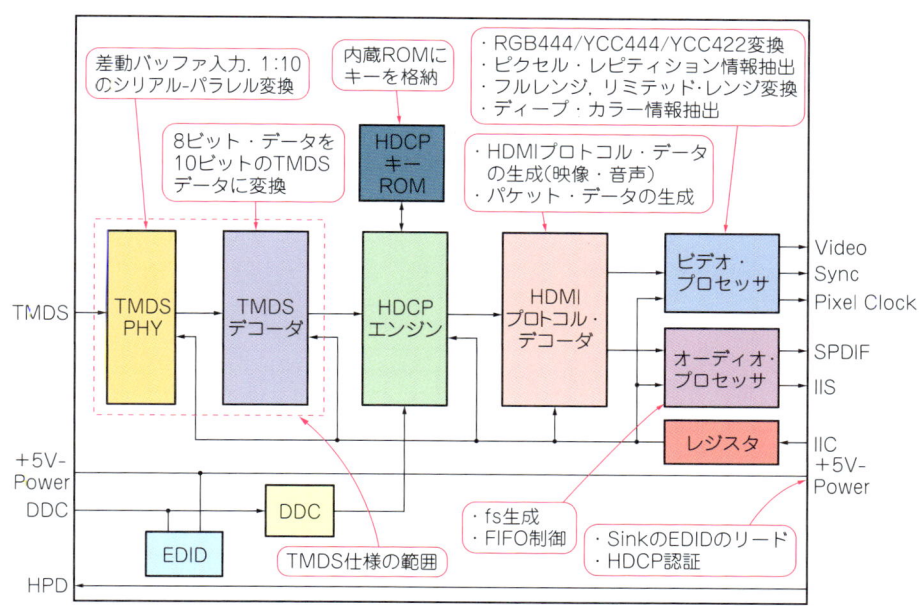

図3 HDMIレシーバの内部ブロック図

データ伝送タイミング図を示します．HDMIでは以下の三つのデータ送信期間が定義されています．
①アクティブ映像期間
　アクティブ映像期間は，DE（Data Enable）アクティブ期間に映像データを送信します．
②データ・アイランド期間
　データ・アイランド期間はブランキング期間に存在し，音声データやInfoFrameなどのパケット・データを送信します．
③コントロール期間

　コントロール期間もブランキング期間に存在し，プリアンブルやHsync，Vsyncなどの同期信号を送信します．
　HDMIではこれらの三つのデータ送信期間の区切りを見つける信号を定義しています．
　図4の同期信号付近の拡大図を図5に示します．図5はコントロール期間→データ・アイランド期間→コントロール期間→アクティブ・データ期間と順番に切り替わる部分を示しています．コントロール期間の最後にはプリアンブル（Preemble）がTMDSチャネル1

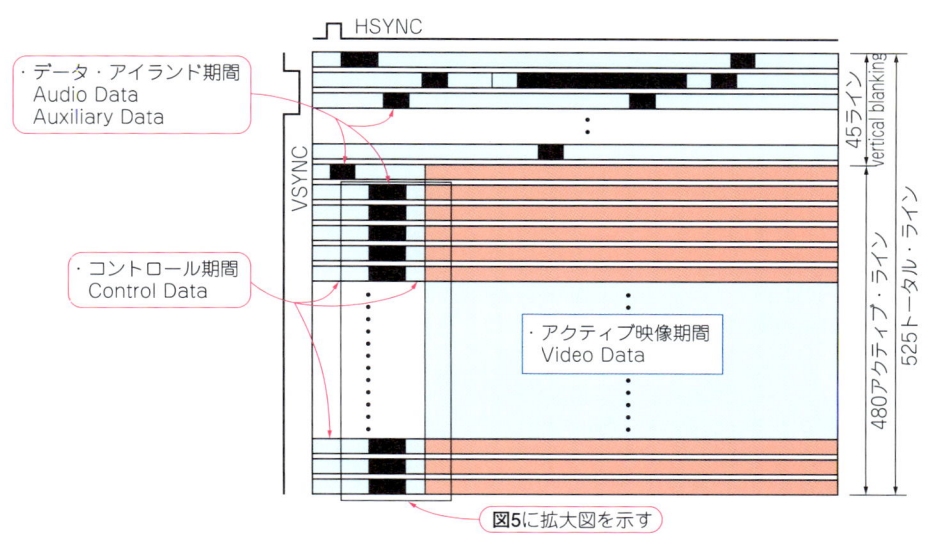

図4 データ伝送タイミング図

1. HDMIの基礎知識　　13

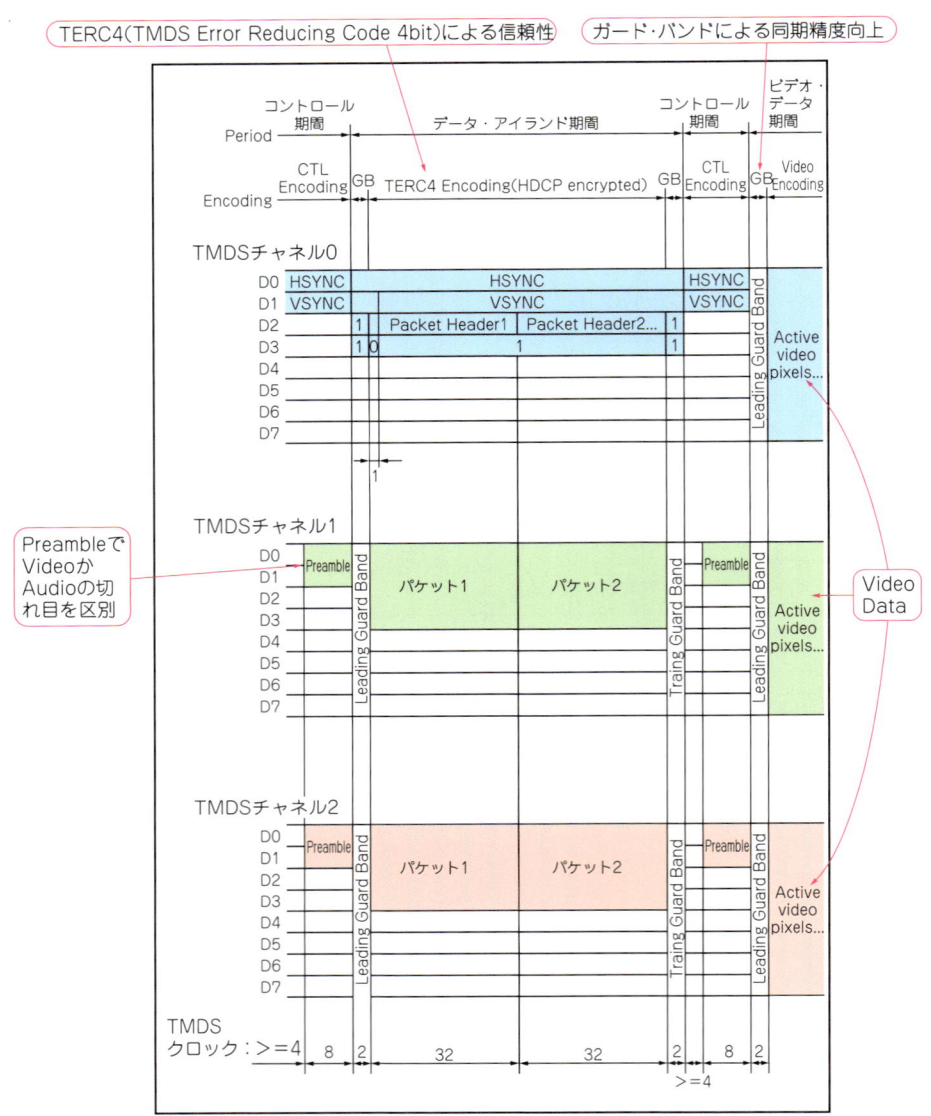

図5 同期信号付近の拡大図

とTMDSチャネル2に割り当てられるため，Sink機器ではこれを抽出します．また，データ・アイランド期間の最初と最後にはガード・バンド（Guard Band）といわれるデータがTMDSチャネル1とTMDSチャネル2に割り当てられるため，Sink機器ではこれらのデータを抽出します．また，アクティブ・データ期間の最初にはガード・バンド・データが全てのTMDSチャネル1，2，3に割り当てられるため，Sink機器ではこれらのデータを抽出します．

● HDMIにおけるTMDSの位置づけ

TMDSは，Silicon Image社が開発した高速シリアル伝送技術であり，DVIとHDMIの両方で使われています．TMDSでは8ビットの映像信号を10ビット化する（8b→10b変換する）ことで，データの1，0の遷移を最小化し，高周波成分を抑えることができます．高周波成分ほど，高速化，長距離伝送化により波形が減衰しやすく，レシーバで正しく信号を再生できなくなる可能性が高くなります．高周波成分を抑えることで，より高速かつより長距離に伝送することが可能になります．またTMDSはピクセル・クロックも伝送するため，ディスプレイ側の同期ずれの問題を改善することもできます．

TMDSのコーディングはアクティブ・ビデオ期間（DE="H"レベル期間）だけでなく，ブランキング期

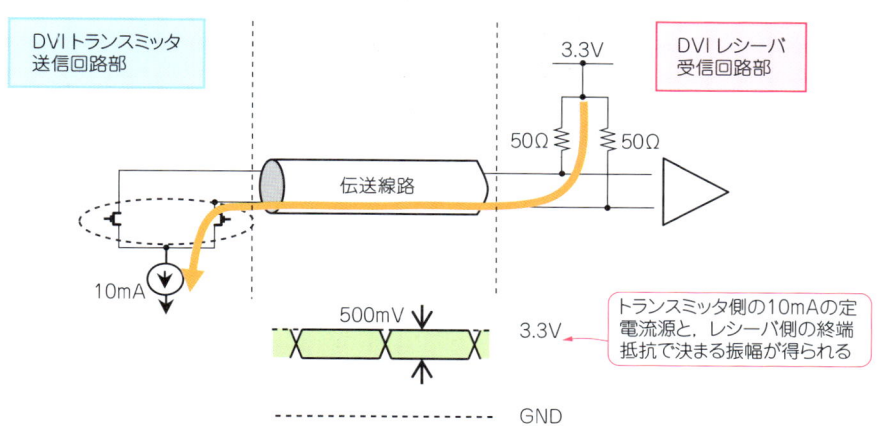

図6 TMDSの物理層の等価回路図

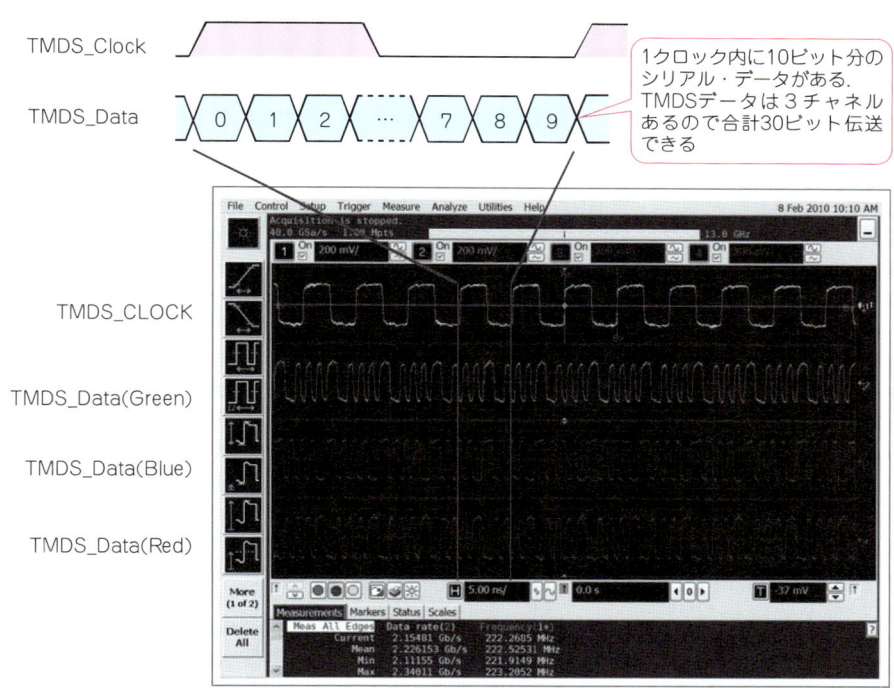

図7 TMDSの測定波形

間（DE="L"レベル期間）も8b→10b変換が適用されます．ブランキング期間は映像データが送られないため，1，0の状態遷移が少なくなります．よってできる限り1/0の遷移を多くしています．

● TMDSの物理層の等価回路図

図6にTMDSの物理層の等価回路図を示します．トランスミッタ側はオープン・ドレイン（オープン・ドレインでない構成例もあり）の定電流ドライバで10mA（TYP）をドライブします（トランスミッタ側は反射防止のため電源終端される場合もある）．レシーバ側は50Ωの終端抵抗を有し，10mAと50Ωの積で得られる振幅500mV（信号減衰がない場合）をレシーバのアンプで増幅します．終端抵抗はシングルエンドで50Ωになっており，ケーブルの特性インピーダンスは差動100Ωに規定されています．

図7にTMDSの測定波形を示します．元の映像データは1ピクセル・クロック当たり8ビット単位ですが，TMDSデータは1TMDSクロック当たり10ビット単位で構成されています．DVIの場合はTMDSのクロック周波数は最大165MHzまで対応しており，DVIとしての最大データ伝送量は4.95Gbps（=165MHz×10ビット×3レーン）になります．HDMIの場合は

1. HDMIの基礎知識　15

表1　DVIとHDMIの変換コネクタの信号ピンの対応

HDMIピン番号	信号名	DVIピン番号
1	TMDSデータ2+	2
2	TMDSデータ2シールド	3
3	TMDSデータ2−	1
4	TMDSデータ1+	10
5	TMDSデータ1シールド	11
6	TMDSデータ1−	9
7	TMDSデータ0+	18
8	TMDSデータ0シールド	19
9	TMDSデータ0−	17
10	TMDSクロック+	23
11	TMDSクロックシールド	22
12	TMDSクロック−	24
13	CEC	なし
14	Utility	なし
15	DDCクロック（DDC/SCL）	6
16	DDCデータ（DDC/SDA）	7
17	GND	15
18	+5V 電源	14
19	ホット・プラグ検出	16

TMDSのクロック周波数は最大340MHzまで対応しており，HDMIとしての最大データ伝送量は10.2Gbps（=340MHz×10ビット×3レーン）まで対応することができます．

2. HDMIとDVIの比較

DVIの仕様を理解するには，HDMIの仕様からDVIでは使われていない機能をそぎ落としていくとよいでしょう．ここではHDMIとDVIの技術的項目を比較してみます．

● 規格書バージョン

DVIはバージョン1.0が1999年にリリースされて以降一度も更新がされておらず，事実上凍結されています．HDMIは2012年9月現在バージョン1.4bまで進んでおり，常に市場の要求を先取りした先進的な機能の追加を行い市場を牽引しています．

● 信号線の構成

DVIはTMDS 4レーン（クロック1レーン+データ3レーン），DDC，+5V Power，HPDで構成されています．HDMIはそれ以外にCEC，Utilityが追加されています．

● クロック周波数とデータ伝送量

DVIは最大TMDSクロック周波数として，165MHzまで対応しています．データ・レーンが3レーンあるため，TMDSリンクのデータ伝送量は4.95Gbps（=165MHz×10×3，TMDSデコード後）まで対応しています．HDMIは最大TMDSクロック周波数として340MHzまで対応しており，TMDSリンクのデータ伝送量は10.2Gbps（=340MHz×10×3，TMDSデコード後）まで対応しています．

● コネクタ

DVIは，DVI（ディジタル）とアナログを同時伝送できるDVI-Iコネクタ，アナログ伝送のみのDVI-Aコネクタ，DVI伝送のみのDVI-Dコネクタがあります．

参考までに，**表1**にDVIとHDMIの変換コネクタの信号ピンの対応を示します．

● エンコード方式

DVIはActive Video期間に映像データのみが伝送され，ブランキング期間に制御信号が伝送されます．コーディング方式はTMDSが採用されています．

映像のコーディング方式も同様にTMDSが採用されています．

● 映像フォーマット

DVIはパソコンとモニタ間のディジタル・インターフェースとして開発されたため，RGBをサポートしています．また映像レンジはフルレンジのみの対応で，ディープ・カラーはデュアルリンクのDVIなら対応可能です．

映像フォーマットはPCフォーマットがサポートされています．なおDVIでは3D表示は非対応です．

● 音声，InfoFrame

DVIでは音声，InfoFrameとも対応不可ですが，HDIMでは両者とも対応が可能です．また当然ながらDVIではARC（Audio Return Channel）にも対応していません．

● EDIDと給電

DVIとHDMIともに，EDIDをサポートしています．またSource機器からSink機器に+5V Powerラインで給電することが可能になっています．

● HDCP

DVIとHDMIともに，HDCPによるコンテンツ保護に対応していますが，HDMIではほとんどの機器で標準装備されているのに対して，DVIでは対応している機器が少ないようです．

● CECおよびEthernet伝送

DVIはパソコンとモニタ間のインターフェースであったこともあり，CEC機能をサポートしていません．HDMIではCECをサポートしています．

またDVIは映像伝送のみで，HDMIのようにEthernetでデータを伝送することはできません．

3. DisplayPortの基礎知識

● 物理層の信号構成

DisplayPortの物理層の信号構成を**図8**に示します．DisplayPortは，Main Link（4チャネル）とAUX-CH

（Auxiliary Channel），HPD（Hot Plug Detect），PWRの信号線から構成されます．ここだけを見ると，4本のTMDSとDDCやCECからなるHDMIと似た信号構成ですが，その上に伝送される信号フォーマットは全く異なります（後述）．

● Main Linkの構成

Main Linkの送受信部の回路図を図9に示します．Main LinkはSource機器からSink機器へ単方向に信号が流れます．トランスミッタ，レシーバの間をAC結合しているため，直流成分は伝搬せず，交流成分のみが伝搬します．よって両者は異なる電源電圧を使うことができるため，お互いに最適な製造プロセスを使うことが可能です．

DisplayPortのMain Linkでは伝送レートとして，5.4Gbps／レーン（HBR-2：High Bit Rate-2）と2.7Gbps／レーン（HBR：High Bit Rate），1.62Gbps／レーン（RBR：Reduced Bit Rate）の三つのビット・レートから選択できます．HDMIやDVIのように解像度によりビット・レートが変化するわけではありません．またレーン数も1，2，4から選択できます．

● 補助チャネルの役割を果たすAUX-CH

AUX-CHは，Main Linkの初期化やリンク・トレーニング（Link Training）の確立，リンク・メンテナンス，DPCDレジスタ・アクセス，HDCP認証，EDIDの読み出し，パワー・マネジメントなどを担当します．HDMIではDDCラインがHDCP認証，EDIDのリードの役割を果たしていましたが，AUX-CHはDDCに比べて多数の役割を果たしています．

AUX-CHの送受信部の回路図を図10に示します．AUX-CHもMain Link同様に差動伝送線でAC結合を採用しています．これによりSource機器とSink機器の電源電圧を異なるものに設定でき，終端電圧も任意の電位に設定が可能です．Source側では，AUX＋ピンは100kΩでプルダウンされ，AUX−ピンは100kΩでプルアップされています．また，Sink側ではAUX＋ピンは1MΩでプルアップされ，AUX−ピンは，1MΩでプルダウンされています．このようにSource側，Sink側で，AUX＋ピン，AUX−ピンのプルアップ，プルダウンがそれぞれ異なるため，Sink機器でSource機器が接続されたことが検出可能です．

● 双方向，半2重通信のAUX-CH

Main LinkではSource機器からSink機器へのデータは単方向通信ですが，AUX-CHは双方向通信になります．ただし，Sourceがマスタ，Sinkがスレーブとなる半2重通信になります．Main LinkではANSI-8b10bコーディングを採用しましたが，AUX-CHではManchester IIコーディングを採用しています．

また，リンクが失敗した際，Sink機器からSource機器にHPDラインからIRQ（Interrupt for Request）パルスを送信し，SourceにAUX-CHの初期化を促します．

AUX-CHはDisplayPortバージョン1.0では1Mbpsでしたが，当時からAC結合を定義しており，将来の高速化に向けて準備がされていました．DisplayPortバージョン1.2においては，FAUX（Fast-AUX-CH）モードが追加され，一気に675Mbpsまで高速化され

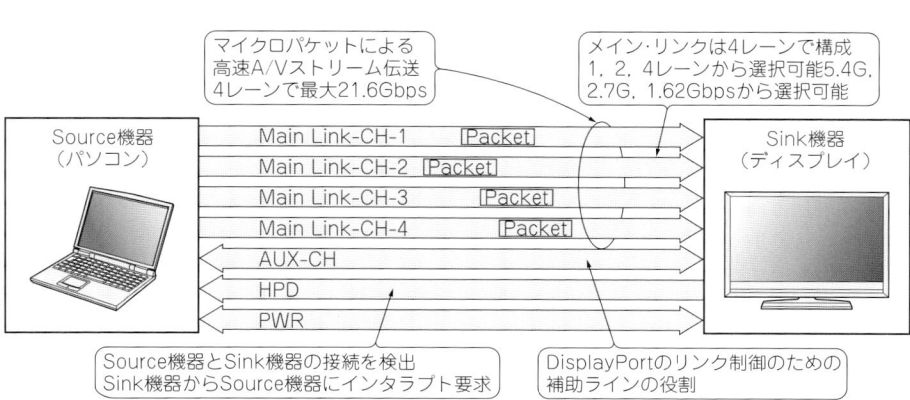

図8 DisplayPortのシステム構成

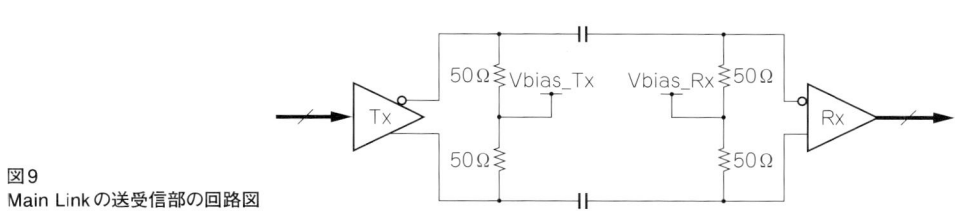

図9
Main Linkの送受信部の回路図

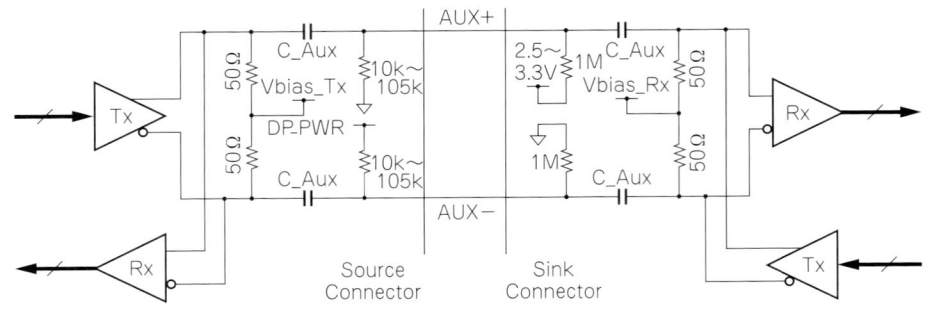

図10 AUX-CHの送受信部の回路図

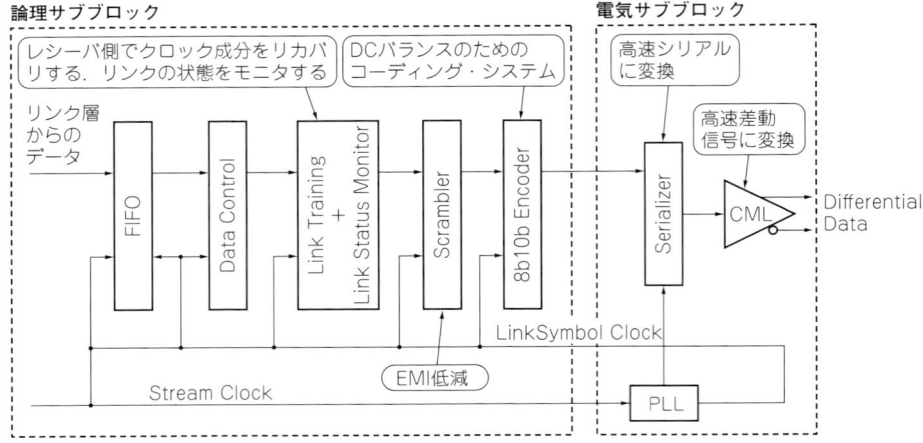

図11 Source側の物理層のブロック図

ました．FAUXモードではANSI-8B10Bコーディングが採用されています．

● 物理層の構成

物理層ではMain Link，AUX-CH，HPDの信号の送受信部，特に高速差動信号であるMain Link，AUX-CHの送受信を担当します．Main Linkの物理層はPCI Expressと近い仕様になっています．Source側のMain Linkの物理層のブロック図を図11に，Sink側のブロック図を図12に示します．両者ともLogical sub-block（論理サブブロック）と，Electrical sub-block（電気サブブロック）に分かれます．

● Source側の物理層の構成

・論理サブブロック

論理サブブロックでは，リンク・トレーニングの制御，リンクの管理，スクランブラ，ANSI-8B10Bのエンコードを行います．

DisplayPortではクロック・レーンがないため，レシーバではデータ・レーンのみから各データ・ビットを抽出し，クロック成分をリカバリする必要があります．このため，電源投入後の通常動作開始前にリンク・トレーニングというシーケンスを設けています．

スクランブラはEMI低減のために使われます．

ANSI-8B10BエンコーダはDCバランスのためのコーディング・シテスタムです．高速インターフェース規格に広く適用されています．

各ブロックはストリーム・クロック（Stream_Clock：ピクセル・ベースのクロック）からリンク・シンボル・クロック（LS_Clock：リンク・シンボル・ベースのクロック）に乗せ換えられます．このクロックの乗せ換えはFIFOメモリを使い周波数誤差を吸収します．

・電気サブブロック

電気サブブロックは，アナログ・フロントエンド・ブロックとして，トランジスタ・ベースのフルカスタム設計がされます．シリアライザ（Serializer）は，論理サブブロックで生成された8b10b後の10ビット信号をDisplayPortのMain Linkベースの高速シリアル信号に変換するためのブロックです．

ここではリンク・シンボル・クロックを使ってパラシリ変換されます．パラシリ変換されたデータは，CML（Current Mode Logic）バッファでMain Linkの高速差動信号に変換されます．

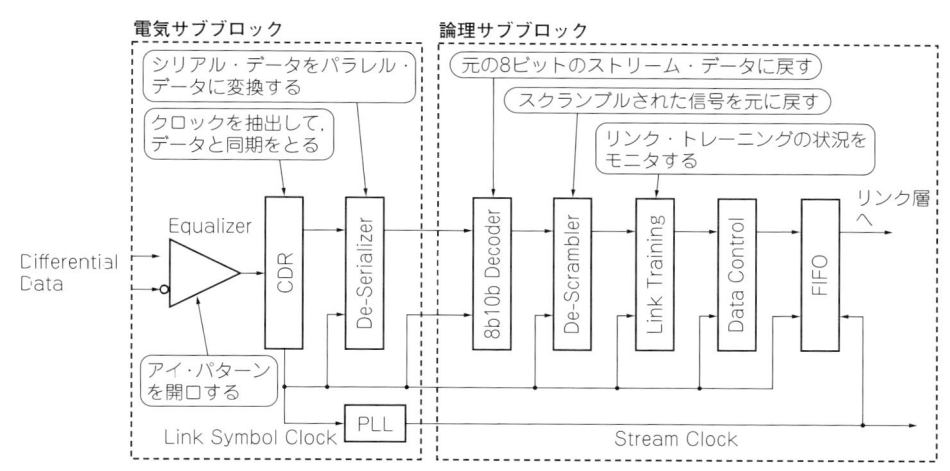

図12 Sink側の物理層のブロック図

● Sink側の物理層の構成
・論理サブブロック
　各ブロックはリンク・シンボル・クロックで動作します．
　デスクランブラは，Source側でスクランブリングをかけた信号をSink側で元に戻す回路です．
　ANSI-8B10Bデコーダは，Source側で8b10bのエンコードした信号をSink側でデコードして元の8ビットのストリーム・データに戻す回路です．
　リンク・トレーニングは，Source側で送信するリンク・トレーニング・パターンを受信してCDRをロックさせます．

・電気サブブロック
　各ブロックは，リンク・シンボル・クロックで動作します．
　イコライザは，ケーブルによる信号の高周波成分の損失をレシーバ側で補正しておく技術です．イコライザでアイ・パターンを開口させます．次にCDR (Clock & Data Recovery) は，シリアル・データ・ストリームからデータ・ビットの切れ目に同期したクロックを抽出する回路です．レシーバの物理層の設計で最も難易度が高い回路です．デシリアライザは，CDRで抽出したクロックとデータからシリアル・データをパラレル・データに変換する回路です．
　物理層では，リンク・シンボル・クロックからストリーム・クロック（ピクセル・ベースのクロック）に乗せ換えてLink層に送ります．

● マイクロパケットとフレーミング・シンボルによる映像フレームの構成
　DisplayPortによるディスプレイのフレーム構成の一例を図13に示します．図13はシングル・ストリーム伝送(SSTモード)時の例を示しています．マイクロパケットとフレーミング・シンボルを使ってディスプレイのフレーム・データを構成します．
　1フレームは，実際に映像を表示しているアクティブ・ビデオ期間と，映像を表示していないブランキング期間に分かれます．アクティブ・ビデオ期間では，映像データをマイクロパケット化して送ります．
　マイクロパケットは，1TU (Transfer Unit) と呼ばれる決まったサイズのパケット（32から64クロック分のサイズから構成されます．映像の解像度が低いフォーマットではビデオ・データのサイズが小さいため，1TUのパケット・サイズに余りが生じます．そのため余りの部分にダミー・データを入れて一つのマイクロパケットが構成されます．

● フレーミング・シンボルの定義
　また，DisplayPortでは，表2の通りいくつかのフレーミング・シンボルを定義しており，データの切れ目やブランキングの開始，終了を認識できます．
　また，ブランキング期間には映像データ以外に表3に示すデータを送ることができます．

4. 規格書の入手方法

　HDMIおよびDisplayPortとも最新バージョンの規格書は一般公開されておらず，規格書を入手するには，両者ともコンソーシアムに加入することが必要です．ただし旧バージョンの規格書は登録の上でWebサイトから入手することが可能です．機器を設計する場合は，最新バージョンの規格書を入手の上，内容を理解する必要があります．

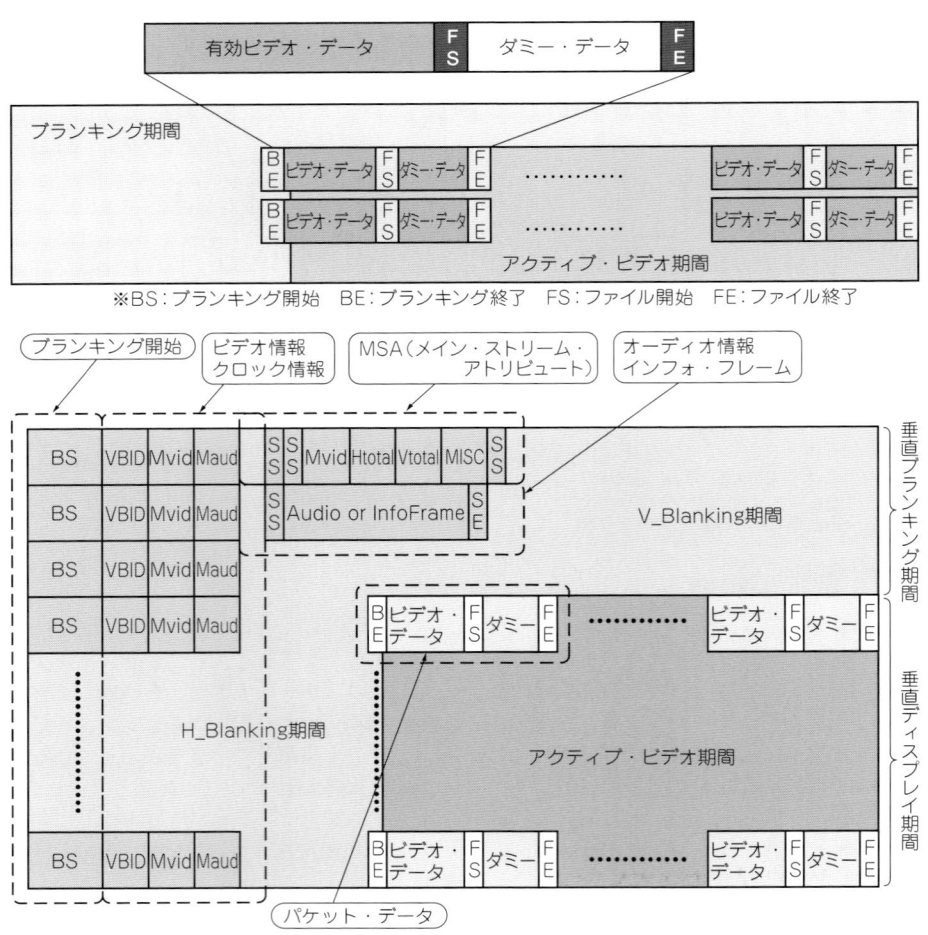

図 13 DisplayPort によるディスプレイのフレーム構成

表 2 フレーミング・シンボルの定義

フレーミング・シンボル名	略語	説明
Blanking Start	BS	ブランキングの開始を示すシンボル
Blanking End	BE	ブランキングの終了を示すシンボル
Fill Start	FS	スタッフィング（ダミー・データの充填）の開始を示すシンボル
Fill End	FE	スタッフィング（ダミー・データの充填）の終了を示すシンボル
Secondary-data Start	SS	セカンダリ・データ（Audio，InfoFrameなど）の開始を示すシンボル
Secondary-data End	SE	セカンダリ・データ（Audio，InfoFrameなど）の終了を示すシンボル
Scrambler Reset	SR	Source と Sink でスクランブラ回路の同期合わせをするシンボル
Copy Protection BS	CPBS	HDCP 用の BS シンボル
Copy Protection SR	CPSR	HDCP 用の SR シンボル

表 3 ブランキング期間に送信されるセカンダリ・データ・パケットの種類

セカンダリ・データ・パケット	内容
Audio Stream	音声ストリーム
Maud, Naud	Sink での音声クロック再生に使う情報
Audio Time Stamp	音声−映像同期，音声間同期の情報
Audio Copy Management	音声コンテンツ・プロテクション
MSA（Main Stream Attribute）	映像ディスプレイ・タイミング情報，映像フォーマット情報など
InfoFrame	CEA861 対応の InfoFrame

● HDMI関連規格書
① HDMI本体規格書

HDMIの規格書の最新バージョンは1.4bです．HDMIアダプタに加入することで規格書を入手することができます．ただしHDMI1.3aとHDMI1.4aの一部は，下記のWebサイトから登録の上で入手が可能です．

http://www.hdmi.org/index.aspx

② HDMIテスト仕様書 (CTS：Compliance test specification)

HDMIのテスト仕様書です．機器開発者が製品のコンプライアンステストを確認するための仕様書です．最新バージョンは1.4bです．HDMIアダプタに加入することで入手できます．

http://www.hdmi.org/index.aspx

③ (HDMI) Adopted trademark and logo usage guidelines

HDMIのトレードマーク，ロゴの使用方法等について規定された規格書です．下記のWebサイトから登録の上で入手が可能です．

http://www.hdmi.org/index.aspx

④ (HDMI) CEC implementation guideline

HDMI-CEC製品のインタオペラビリティ向上のためのCECインプリメンテーションガイドラインです．下記のWebサイトから登録の上で入手が可能です．

http://www.hdmi.org/index.aspx

● DisplayPort関連規格書
① DisplayPort本体規格書

DisplayPortの規格書の最新バージョンは1.2aです．VESAメンバに加入することで規格書を入手することができます．ただしDisplayPort 1.1aは下記のWebサイトから入手することが可能です．

http://www.vesa.org/vesa-standards/free-standards/

② DisplayPortテスト仕様書 (CTS)

DisplayPortのテスト仕様書です．機器開発者が製品のコンプライアンス・テストを確認するための仕様書です．Link-CTSとPHY-CTSに分かれています．VESAメンバに加入することで入手できます．

③ DisplayPort Interoperability Guideline Version 1.1

DisplayPortのインタオペラビリティに関するガイドラインです．下記のWebサイトから登録の上で入手することができます．

http://www.vesa.org/vesa-standards/free-standards/

④ E-EDID

E-EDID (Ehnhanced Extended Display Identification Data) の規格書です．

http://www.vesa.org/vesa-standards/standards-summaries/

⑤ VESA E-DDC

E-DDC (Enhanced Display Data Channel) は，プラグ＆プレイを実現するための制御線です．Source機器がSink機器のEDIDをリードしたり，HDCP認証を実施するために使われます．

http://www.vesa.org/vesa-standards/standards-summaries/

● そのほかの規格書
① HDCP

HDCP (High-bandwidth Digital Content Protection) は，Intel社が開発したコンテンツ保護システムで，DCP (Digital Content Protection) LLCがライセンスやHDCPキーの管理を行っています．コンテンツ保護が必要なコンテンツをSource機器からHDMIでディジタル出力する際には，不正コピーができないようにHDCPにて暗号化しSink機器に送信します．

http://www.digital-cp.com/

② DVI (Digital Visual Interface)

DVIはHDMIのベースとなっている技術であり，HDMIの基本技術を理解するのに役立ちます．

http://www.ddwg.org/

③ CEA-861

CEA-861 (DTV Profile for Uncompressed High Speed Digital Interface) は，CEA (Consumer Electronics Association) で規格化された，DTV Profileに関する規格書です．

http://www.ce.org/Standards/Standard-Listings/R4-8-DTV-Interface-Subcommittee/CEA-861-E.aspx

④ I²C bus

Philips社で開発されたシリアル・バスです．

http://www.nxp.com/acrobat_download/literature/9398/39340011.pdf

⑤ IEC 60958-1/-3

IEC 60958は，IEC (International Electrotechnical Commission：国際電気標準会議) で標準化されたディジタル・オーディオに関する規格です．S/PDIFもディジタル・オーディオの一つです．

http://webstore.iec.ch/

⑥ IEC 61937

IEC 61937は，IECで標準化された圧縮ディジタル・オーディオに関する規格です．

http://webstore.iec.ch/

ながの・ひでお　ルネサス エレクトロニクス（株）

コラム　LVDSの仕様の範囲

　LVDSは，高速シリアル・ディスプレイ・インターフェースの先駆けの規格です．National Semiconductor社（2011年にTexas Instruments社が買収）が基礎技術を開発し，機器内のインターフェースとしてANSI/TIA/EIA-644，およびIEEE 1596.3にて標準化がされています．

　前述のTMDSでは物理層に加えてリンク層で8b10b変換されるTMDSエンコーダ/デコーダ部分も含まれるのに対して，LVDSは送受信部の物理層だけの規格であり，制御するファームウェアも不要であるため手軽に扱えます．また等価回路が簡単であるため動作の理解もしやすいインターフェースです．このような背景からノート・パソコンの液晶パネルの内部インターフェースをはじめとして，機器内における基板間通信，LSI間通信の主要インターフェースとして広く普及してきました．またFPGAにも広く搭載されています．

　図AにLVDSの等価回路図とタイミング図を示します．LVDSの動作原理として，トランスミッタ（Tx）から3.5mA（Typ）の定電流をドライブし，四つあるMOS（Metal Oxide Semiconductor）スイッチ（M1からM4）をON，OFF制御することで，差動ライン上で"H"レベルと"L"レベルの2値を制御します．レシーバ（Rx）では100Ωの終端抵抗とトランスミッタから送られたドライブ電流3.5mAとの積で決まる350mV$_{pp}$の振幅をアンプで受信し増幅します．差動のコモン電位（＋と－がクロスする電位）は，1.25Vに設定され，電圧の制御はトランスミッタ側で制御します．

　多くの市場では，クロック・レーンとデータ・レーンが並走して使われることが多いため，差動1ペア（1レーン）当たりのビット・レートは，500M〜600Mbps程度で使用されます（図Aではデータ4レーン，クロック1レーンの例を示している）．使用するケーブルやデバイス，伝送路の品質にも大きく依存しますが，伝送距離が50cmより短い場合は1Gbps/レーン以上も可能です．

　なお，LVDSがデータ・レーンのみ単独で使われる場合は，クロック・レーンとのタイミング・スキューが要求されないため，数Gbps/レーンで伝送することも実力的には可能です．

　LVDSは標準規格となってはいますが，機器内インターフェースとして使われるため，実際は用途によって使い方，例えばレーン数，電圧などがカスタマイズされることも多く，このようなフレキシビリティがあることもLVDSのメリットの一つとなっています．

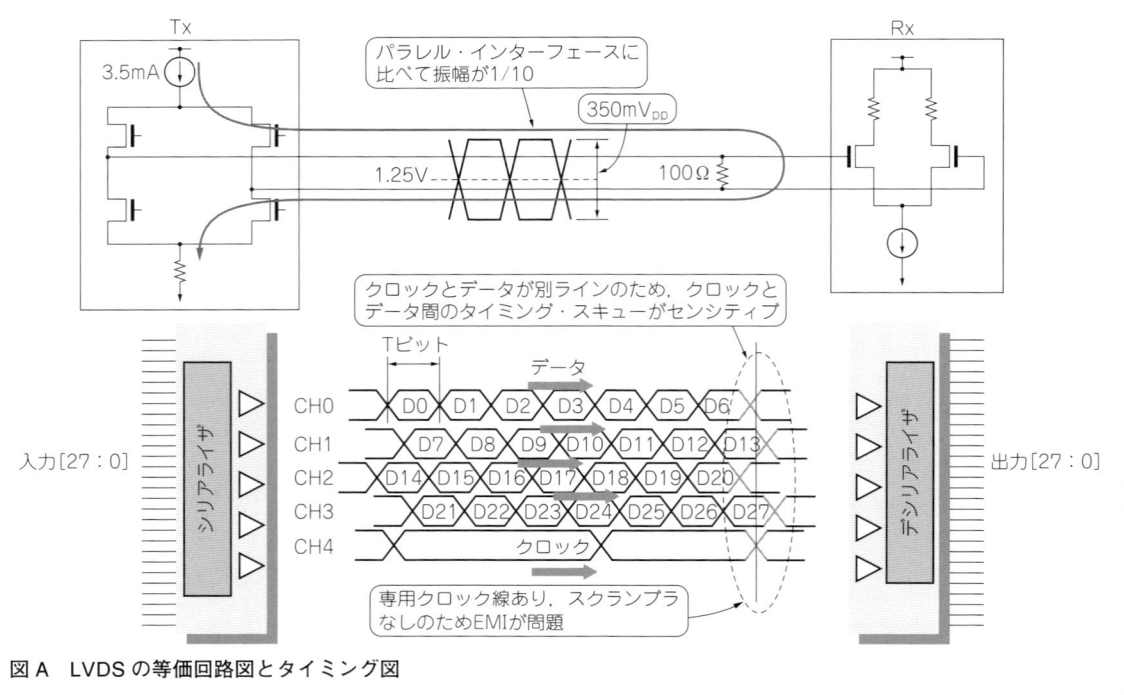

図A　LVDSの等価回路図とタイミング図

特集

トランスミッタICを使うと簡単

第3章 定番品からアナログRGB出力タイプ，モニタ開発用のレシーバまで
DVI/HDMIトランスミッタ/レシーバICのいろいろ

海老原 祐太郎，長嶋 毅，池上 政和
Yutaro Ebihara, Takeshi Nagashima, Masakazu Ikegami

半導体ベンダ各社から，DVIやHDMI，DisplayPortに対応したトランスミッタ/レシーバICが発売されています．FPGAには同期回路やピクセル情報読み出し回路のみを実装し，外付けでこれらのトランスミッタICを使ってディジタル・ビデオ・インターフェースを実装するというのも一般的な方法です．ここでは何種類かのトランスミッタ/レシーバICの使用事例を紹介します．

1. DVIトランスミッタとして定番 TFP410

● TFP410の概要

TFP410（Texas Instruments社）は，DVI表示ではよく使われるトランスミッタICです．図1にTFP410のブロック図を示します．同期信号とピクセル・クロック，そしてRGBの24ビット・パラレル・データを入力すれば，DVI信号が出力されます．従来ビデオ・コントローラの先にアナログRGB用にD-Aコンバータを接続していた部分を，そのままこのトランスミッタに置き換えることで，DVI表示が可能になります．

● SH-4A搭載組み込みLinuxボードCAT724

TFP410の使用事例として，ここではSH-4A搭載組み込みLinuxボードCAT724（写真1）を例に紹介しま

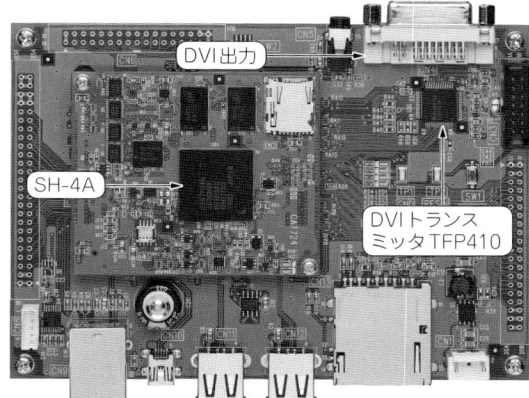

写真1　SH-4A搭載組み込みLinuxボードCAT724
問い合わせ先：シリコンリナックス（株）
http://www.si-linux.co.jp/

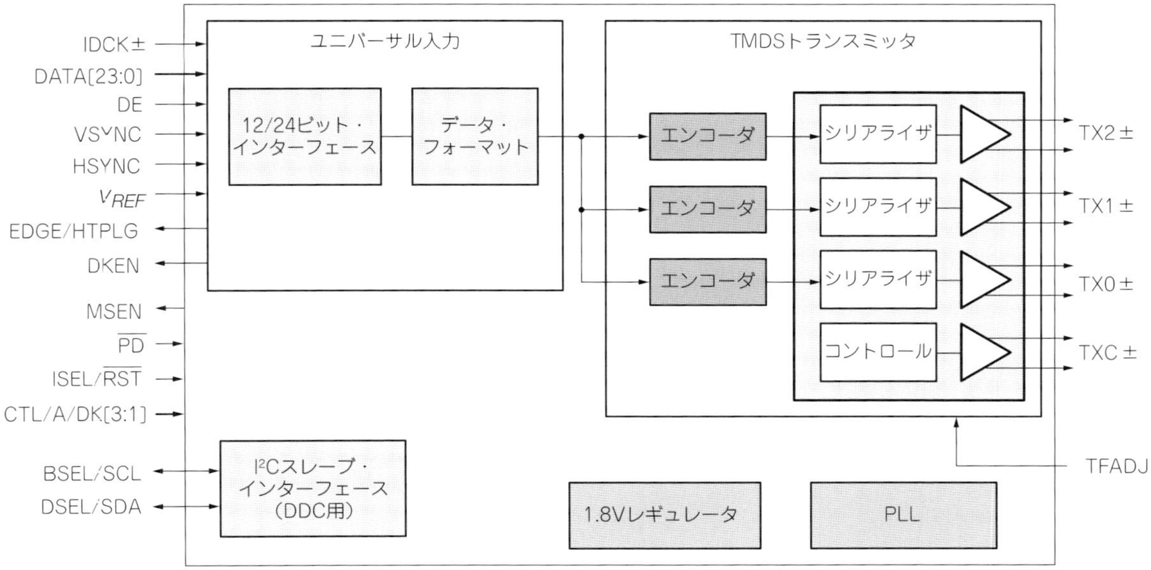

図1　TFP410のブロック図

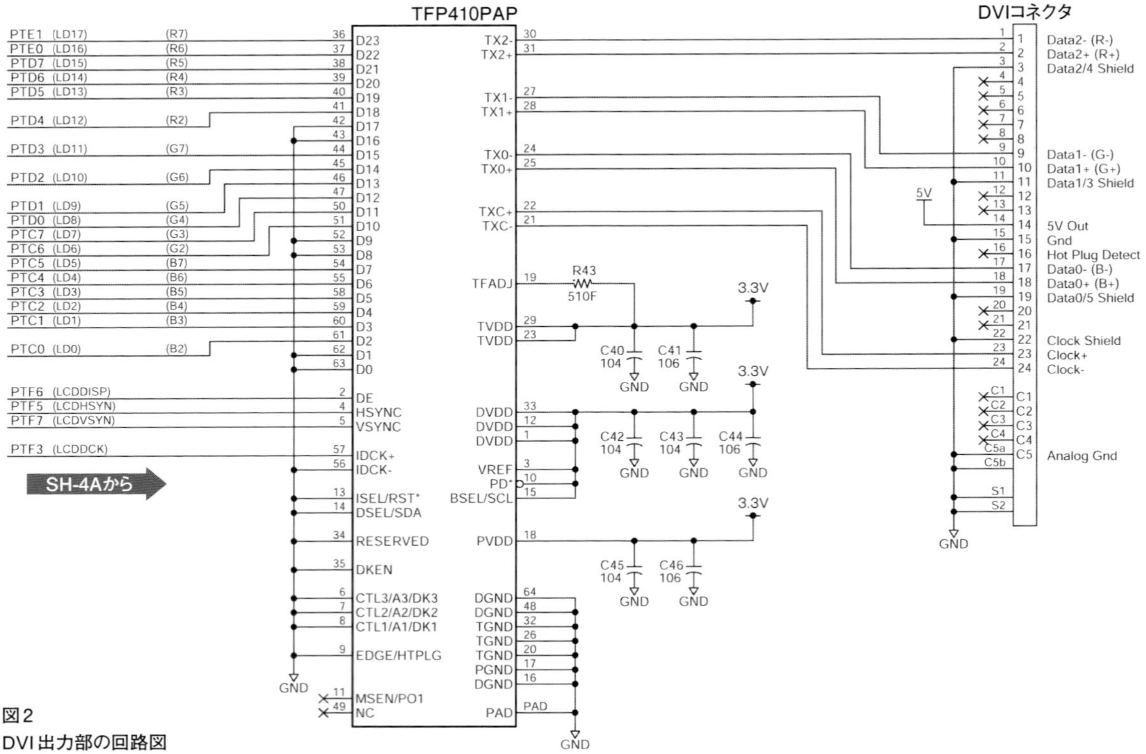

図2
DVI出力部の回路図

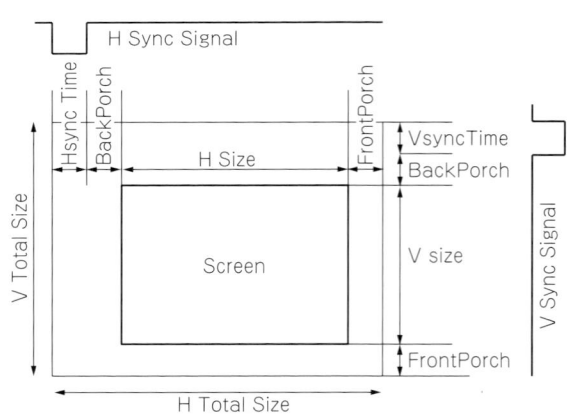

図3 画面に表示に必要な各種タイミング信号

す．CAT724はCPUとしてSH-4AシリーズであるSH7724（ルネサス エレクトロニクス製）を搭載していま
す．SH7724にはLCDコントローラが内蔵されていて，これを使用することで簡単にLCDパネルへの表示ができます．

図2にCAT724ボードの画面出力回路を示します．SH7724のLCD出力の信号をTFP410を経由してDVI-Dコネクタに出力しています．CAT724では16ビット色表示モードでの使用を想定しているため，24ビット・フルカラー入力対応のTFP410のうち，各RGBの下位ビットをGNDに接続しています．

また，TFP410に内蔵されている制御レジスタは，TFP410のI^2CはCPUには接続していません．これでもDVI表示は可能です．

● ドット・クロック

SH7724ではドット・クロックとして，バス・クロック，周辺クロック，外部クロックの選択が可能で，それぞれ1/1, 1/2, 1/3, 1/4…の分周が可能です．CAT724ではバス・クロックを83.33MHz，周辺クロックを41.67MHzとしています．このため使用可能な液

表1 480pおよび720p表示時の各種パラメータ

mode	解像度		水平方向				垂直方向				Speed	
	Hsize	Vsize	Front Porch	Sync	Back Porch	Total	Front Porch	Sync	Back Porch	Total	dot clock (MHz)	Refresh (Hz)
HDTV-720p	1280	720	72	80	216	1648	3	5	22	750	74.2	60
SDTV-480p	720	480	24	40	96	880	10	3	32	525	27.7	60

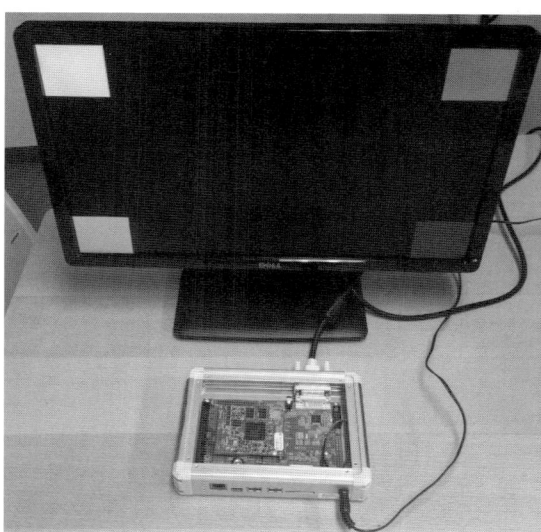

写真2 DVI表示サンプル・プログラムを動かしている様子

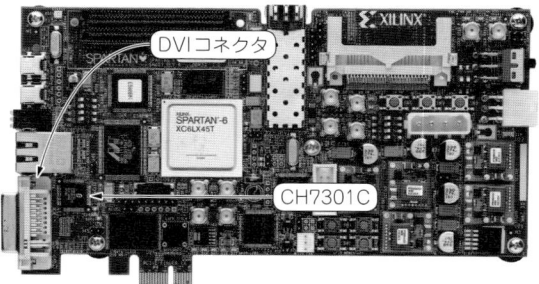

写真3 Spartan-6 LXT搭載SP605評価ボード（Xilinx社）

晶ドット・クロックは，バス・クロック83.33MHzを1/1，1/2，1/3した周波数となり，それぞれ83.33MHz，41.67MHz，27.28MHzとなります．比較的ドット・クロック周波数が近い480pおよび720pの画面モードの各パラメータを，図3と表1に示します．

● サンプル・プログラム

CAT724でDVI表示を行うサンプル・プログラムをリスト1に，表示中の様子を写真2に示します．SH7724のLCDコントローラを初期化した後，画面の四隅に四角形を描画しています．プログラム中に記述している初期化ルーチンは，全てSH7724のLCDコントローラに対するもので，TFP410に対する初期化処理は一切ありません．

なお，PC用のモニタはドット・クロックや画面タイミングの追従範囲が広いので，少々パラメータの値がずれていてもほとんど問題なく表示されますが，一般的なTVへ表示させるにはタイミングを厳密に合わせないと，なかなか画面が表示されません．

2. DVIとアナログRGBが同時に出力できるCH7301C

● CH7301Cの概要

Xilinx社製Spartan-6 LXT搭載SP605評価ボード（写真3）は，DVIエンコーダICとしてCH7301C（Chrontel社）を搭載しています．図4にCH7301Cのブロック図を示します．先ほどのTFP410はDVI出力専用でしたが，こちらは同時にアナログRGB出力にも対応している点が特徴です．

ちなみに，家庭用ゲーム機XboxにもChrontel社のエンコーダICが搭載されていたそうです．

● SP605評価ボードでの使い方

CH7301Cを使う場合には，ドット・クロック（表示

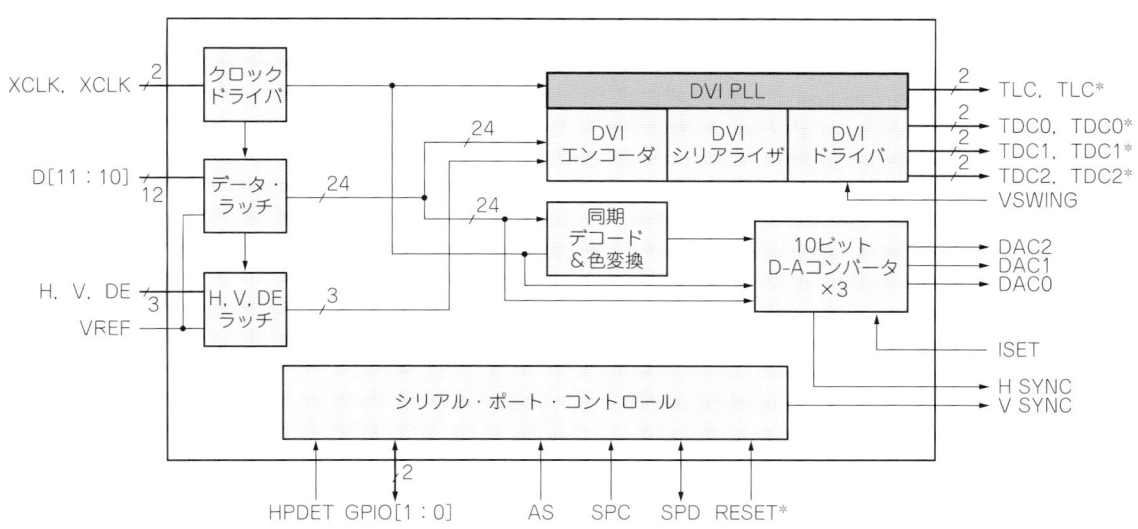

図4 CH7301Cのブロック図

リスト1 CAT724用DVI表示サンプルCプログラム

```
        ～中略～
// RGB 5:6:5
#define RGB(r,g,b)          (((r&0x1f)<<11) | ((g&0x3f)<<5) | (b&0x1f))
/* スクリーンパラメータの定義 */
struct fbdev{
        int xsize;                // X画面サイズ
        int ysize;                // Y画面サイズ
        int depth;                // 色深度（バイト）
        unsigned char *base;      // フレームバッファメモリベース
        int clk_src;              // クロックソース 0:モジュールclk 1:周辺clk 2:外部入力
        int clk_div;              // クロックディバイダ 1,2,3,4
        int h_back;               // 水平バックポーチ
        int h_sync;               // 水平同期期間
        int h_front;              // 水平フロントポーチ
        int v_back;               // 垂直バックポーチ
        int v_sync;               // 垂直同期期間
        int v_front;              // 垂直フロントポーチ
};
struct fbdev fb480p={
        .xsize    = 720,
        .ysize    = 480,
        .depth    = 2,
        .clk_src  = 0,
        .clk_div  = 3, // 83.333MHz /3 = 27.78MHz
        .h_back   = 96,
        .h_sync   = 40,
        .h_front  = 24,
        .v_back   = 32,
        .v_sync   = 3,
        .v_front  = 10,
};
struct fbdev fb720p={
        .xsize    = 1280,
        .ysize    = 720,
        .depth    = 2,
        .clk_src  = 0,
        .clk_div  = 1, // 83.333MHz /1 = 83.333MHz
        .h_back   = 216,
        .h_sync   = 80,
        .h_front  = 72,
```

解像度）によってPLLの設定が異なるので注意が必要です．SP605評価ボードでは，FPGAとCH7301Cの間がI^2Cで接続されており，FPGAから見たCH7301CのI^2C上のアドレスはEChです．PLLの設定はこのI^2C経由で，CH7301Cの内蔵レジスタに書き込む必要があります．

実際に表示に必要なレジスタの設定は**表2**に示す五つで，65MHz（XGA解像度）を境に，PLL設定レジスタ0x33～0x36の値が変わります．

また，CH7301Cのデータ・バスは，**図5**に示すようにクロックの両エッジを使ってデータを転送するDDR（Double Data Rate）動作になります．

3. HDMIトランスミッタとして定番 ADV7511

● ADV7511の概要

ADV7511（Analog Devices社）は，HDMIトランスミッタICとしてよく使われるデバイスです．**図6**に

表2 CH7301Cの初期化レジスタとその値

レジスタ	データ（ピクセル・クロック 65MHz以下）	データ（ピクセル・クロック 65MHz超）
0x49	0xC0	左に同じ
0x21	0x09	左に同じ
0x33	0x08	0x06
0x34	0x16	0x26
0x36	0x60	0xA0

ADV7511のブロック図を示します．既に説明したTFP410やCH7301と異なり，オーディオやHDCPにも対応したHDMI用のトランスミッタICです．ADV7511は高機能なHDMIトランスミッタで，HDMIモードならARC（オーディオ・リターン・チャネル）も使用可能です．

またADV7511は，表示を開始するまでにいくつかの初期化が必要です．

```c
        .v_back  = 22,
        .v_sync  = 5,
        .v_front = 3,
};

        ～中略～

/* LCDコントローラの初期化 */

void lcd_controler_init(struct fbdev *dev)
{
        int h_total, v_total;
        h_total = dev->xsize + dev->h_front + dev->h_sync + dev->h_back;
        v_total = dev->ysize + dev->v_front + dev->v_sync + dev->v_back;

        lcdc_set_clkdiv(dev);

        *MLDMT1R    = 0x0000000A;     // モジュールタイプレジスタ1 (RGB18)
        *MLDMT2R    = 0x00000000;     // モジュールタイプレジスタ2 (未使用)
        *MLDMT3R    = 0x00000000;     // モジュールタイプレジスタ3 (未使用)

        *MLDDFR     = 0x00000003;     // データフォーマットレジスタ 16bit RGB=5:6:5

        *MLDSM1R    = 0x00000000;     // スキャンモードレジスタ1 (未使用)
        *MLDSM2R    = 0x00000000;     // スキャンモードレジスタ2 (未使用)

        *MLDSA1R    = (unsigned long)(dev->base) & 0x3fffffff;  // 表示データ取り込み開始アドレスレジスタ1
        *MLDSA2R    = 0x00000000;     // 表示データ取り込み開始アドレスレジスタ2 未使用

        *MLDMLSR    = dev->xsize * dev->depth;   // 表示データ格納メモリラインサイズレジスタ
        *MLDHCNR    = ((dev->xsize/8)<<16)  |  h_total/8 ;       // 水平キャラクタナンバーレジスタ
        *MLDHSYNR   = ((dev->h_sync/8)<<16) | (dev->xsize + dev->h_back)/8;  // 水平同期信号レジスタ

        *MLDVLNR    = ((dev->ysize)<<16)  |  v_total;    // 垂直ラインナンバーレジスタ
        *MLDVSYNR   = ((dev->v_sync)<<16) | (dev->ysize+dev->v_back);  // 垂直同期信号レジスタ

        *MLDHPDR    = 0x00000000;     // 水平パーシャル画面レジスタ (未使用)
        *MLDVPDR    = 0x00000000;     // 垂直パーシャル画面レジスタ (未使用)

        *MLDPMR     = 0x00000000;     // パワーマネジメントレジスタ (クリア)
        *LDPALCR    = 0x00000000;     // パレット制御レジスタ (未使用)
        *LDINTR     = 0x00000000;     // 割り込みレジスタ (未使用)
        *LDCNT1R    = 0x00000001;     // 制御レジスタ1 (データ出力する)
        *LDCNT2R    = 0x00000003;     // 制御レジスタ2 (動作開始)
}
```

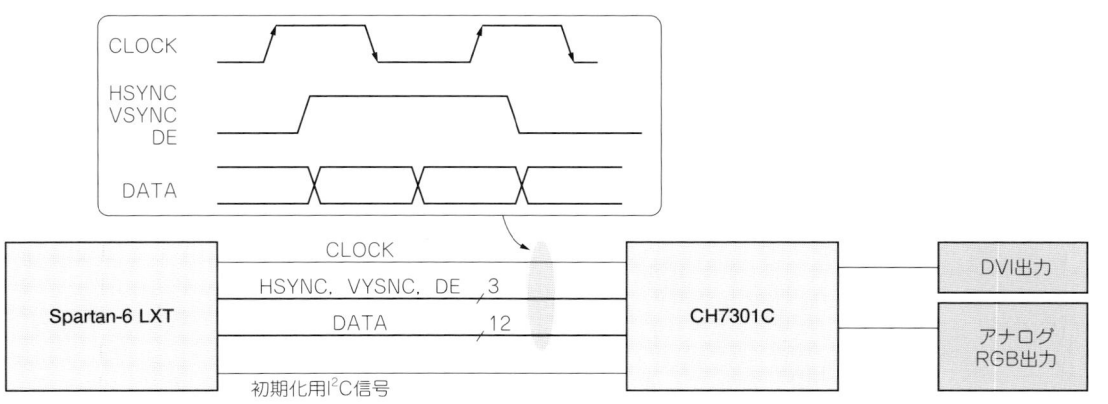

図5 CH7301Cへのデータ転送

● ADV7511とFPGAの接続

FPGA評価ボードとしてZynq搭載ZedBoard（Avnet社，**写真4**）や，Kintex-7搭載KC705評価ボード（Xilinx社，**写真5**）には，HDMIエンコーダとしてADV7511が搭載されており，HDMI出力が可能です．

Analog Devices社は，KC705評価ボードやZed

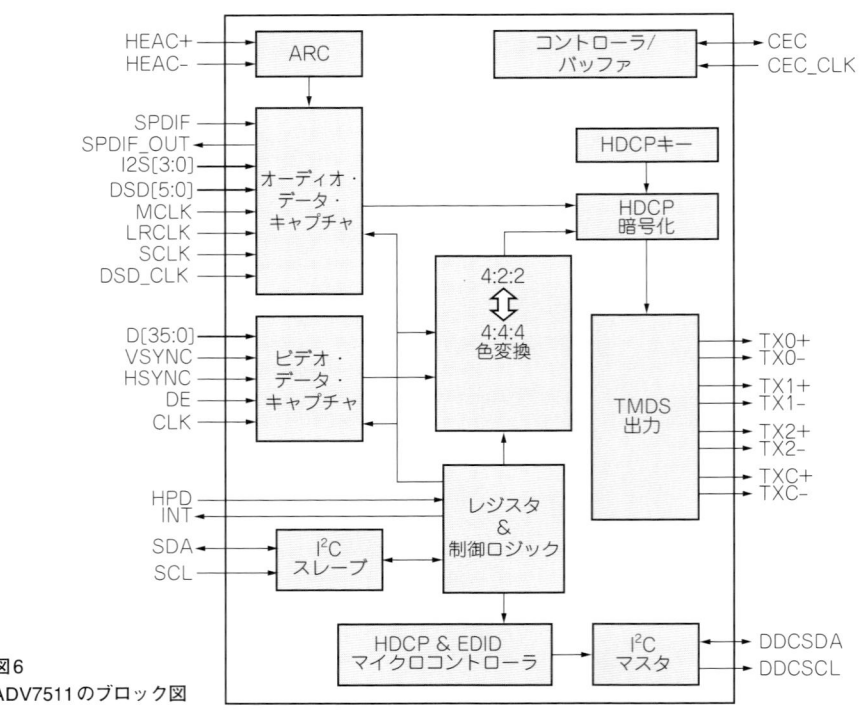

図6 ADV7511のブロック図

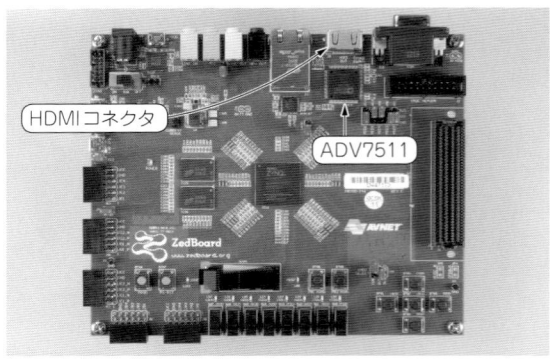

写真4 Zynq搭載 ZedBoard（Avnet社）

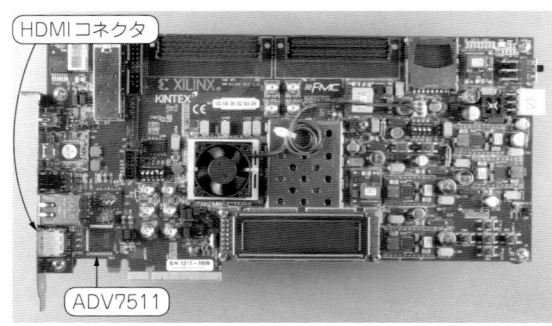

写真5 Kintex-7搭載 KC705評価ボード（Xilinx社）

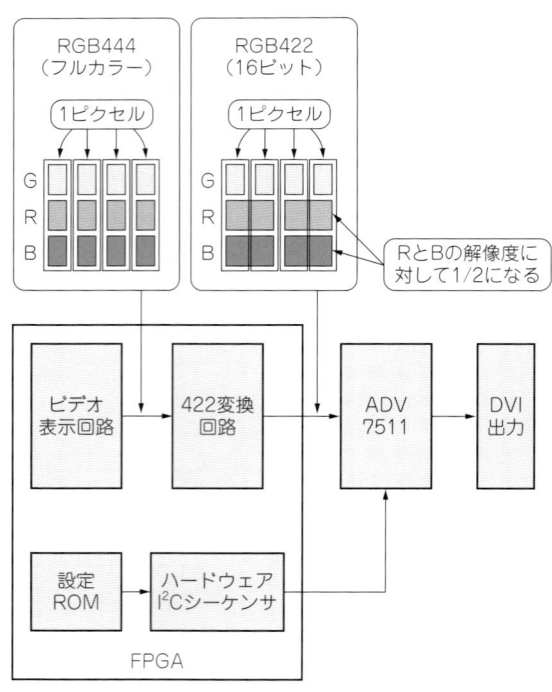

図8 RGB444からRGB422への変換で画質が劣化する

28　第3章　DVI/HDMIトランスミッタ/レシーバICのいろいろ

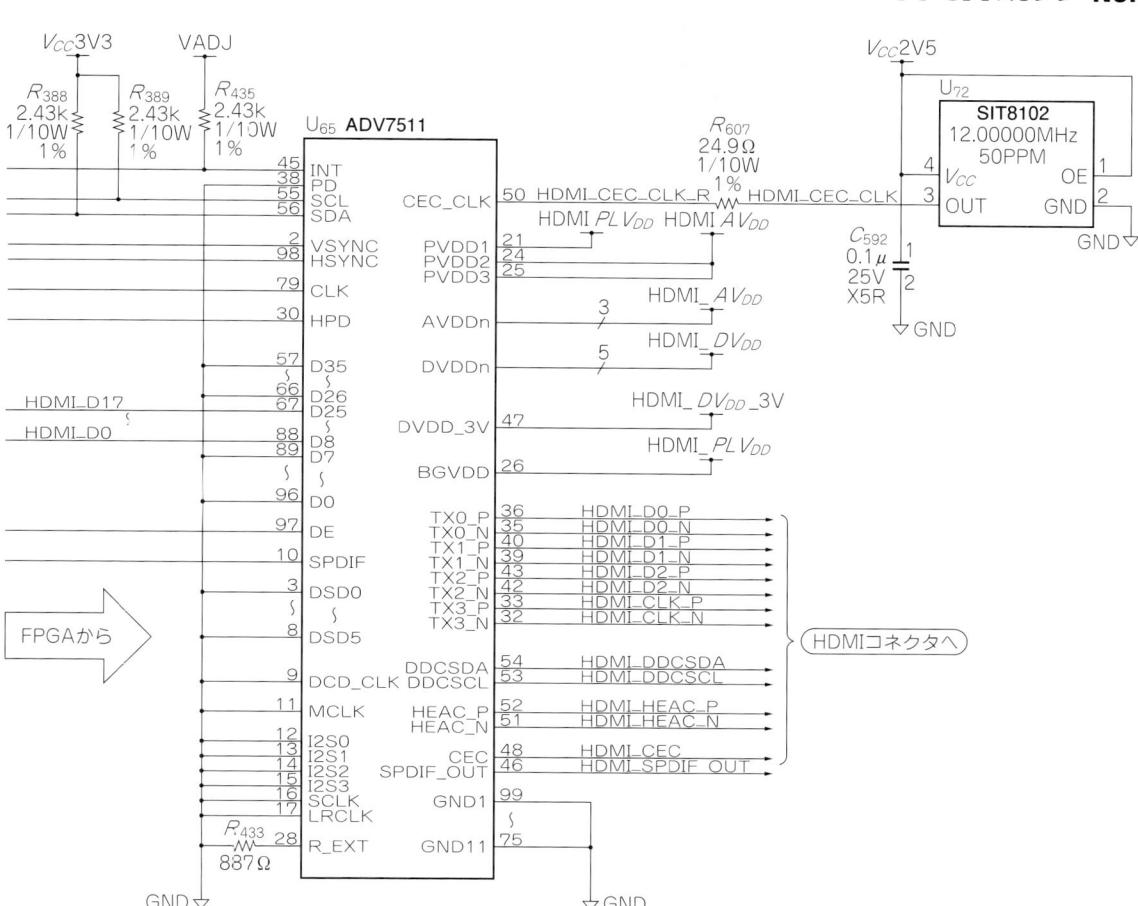

図7 ADV7511周辺の回路図

Boardに対応したADV7511のリファレンス・デザインを公開しています．リファレンス・デザインはADV7511をHDMIモードで動かし，HDMI対応ディスプレイで表示できます．ADV7511周辺の回路図を**図7**に示します．評価ボード上のFPGAに実装するビデオ回路とADV7511はYCbCr422形式で接続し，データ幅は16ビットとなっています．YCbCr444形式や10ビットでのデータ入力には対応していないので，HDMIの本気画質が使えないのは多少残念です（HDMIはライセンスが厳密なので，ライセンサと契約をしていなくてもFPGA評価ボードを購入できるように機能制限をしたのだろうか？）．

● **HDMIエンコーダIC ADV7511をDVIモードで使う**

ADV7511のリファレンス・デザインはHDMIモードで出力を行うため，DVI専用ディスプレイは対応していません．ADV7511の設定をHDMIエンコーダではなくDVIエンコーダとして動作するように変更すれば，DVI専用ディスプレイでも表示できるでしょう．

注意すべき点は，エンコーダの入力が422形式の16ビットなので，FPGAに実装するビデオ回路の出力をRGB422に変換する必要があることです．RGB422だと，赤と青の水平方向解像度が緑に対して1/2になり画質が低下します（**図8**）．

今回はDVIエンコーダとして最低限の動作が確認できるだけの設定と回路の追加を行います．画質改善のための工夫はしていないので，HDMIモードのような画質で表示することはできませんが，ADV7511の画質に関連するレジスタは調整していないので設定次第では改善できるかもしれません．

● **ADV7511の初期化方法**

既に説明したように，ADV7511は表示を開始するまでにいくつかの初期化が必要です．FPGAとADV7511の間は初期化用にI²Cで接続されているので，一般的にはCPU（ZedBoardならARMコア，Kintex-7ならMicroBlazeなどのソフトCPUコア）を使ってソフトウェアでI²C通信を行い，ADV7511を初期化します．

しかし今回はDVI出力のテストにはCPUを使わずにカラーバーを表示するので，ADV7511の初期化を

リスト2 ADV7511接続部の信号名宣言部（Verilog HDL）

```
adv7511_dvi #(
        .board("ZED"),                    // select "ZED","KC705"
        .div25(270)                       // IICCLK=27MHz : 270
) adv7511_dvi (
        .HDMI_INT(HD_INT),                // in   [HDMI] adv7511
        .HDMI_D(HD_DATA[15:0]),           // out  [HDMI] adv7511
        .HDMI_CLK(HD_CLK),                // out  [HDMI] adv7511
        .HDMI_HSYNC(HD_HS),               // out  [HDMI] adv7511
        .HDMI_VSYNC(HD_VS),               // out  [HDMI] adv7511
        .HDMI_DE(HD_DE),                  // out  [HDMI] adv7511

        .IIC_CLK(CLK27),                  // in   [SYS] i2c base clk : 27MHz

        .IIC_SDA_IN(i2c_sda_in),          // in   [SYS] pca9548 sda in
        .IIC_SDA_OUT(i2c_sda_out),        // out  [SYS] pca9548 sda out
        .IIC_SDA_OE(i2c_sda_oe),          // out  [SYS] pca9548 sda oe
        .IIC_SCL_IN(i2c_scl_in),          // in   [SYS] pca9548 scl in
        .IIC_SCL_OUT(i2c_scl_out),        // out  [SYS] pca9548 scl out
        .IIC_SCL_OE(i2c_scl_oe),          // out  [SYS] pca9548 scl oe
        .IIC_RST_N(),                     // out  [SYS] pca9548 #reset

        .IIC_DONE(i2c_done),              // out  [SYS] init done

        .TX_RED(TX_RED[7:0]),             // in   [DISP] red[7:0]
        .TX_GRN(TX_GRN[7:0]),             // in   [DISP] green[7:0]
        .TX_BLU(TX_BLU[7:0]),             // in   [DISP] blue[7:0]
        .TX_HS(TX_HS),                    // in   [DISP] hsync
        .TX_VS(TX_VS),                    // in   [DISP] vsync
        .TX_DE(TX_DE),                    // in   [DISP] disp/#blank
        .TX_CLK(TX_CLK),                  // in   [DISP] clock

        .RST_N(RST_N)                     // in   [SYS] #reset
);
```

リスト3 ADV7511のI²C初期化ルーチン（一部）

```
generate
  if (board=="ZED")                  h72はI²Cバス上の     レジスタ番号
                                     ADV7511のアドレス    書き込み値
  assign i2c_cmd_data[23:0]=
    (i2c_cmd_addr[5:0]==6'h00) ? 24'h72_01_00 : // audio clock gen
    (i2c_cmd_addr[5:0]==6'h01) ? 24'h72_02_18 : //
    (i2c_cmd_addr[5:0]==6'h02) ? 24'h72_03_00 : //
    (i2c_cmd_addr[5:0]==6'h03) ? 24'h72_15_01 : // 0x01 // i2s44.1K,YCbCr422
    (i2c_cmd_addr[5:0]==6'h03) ? 24'h72_16_34 : // 0xb4 // 444,8bit,style2,full
                                              以下，ここだけを掲載
24'h72_18_46 : // 0x46 // csc disable                24'h72_a2_a4 : // 0xa4 proper operation
24'h72_40_00 : // 0x80=gcp enable/0x00=disable       24'h72_a3_a4 : // 0xa4 proper operation
24'h72_41_10 : // 0x10=power up/0x00=power down      24'h72_a5_44 : // 0x44 default value
24'h72_48_08 : // 0x08=DDR low,right justified       24'h72_ab_40 : // 0x40 default value
24'h72_49_a8 : // 0xa8=truncate                      24'h72_af_04 : // 0x04=DVI without HDCP
24'h72_4c_00 : // deep color conversion              24'h72_ba_00 : // 0x00=clock delay -1.2ns
               :color depth not indicated            24'h72_d0_9c : // 0x3c=disable
24'h72_55_00 : // avi infoframe : 0x00=RGB                            negedge delay ,no sync pulse
24'h72_56_08 : // 0x08=same as aspectratio           24'h72_d1_ff : // 0xff default value
24'h72_96_20 : // interrupt : 0x20=vsync             24'h72_de_10 : // 0x9c
24'h72_98_03 : // 0x03 proper operation              24'h72_e0_d0 : // 0xd0 proper operation
24'h72_99_02 : // 0x02 default vaue                  24'h72_e4_60 : // 0x60 default value
24'h72_9a_e0 : // 0xe0 proper operation              24'h72_f9_00 : // i2c address
24'h72_9c_30 : // 0x30 proper operation              24'h72_fa_00 : // hsync
24'h72_9d_61 : // 0x61=input clock 1:1               24'h72_17_06 : // aspect 16:9
```

ハードウェア的に行うI²Cシーケンサを作成（リスト2，リスト3）し，ROMデータとして設定値を持たせることにしました．DVIモードはHDMIモードよりも運用が容易なため，ADV7511の設定が完了したあとはI²Cの制御を停止しても大丈夫です．

今回はZedBoardやKintex-7搭載評価ボードを使ったので，Xilinx社のFPGA用に作成したxil_dvi.vと同様に，ビデオ回路の出力を422変換する回路とADV7511を初期化するI²Cシーケンサをまとめてadv7511_dvi.vを用意しました．パラメータboardに

写真6　ZedBoardでDVI表示をしている様子

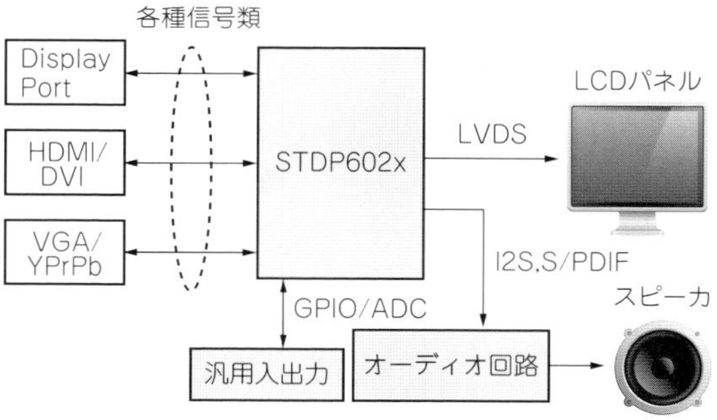

図9　STDP602xシリーズを使ったLCD表示システム構成例

"ZED"または"KC705"を与えることで，設定ROMを切り替えるようにしています．

写真6にZedBoardでDVI表示をしている様子を示します．このようにADV7511の初期化はadv7511_dvi.vが自動で行うので，既存のビデオ回路からは制御について考慮する必要はありません．

なお，KC705評価ボードのADV7511は，I^2Cのバス・スイッチICを経由して接続されています．KC705でADV7511を初期化するには，前もってバス・スイッチICの設定が必要となるので注意してください．

4. DVI入力→LVDS出力のレシーバIC STDP602x

他の章でも解説されているように，現在使われているビデオ表示インターフェースにはいろいろなものがあります．ビデオ表示機器を設計する場合は，どのインターフェースを採用するかを考慮する必要があります．しかしその都度，表示デバイスを選定して製品を作り上げるのでは効率が良くありません．一つのデバイスで，複数のインターフェースにも対応した機器を実現すれば開発のコストも削減できます．これを可能にするデバイスとして，STDP602xシリーズ（STMicroelectronics社）を使用したビデオ表示回路について紹介します．

● STDP602xシリーズの概要

ここで紹介するSTDP602xは入力形式としてDisplayPort，HDMI（DVI），そしてVGA（アナログRGB）をサポートし，出力形式としてLVDS（LCDパネル）と音声出力に対応したレシーバICに相当します．STDP602xシリーズを使ったLCD表示システムの構成例を**図9**に示します．

● 出力形式

STDP602xは映像出力としてLVDSインターフェースを備えています．シングルおよびデュアルチャネルの18/24ビットの標準的なフォーマットをサポートしており，LVDSインターフェースを有するLCDパネルを直接駆動することができます．

音声出力としては，I2SおよびS/PDIFを備えています（I2SとS/PDIFは排他使用）．I2Sは32k～192kHzのサンプリング・レートをサポートし，データ当たりの分解能は16～24ビットに対応します．また，リニアPCM形式を8チャネルまでサポート可能です．S/PDIFはIEC 60958とIEC 61937のオーディオ・ストリームを出力できます．

● 入力形式

STDP602xは入力信号としてDisplayPort，HDMI（DVI），そしてVGA（アナログRGB）をサポートしています．DisplayPortは1.1a規格に準拠しており，24ビットのオーディオおよび30ビットのビデオ・ストリームをデコード可能です．STDP602xでは，1レーン当たり2.7Gbpsおよび1.62Gbpsの2種類のビット・レートをサポートしています．

HDMIは1.3規格に準拠しています．映像信号の入力範囲は20M～225MHzで，8/10/12ビット・カラーで1080pに対応しています．またPCグラフィックス信号としてはWUXGA解像度（1920×1200）まで可能です．

VGAはRGBおよびYPrPb信号をサポートし，205MHz（8ビット・カラー）または162MHz（10ビット・カラー）までのサンプル・レートに対応しています．また標準規格以外の入力信号に対応するためにAGC（Automatic Gain Control）が実装されています．

● その他の特徴的機能

機能をまとめると，次のようになります．
- PCからのアナログ入力に対する自動位置調整
- オンチップHDCPキー

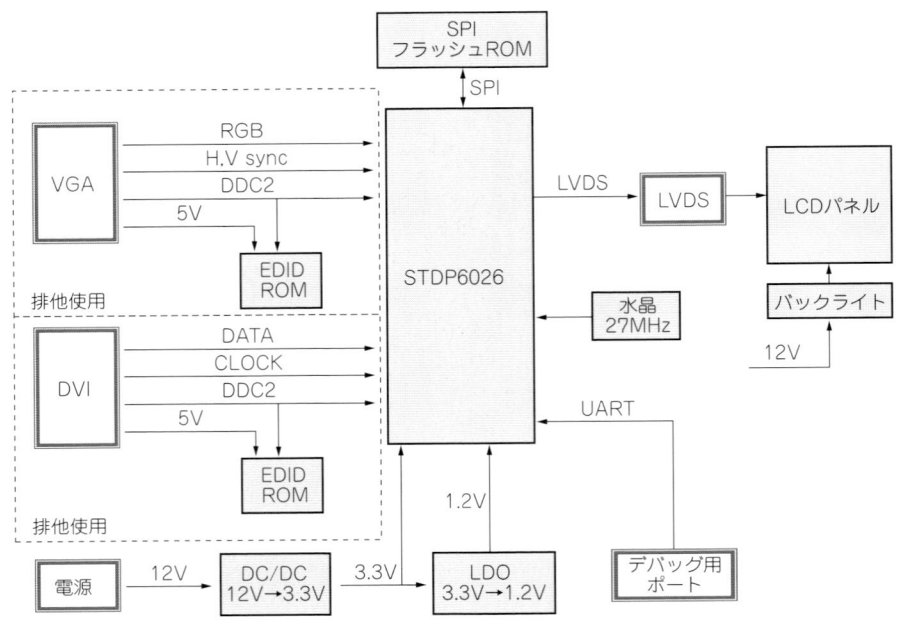

図10 STDP6026を使用したLCD表示システムの回路構成例

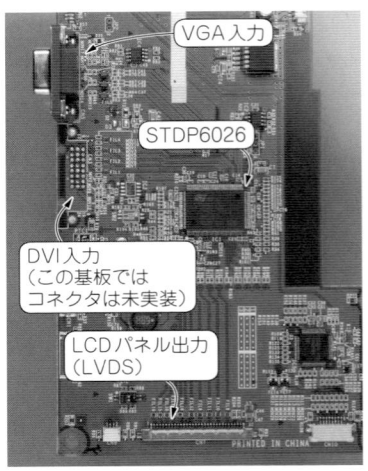

写真7 STDP6026を使用したLCD表示システムの基板

- 画像の拡大縮小／カラー調整
- オンチップOSDコントローラ
- ファームウェア／システム・データ格納用SPIフラッシュ接続端子
- 12ビットのガンマ補正と8/6ビット・パネル・インターフェース
- DDCコントローラ
- バックライト・コントロールやオーディオ・ボリュームなどで使用可能なPWM信号

これだけの機能が付いていて，外付けに必要な回路は水晶発振子とSPIフラッシュROM，外部インターフェース用回路のみです．非常にシンプルにさまざまな入力デバイスをLVDSインターフェース表示機器に接続することが可能になります．

● 実際の回路例

一般的なPCからの入力を液晶に表示するディスプレイの設計例として次のような仕様を考えました．

- 入力：VGAまたはDVI（排他使用）
- 出力：15インチLVDS液晶パネル（XGA）
- 音声入出力：なし
- 電源：12V

以上の仕様に対する，STDP6026を使用したLCD表示システムの回路構成例を図10に，開発したLCD表示ボードの基板の外観を写真7に示します．入力がVGAまたはDVIで，出力解像度はXGAを想定しているため，STDP602xシリーズの中からSTDP6026を採用しています．

えびはら・ゆうたろう　シリコンリナックス（株）
ながしま・たけし　FPGAアプリケーション・エンジニア
いけがみ・まさかず　東信電気（株）技術開発部

特集

Zynq入門にはZedBoardが最適

Appendix ナンテいい時代！こんなに高機能なのに今すぐキットで誰でも試せる

ソフトもハードもプログラミング！ARM Cortex-A9搭載FPGA Zynq

鈴木 量三朗
Ryozaburo Suzuki

第3章や第4章でも紹介されているZedBoardとはどんなFPGA評価ボードか，搭載されているZynqというFPGAはどんなデバイスか，ここで簡単に紹介してみよう．

1. Zynqの概要

● ARMコア内蔵FPGAではない

Xilinx社が提供する新しいデバイス"Zynq"（ジンクと発音）は，ARM Cortex-A9のデュアルコア・プロセッサとFPGAを搭載した新しいタイプのSoC（System On a Chip）です（写真1）．Zynqの内部を大ざっぱに示すと図1のようになります．同社ではARMコアや周辺コントローラ，メモリ・コントローラ部分を，PS（プロセッシング・システム），FPGA部分をPL（プログラマブル・ロジック）と呼びます．

Zynqというデバイスを，FPGAを搭載したSoC，あるいはその逆のSoCを搭載したFPGAとだけ見るのは少々早合点かもしれません．今後の市場への展開と浸透度にもよるので慎重に評価しなければなりませんが，筆者は新しい分野のSoCが出現したという印象を持っています．

実際にZynq搭載評価ボードを動作させてみた感じでは，Zynq自身はデバイスとしては完全にARMコアSoCととらえることができます．電源投入後，FPGAをコンフィグレーションせずに先にARMコアが立ち上がる仕様であったり，FPGA部をPLと呼ぶことからも，Xilinx社からの「FPGAという枠を超えたSoC」であるというメッセージが受け取れます．

DSPを搭載したSoCは市場にいくつもあり，確かに，そのアプローチは多くの柔軟性を持っています．ZynqはFPGAを高いレベルでSoCに統合しており，PL部には，既存のFPGAと同様ハードウェアを構成できます．うたい文句にあるようにまさにZynqは"All Programmable SoC"であり，ソフトウェアもハードウェアさえもプログラムできる，プログラマとしては腕の見せ所の多いデバイスといえます．

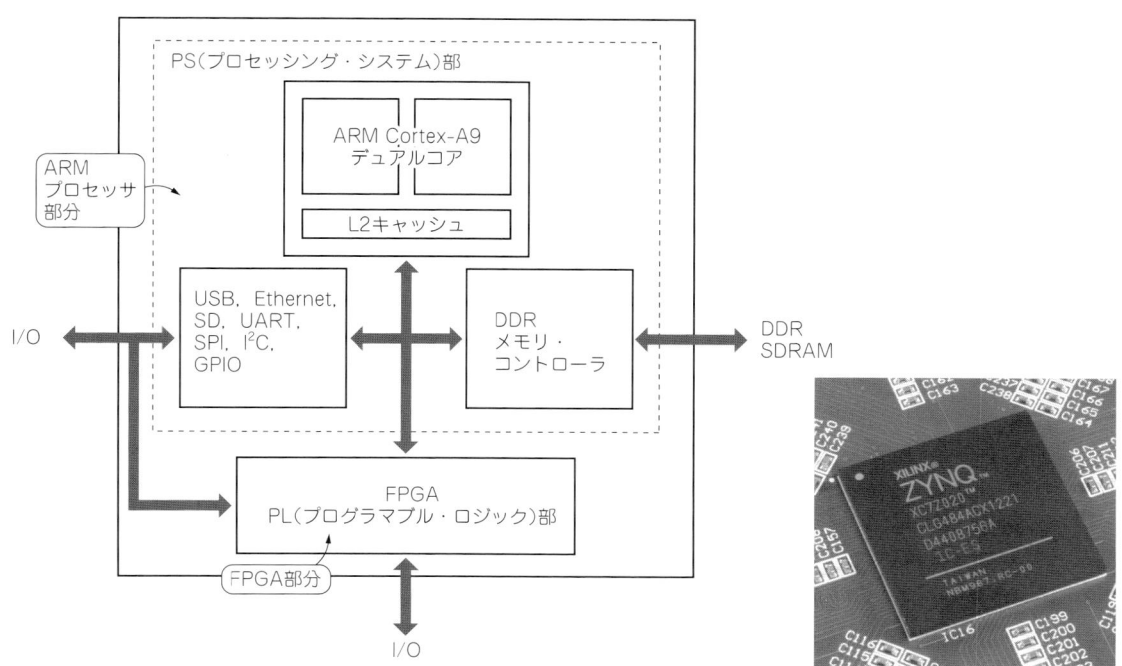

図1 ARMコアとFPGAを内蔵するZynq

写真1 Zynqの外観

● ARMプロセッサとしてのZynq

　Zynqは最初に出荷されたZ-7020を筆頭に，Z-7010，Z-7030，Z-7045とシリーズ化されています．ARMコアの最大周波数の違いがあるだけで，PS部に搭載される周辺機能は同じになります（**表1**）．ARMのプロセッサとしてはデュアルコアのARM Cortex-A9で，メディア処理エンジンのNEON，ベクタ浮動小数点ユニット（VFPU）を持ちます．512KバイトのL2キャッシュはPLで利用することも可能です．

　外部メモリにはDDR3/DDR2/LPDDR2 SDRAMを使用可能です．画像の入出力やアクセラレータをFPGAに内に実装するためには，AXIバスを通してこれらのメモリをPL部から利用することになります．

　ペリフェラルとしてはUSB 2.0（OTG），10/100/1000Base-T Ethernet，SD/SDIO，UART，CAN 2.0B，I^2C，SPI，GPIOなどを備えています．

　いくつかのペリフェラルは同じピンにアサインされており，全てのペリフェラルが同時に使えるわけでないのはほかの多くのSoCと同じです．特徴的なのは，USBを除くほとんどのペリフェラルを，PL側に内部的に接続できる点です．単純に配線してPL部のI/Oピンから外に出すことや，PL部に実装したロジック回路と接続して処理を付け加えることも可能です（**図2**）．

● FPGAとしてのZynq

　ZynqによってPL部の性能とセル数は異なります（**表2**）．Z-7010/7020はArtix-7ベースですが，Z-7030/7045はKintex-7ベースなので，性能的に上になります．またZ-7030/7045ではPCI Expressが搭載されます．

　FPGAのコンフィグレーションはARM側からも行えます．リコンフィグレーションは何度でも行えるため，仮想的にいくつものハードウェアを入れ替えて使うことも可能です．さらに，パーシャル・リコンフィグレーションという機能も使えます．これは回路を部分的に入れ替えることができるため，コンフィグレーションの時間を短縮可能です．

● Zynqの性能

　気になるFPGAとしての性能はどうでしょうか．筆者がZ-7020ES（Engineering Sample）で動作確認を行ったところ，二つのフルHD入力と一つのフルHDを出力することが可能でした．また画像出力をしながらアクセラレートする機能を確かめたところ，フルHDの表示を乱すことなく，64ビット/150MHzのバス帯域を十分に使ってのアクセラレートが可能でした．高性能なAXIバスが搭載されているので，メモリ転送において帯域を使い切るための細かい工夫をFPGA側へ用意する必要はなさそうです．

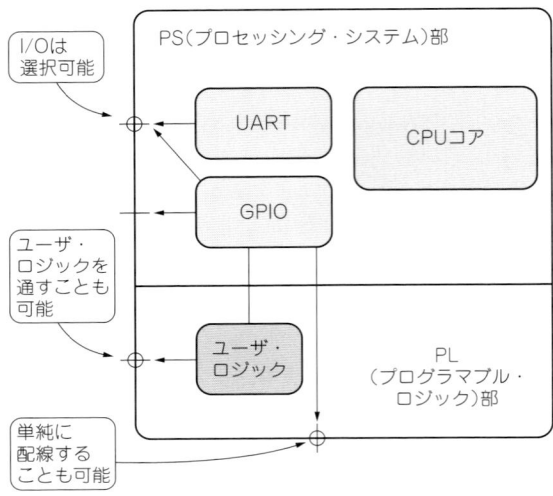

図2　I/Oの出し方

表1　Zynq搭載のPS部の仕様

デバイス名	Z-7010	Z-7020	Z-7030	Z-7045
プロセッサ・コア	CoreSightを搭載したデュアルARM Cortex-A9 MPCore			
プロセッサ拡張機能	NEON/単精度・倍精度浮動小数点ユニット（VFPU）			
最大周波数（Hz）	667M/733M/800M		667M/733M/1G	
L1キャッシュ（バイト）	32K 命令キャッシュ/32K データ・キャッシュ			
L2キャッシュ（バイト）	512K			
オンチップ・メモリ（バイト）	256K			
外部メモリ・ポート	DDR3/DDR2/LPDDR2 SDRAM			
外部スタティック・メモリ・ポート	クワッドSPI×2，NAND，NOR			
DMAチャネル	8（4チャネルはプログラマブル・ロジック専用）			
ペリフェラル	UART×2，CAN 2.0B×2，I^2C×2，SPI×2 32ビット GPIO×4（最大118）			
DMA内蔵ペリフェラル	USB 2.0（OTG）×2，SD/SDIO×2 10/100/1000 Base-T ギガビットEthernet×2			
バス・インターフェース	AXI 32ビット・マスタ×2，AXI 32ビット・スレーブ×2 AXI 64/32ビット・メモリ×4 AXI 64ビット ACP			

表2 Zynq搭載のPL部の仕様

デバイス名	Z-7010	Z-7020	Z-7030	Z-7045
相当するXilinx 7シリーズ プログラマブル・ロジック	Artix-7		Kintex-7	
プログラマブル・ロジック・セル	28K	85K	125K	350K
ルックアップ・テーブル（LUT）	17,600	53,200	78,600	218,600
フリップフロップ	35,200	106,400	157,200	437,200
エクステンシブル・ブロックRAM（バイト）	240K	560K	1,060K	2,180K
プログラマブルDSPスライス	80	220	400	900
最大DSP性能（対称FIR）	100GMACs	276GMACs	593GMACs	1,334GMACs
PCI Express（ルート・コンプレックスまたはエンドポイント）	なし		Gen2×4	Gen2×8
アジャイル・ミックスド・シグナル（AMS）/XADC	最大17の差動入力を備えた12ビット1Msps A-Dコンバータ×2			
セキュリティ	AESおよびSHA256bによるブートコードおよびPLのコンフィグレーション復号/認証			

　3Dのアクセラレートはどうでしょうか．Z-7020にOpenGL ES1.1ベースのグラフィックス・コアを入れ，実際のアプリケーションで同じARMベースのSoCと比較した場合，そのfps（単位時間当たりのフレームレート）はほぼ同性能を得ることができました．Z-7045ではFPGAがKintex-7ベースであることから，Z-7020の倍の性能を達成することを確認しました．

　28mm最新のプロセスを使用していること，プロセッサと密結合していることがあいまって，かなり高性能なSoCに仕上がっています．

● Linuxとの相性

　ZynqではXilinx社がLinuxの環境をあらかじめ用意しており，Linuxとの相性は抜群に良いといえます．ソフトウェア技術者から見てLinuxのソフトウェア環境が利用できるのは大変魅力です．特にZynqにはACPと呼ばれるL2キャッシュをARMプロセッサと共有する機能があります（図3）．この機能を使用すればグラフィックス・アクセラレーションをPL部に埋め込むことが可能で，いわば専用のコプロセッサの追加ができるようになります．

　筆者はJPEGで使用されるDCT部分をPL部でアクセラレートするIPコアを作成してみました．ソフトウェアでの動作に比べおおよそ5倍の性能を得ることができました．Linux上でこれらのコプロセッサ的な機能を利用したライブラリが充実していくと，今までにないハードとソフトが高度に融合した開発環境を構築することができそうです．

2. ZedBoardの概要

● 評価ボード仕様

　ZedBoardはAvnet社から発売されている，Zynq Z-7020を搭載した評価ボードです（写真2，写真3）．ZedBoardでは，以下のZynqのPS部のペリフェラルが使えるようになっています．
- DDR3 SDRAM（512Mバイト）
- SDカード・ソケット
- 10/100/1000Base-T対応ギガビットEthernet
- USB 2.0（OTG）
- UART
- QSPI
- GPIO（LED，スライド・スイッチ，プッシュ・ボタン）

さらにZynqのPL部には以下のようなペリフェラルが接続されています．
- HDMI（Type Aコネクタ，HDMIトランスミッタ：ADV7511）
- VGA（12ビット・カラー）

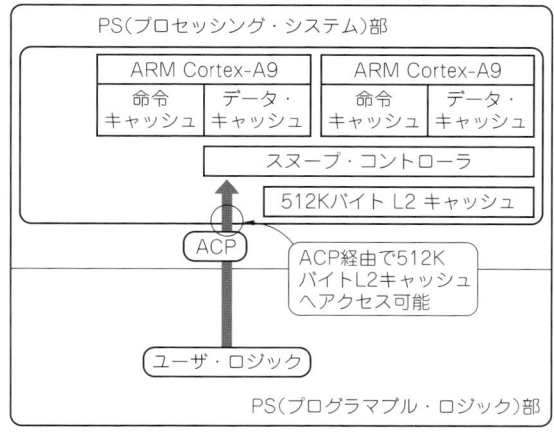

図3 ACPの使い方

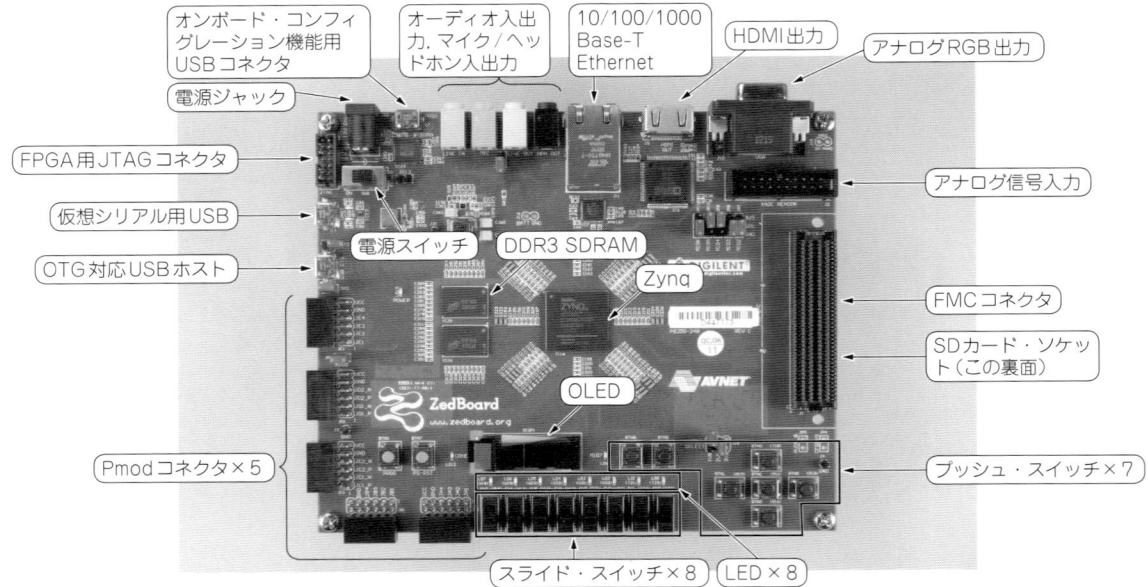

写真2　ZedBoardと各部の名称

写真3　ZedBoard付属品一覧

- I2S（コーデックIC：ADAU1761）
- OLED
- XADC（Xilinx社共通のA-D入力コネクタ）
- Pmod
- GPIO（LED，スライド・スイッチ，プッシュ・ボタン）

● Linuxが起動するSDカード付属

付属のSDカードを差し，ブートモード用ジャンパの設定をSDカード・ブートにして電源を投入すると，プレインストールされたLinuxが立ち上がります（**写真4**）．

ZedBoardの魅了はその拡張性と価格設定でしょう．Pmodというモジュールにも対応しており，手作

（a）システム全体

（b）HDMI出力画面にはペンギンが2羽表示されている（デュアルコア）

写真4　標準添付のSDカードで起動した様子

りで電子回路を作る"Makeな人"や"オープンソースな人"から見て，あれもこれもといったいろんなアイデアが活かせる評価ボードなのではないでしょうか．

3. Zynq対応デザイン・ツール

● Zynqの開発にはISE Design Suiteを使う

現在Xilinx社から提供されているZynqを開発するためのデザイン・ツールISE 14.4は，ZedBoardに対応しています．同社から提供されているチュートリアル資料(Zed-Board CTT v14.3 121017.pdf)などを見みながら作業を進めると，一通りの使い方が学べます．しかも，無償で使えるISE WebPACKでもZynqの開発が可能です．

なお，Xilinx社の最新開発ツールVivadoは，現在のバージョンではZynqに対応していません．近いうちに対応されるものと思います．

● EclipseベースのSDK

ソフトウェア開発にはEclipseベースのSDKが提供されているので，Eclipseに慣れた方であれば比較的簡単に開発に入れるのではないでしょうか(図4)．

デザイン・ツールを使うと，ZedBoardで必要な初期設定を自動的に生成可能です．Cによる初期化ルーチンが自動生成され，さらに初期化ルーチンとビットストリームとユーザ・プログラムをBOOT.binという一つのファイルにすることも可能です．このBOOT.binをSDカードにコピーして電源を入れると，初期化およびビットストリームのコンフィグレーションを経て，ユーザのプログラムの実行が開始されます．ユーザ・プログラムがLinuxであれば，Linuxが起動します．

チュートリアルでは，デザイン・ツールを使い，ARMコアを使って単純に"Hello World"を表示実行

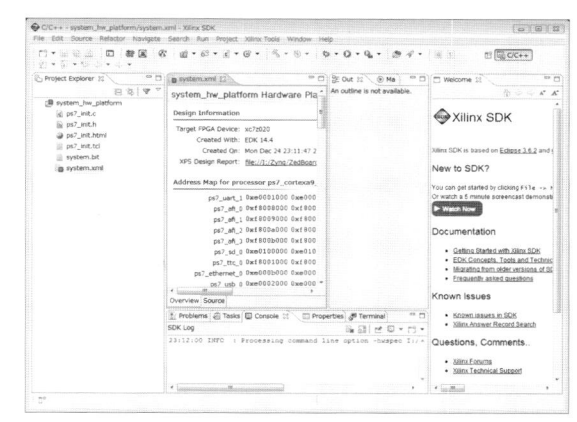

図4 Zynqのソフトウェア開発ツールの画面

するに説明に始まり，GPIOを使った簡単なハードウェアの生成，ChipScopeによるデバッグ，SDカード・ブート用ファイルの生成方法，Linuxアプリケーションのデバッグなどを順を追って学ぶことができるような構成になっています．

● 高位合成ツールに期待

今後，Vivado HLS (High-Level Synthesis，高位合成)の環境が拡充され，C言語ベースでFPGAのアクセラレータを記述することができるようになれば，より一層ハードウェアとソフトウェアの融合が進み，システムとして新たな地平が見えてくるのでしょう．

すずき・りょうざぶろう　ザイロン・ジャパン

コラム　Linux上で2D/3Dのグラフィックの評価が可能なリファレンス・デザイン

ZedBoardを含めたZynqに対応したグラフィックスの評価用として，Xylon社が提供する無償のリファレンス・デザインが利用可能です(http://www.logicbricks.jp/ZedBoard/)．ZedBoard用のリファレンス・デザインにはSDカード用のオブジェクトが含まれており，インストールして立ち上げると，グラフィックの実行環境を含むLinuxが起動します(写真A)．利用者は無償でZedBoard上のDirectFBやQt，OpenGL ES 1.1を試すことができます．

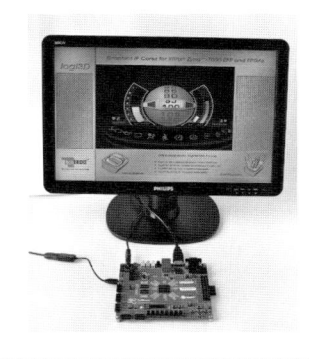

写真A
Xylon社ZedBoard用のリファレンス・デザインのデモ

特集

まずはDVIから始めよう

第4章 トランスミッタIC不要！FPGAと直結！

実験研究！DVI & DisplayPort対応のディジタル・ビデオ表示回路

長嶋 毅
Takeshi Nagashima

ディジタル・ビデオ・インターフェースは，アナログRGBによるVGAインターフェースの技術に，高速差動インターフェースを加えれば実現できる．ビデオ表示回路としての基本的な考え方に違いはないことを，最も簡単なカラー・バー表示回路の各種実装事例を通して学んでみる．

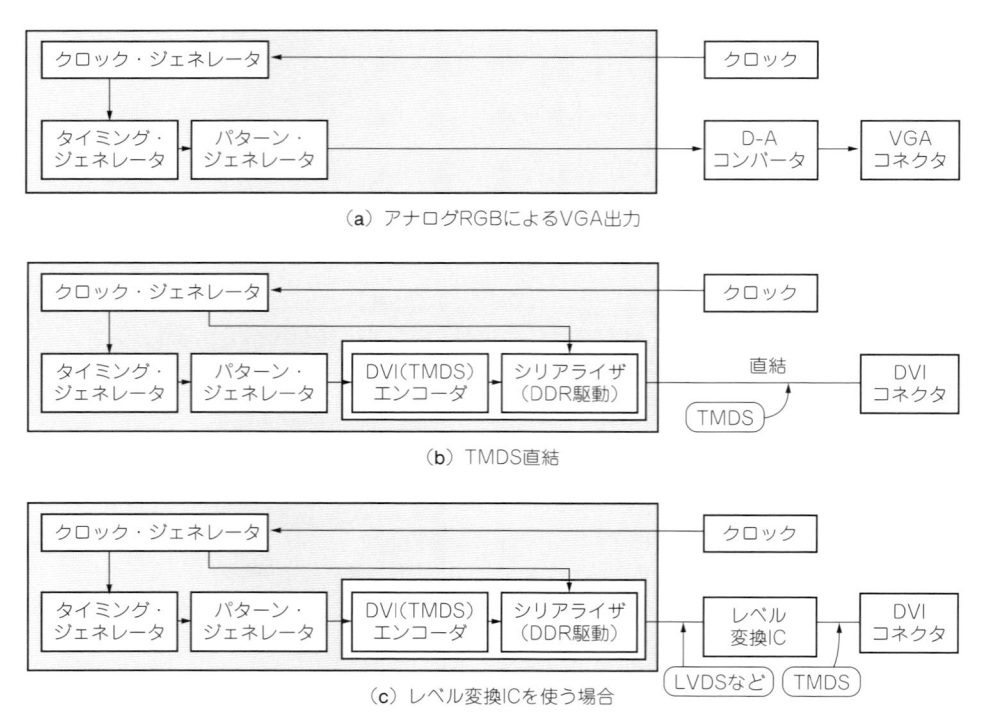

1. アナログRGBからDVIへの移行のすすめ

FPGA初心者の中には，アナログRGBによるVGAインターフェースと，DVIやHDMI，DisplayPortなどのディジタル・ビデオ・インターフェースは，技術的に全く異なる別次元の知識が必要…と考えている人が多いのではないでしょうか．確かに高速差動インターフェースの知識は要求されますが，ビデオ・インターフェースとしての基本的な考え方はそれほど変わりません．

ここでは，最も基本的なカラー・バー表示回路を，アナログRGB出力も含めた各種方法で実装してみます（図1）．

● クロック・ジェネレータとタイミング・ジェネレータ

表示回路の基本的な構成は，クロック・ジェネレータとタイミング・ジェネレータおよびカラー・バーを表示するパターン・ジェネレータです．

クロック・ジェネレータは，表示用のビデオ・クロックをPLL（Phase Locked Loop）やDCM（Digital Clock Manager）を使って生成します．25MHzや

図1 アナログRGBからDVIへの移行

40MHzなど，表示用のクロックと同じ値があるときはそのまま使ってもよいでしょう．ちょうど良い周波数がない場合は，PLLやDCMなどと呼ばれるFPGA固有の機能を使って，基準クロックから必要なクロックを生成します．

タイミング・ジェネレータは，水平 表示/フロントポーチ/同期/バックポーチおよび垂直 表示/フロントポーチ/同期/バックポーチの値を与えることでビデオ・タイミングを生成します．

内部では水平と垂直のカウンタを回してそれぞれの値と比較することでタイミングを作り出します．要するに，タイミング・ジェネレータとはカウンタとコンパレータ（比較器）のカタマリです．

表示解像度を変更する場合は，リスト1に示す水平と垂直の各パラメータを書き換えます．

● パターン・ジェネレータ

生成されたビデオ・タイミングをパターン・ジェネレータに入力して簡易カラー・バーを発生します（リスト2）．パターン・ジェネレータの内部では，水平方向のカウンタと垂直方向のカウンタを座標値としてカラー・バーの表示色を選択します．いわばセレクタのカタマリです．

● アナログRGB出力の場合

生成したカラー・バーをアナログによるVGA出力の場合は，パターン・ジェネレータから出力されるRGBの各ビットをアナログ信号に変換する必要があります．一般的には，図2(a)に示すようなRGBの3チャネルに対応したビデオ用D-Aコンバータを使いますが，図2(b)に示すようなR-2R方式の簡易D-Aコンバータ（抵抗ラダーDACとも呼ぶ）も使われます．ビット7～4までの上位4ビットが接続されているので，4,096色までの表示が可能です．

入門向けFPGA評価ボードDE0（Terasic社）のVGA出力も，図2(b)と同様に抵抗による簡易D-Aコンバータ回路が搭載されています．こちらもRGB各4ビット接続なので，4,096色までの表示が可能です．

FPGAのI/Oは各端子の電気的特性がそろっているとともに，レジスタ出力を使うと各端子間の時間的なズレがほとんどなくなるため，専用のビデオ用D-Aコンバータを使わなくても，そこそこ良好な表示が可能です．

リスト1 タイミング・ジェネレータ・モジュール接続部

```
timegen #(
                // VESA CVT : 0.31M3-R 25MHz 640x480@60Hz reduced blanking
        .hor_total(16'd816),    // 水平期間        horizontal totla
        .hor_addr (16'd640),    // 水平表示        horizontal display
        .hor_fp   (16'd56),     // 水平フロントポーチ horizontal front porch (+margin)
        .hor_sync (16'd32),     // 水平同期        horizontal sync
        .hor_bp   (16'd88),     // 水平バックポーチ  horizontal back porch (+margin)
        .ver_total(16'd511),    // 垂直期間        vertical totla
        .ver_addr (16'd480),    // 垂直表示        vertical display
        .ver_fp   (16'd11),     // 垂直フロントポーチ vertical front porch (+margin)
        .ver_sync (16'd4),      // 垂直同期        vertical sync
        .ver_bp   (16'd16)      // 垂直バックポーチ  vertical back porch (+margin)
) timegen (
        .HSYNC_N(TG_HS),        // out    [CRT] #hsync
        .VSYNC_N(TG_VS),        // out    [CRT] #vsync
        .BLANK_N(TG_DE),        // out    [CRT] #blank/de

        .RST_N(RST_N),          // in     [CRT] #reset
        .CLK(TXCLK)             // in     [CRT] dot clock
);
```

リスト2 パターン・ジェネレータ・モジュール接続部

```
dispgen dispgen(
        .D_RED(TX_RED[7:0]),            // out    [CRT] [7:0] red
        .D_GRN(TX_GRN[7:0]),            // out    [CRT] [7:0] green
        .D_BLU(TX_BLU[7:0]),            // out    [CRT] [7:0] blue
        .D_HS(TX_HS),                   // out    [CRT] #hsync
        .D_VS(TX_VS),                   // out    [CRT] #vsync
        .D_DE(TX_DE),                   // out    [CRT] #blank/de

        .TX_HS(TG_HS),                  // in     [CRT] #hsync
        .TX_VS(TG_VS),                  // in     [CRT] #vsync
        .TX_DE(TG_DE),                  // in     [CRT] #blank/de
        .TX_CLK(1'b1),                  // in     [CRT] cke

        .RST_N(RST_N),                  // in     [CRT] #reset
        .CLK(TXCLK)                     // in     [CRT] dot clock
);
```

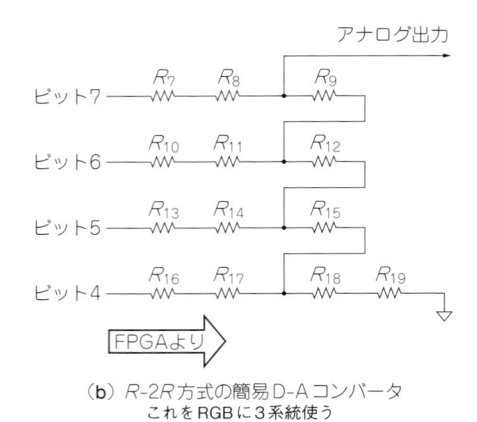

図2 アナログRGB出力回路

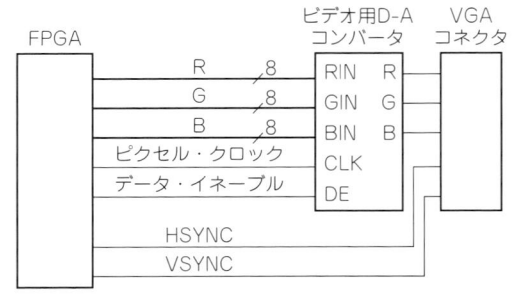

(a) 3チャネル内蔵ビデオ用D-Aコンバータ使用時

(b) R-2R方式の簡易D-Aコンバータ
これをRGBに3系統使う

リスト3 Xilinx社製FPGA向けDVI出力モジュールの接続

```
xil_dvi dvi_out (
    .DVI_TX0_N(FPGA_PMOD1_P8),      // out    [TX] TX[0]-N (CML)
    .DVI_TX0_P(FPGA_PMOD1_P7),      // out    [TX] TX[0]-P (CML)
    .DVI_TX1_N(FPGA_PMOD1_P4),      // out    [TX] TX[1]-N (CML)
    .DVI_TX1_P(FPGA_PMOD1_P3),      // out    [TX] TX[1]-P (CML)
    .DVI_TX2_N(FPGA_PMOD1_P2),      // out    [TX] TX[2]-N (CML)
    .DVI_TX2_P(FPGA_PMOD1_P1),      // out    [TX] TX[2]-P (CML)
    .DVI_TXC_N(FPGA_PMOD1_P10),     // out    [TX] TX_CLK-N (CML)
    .DVI_TXC_P(FPGA_PMOD1_P9),      // out    [TX] TX_CLK-P (CML)

    .TX_RED(TX_RED[7:0]),           // in     [TX] [7:0] red
    .TX_GRN(TX_GRN[7:0]),           // in     [TX] [7:0] green
    .TX_BLU(TX_BLU[7:0]),           // in     [TX] [7:0] blue
    .TX_HS(TX_HS),                  // in     [TX] hsync
    .TX_VS(TX_VS),                  // in     [TX] vsync
    .TX_C0(1'b0),                   // in     [TX] c0
    .TX_C1(1'b0),                   // in     [TX] c1
    .TX_C2(1'b0),                   // in     [TX] c2
    .TX_C3(1'b0),                   // in     [TX] c3
    .TX_DE(TX_DE),                  // in     [TX] de

    .CLK(TXCLK),                    // in     [DVI] clk
    .CLKx5(TXCLKx5),                // in     [DVI] clk x5 : dvi ddr
    .RESET_N(RST_N)                 // in     [DVI] #reset
);
```

← 図3Ⓑ
← 図3Ⓐ

コラム1　超簡単アナログRGB出力回路

　FPGAのI/O端子が5本余っているなら，抵抗3本でアナログRGBによる8色表示ができます．FPGA評価ボードのI/O端子にパターン・ジェネレータの出力を接続して，端子から信号を取り出すとよいでしょう．

　図Aに抵抗3本でできる超簡単アナログRGB出力回路を示します．I/O端子3.3V_{p-p}(0～3.3V)，75Ω終端で0.7V_{p-p}(0～0.7V)になるよう，抵抗は270～300Ω程度を使います．図Aの回路ではRGBを各1ビットだけ接続するので，パターン・ジェネレータの出力の最上位ビットのみを接続します．

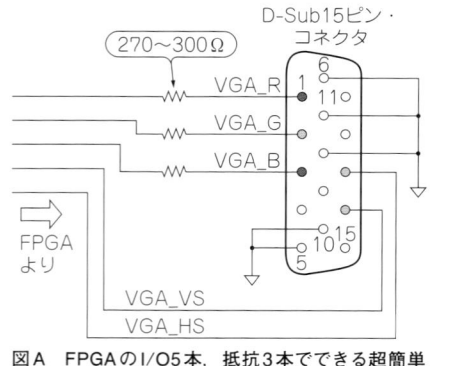

図A FPGAのI/O 5本，抵抗3本でできる超簡単アナログRGB出力回路

● トランスミッタICを使う場合

　第3章で解説されているようなDVI/HDMIトランスミッタIC（エンコーダICとも呼ぶ）を使ってディジタル・ビデオ表示を行う場合も同様に，パターン・ジェネレータから出力されるRGBの各ビットをトランスミッタICに入力します．図2の例のD-Aコンバータの部分を，トランスミッタICに入れ替えた構成になります．

● DVIエンコーダとシリアライザ

　次に差動出力を使ってDVI出力を行う場合です．先ほどまでの例と異なるのは，FPGA内部にDVIエンコーダとシリアライザを追加する点です［図1(b)または図1(c)］．また，クロック・ジェネレータで，ビデオ・クロックの10倍（または5倍）のクロックを生成して，後述するシリアライザなどで使用します．

　DVIでは8ビットのビデオ・データを10ビットに符

コラム2　DVI/HDMIコネクタとFPGA直結時の問題点

　Xilinx社のFPGA（Spartan-3A以後）は，I/OモードとしてDVIやHDMIで使われているTMDSをサポートしています．よって電気的には直結が可能ですが，次のような問題点があります．

　図Bに示すTMDSの等価回路で分かるように，TMDSは受信側でプルアップ終端されています．ここで送信側システムの電源を切っても，差動出力のどちらかのドライバがONのままなので，図Bの経路で電流が流れ込みます．この流れ込み電流により，FPGAが"中途半端に生きている"状態になることがあります．例えばFPGA開発時は一般的に，コンフィグレーションROMを未接続，もしくは中身が消去されたROMのままで，毎回bitファイルを流し込みながらデバッグを進めますが，FPGAボードの電源を切って再度電源を投入したのに，直前にダウンロードしたbitファイルの内容でFPGAがまた動き出すのです！

　DVI/HDMIをFPGAと直結しつつ，これに対する対策の一つとして，図CのようにリセットICの出力をFPGAのPROG_B信号ピンと接続する方法があります．いったん電源が切られると電源電圧の低下を検出するので，PROG_B信号が"L"レベルにドライブされます．FPGAはPROG_B信号が"L"レベルになると，FPGA内部のコンフィグレーション情報はリセットされ，再度コンフィグレーション・データを読み込む準備に入ります．このとき，FPGAのI/Oピンはフローティング状態となるので，TMDSとして使っていたI/Oピンのドライバも OFFとなり，受信側の終端抵抗からの電流の流れ込みがなくなるというものです．

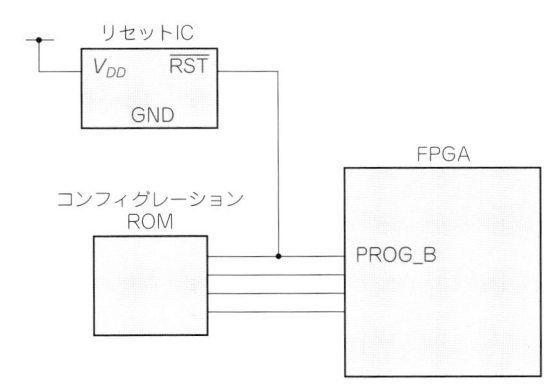

図C　FPGAのPROG_B信号にリセットICを接続する

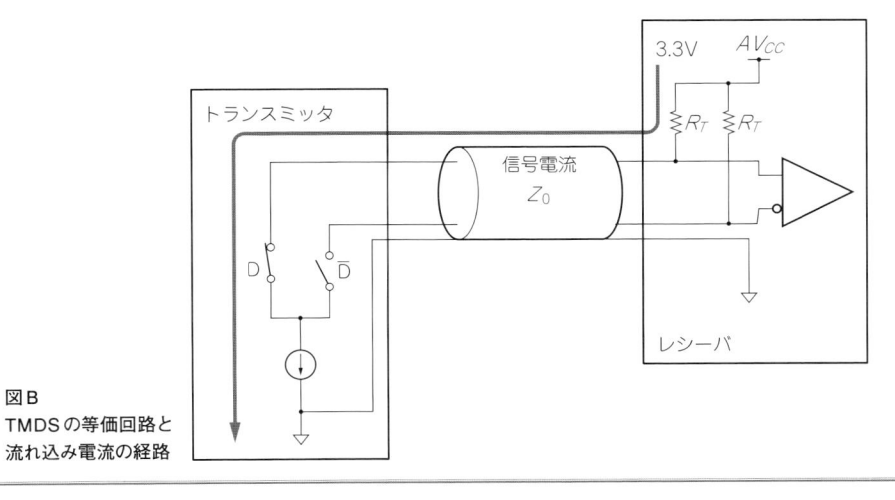

図B　TMDSの等価回路と流れ込み電流の経路

リスト4 トップ階層のHDLソース

```
module zed_disp (
        ~中略~
    output    ch0p,    // out    [PMOD] jc1p (1)
    output    ch0n,    // out    [PMOD] jc1n (2)
    output    ch1p,    // out    [PMOD] jc2p (3)
    output    ch1n,    // out    [PMOD] jc2n (4)
    output    ch2p,    // out    [PMOD] jc3p (7)
    output    ch2n,    // out    [PMOD] jc3n (8)
    output    ch3p,    // out    [PMOD] jc4p (9)
    output    ch3n,    // out    [PMOD] jc4n (10)
        ~中略~
);
```

リスト5 FPGAのI/Oピン動作モード定義(UCFファイル)

```
            ~中略~
NET "ch0p" LOC = AB7  | IOSTANDARD = TMDS_33;
NET "ch0n" LOC = AB6  | IOSTANDARD = TMDS_33;
NET "ch1p" LOC = Y4   | IOSTANDARD = TMDS_33;
NET "ch1n" LOC = AA4  | IOSTANDARD = TMDS_33;
NET "ch2p" LOC = R6   | IOSTANDARD = TMDS_33;
NET "ch2n" LOC = T6   | IOSTANDARD = TMDS_33;
NET "ch3p" LOC = T4   | IOSTANDARD = TMDS_33;
NET "ch3n" LOC = U4   | IOSTANDARD = TMDS_33;
            ~中略~
```

号化して，ビデオ・クロックの10倍の転送レートで送ります．

符号化はDVIエンコーダ，データを送り出すのはシリアライザです．FPGAのI/O端子を駆動する部分はデバイス依存があるので，Xilinx社製FPGAの場合はxil_dviとしてDVIエンコーダとシリアライザをまとめて呼び出しています（**リスト3**）．

DVI表示時のトップ階層のHDLソースを**リスト4**に，FPGAのI/Oピン動作モードの定義（Xilinx社の場合はUCFファイル）を**リスト5**に示します．I/Oピンの動作モードに"TMDS33"と指定しているのが分かります．

以上をまとめて，カラー・バー表示時のブロック図を**図3**に，Xilinx社製FPGA設計ツールISEのカラー・バー表示設計プロジェクトの様子を**図4**に示します．

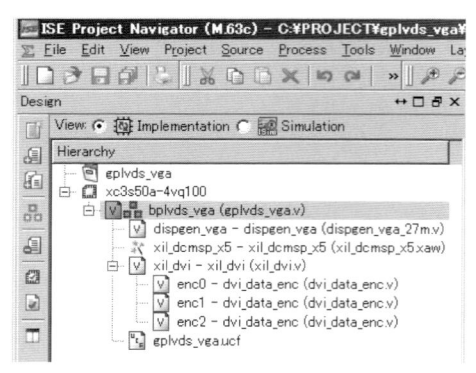

● **TMDS対応デバイスは直結可能**

Xilinx社製FPGAのように，TMDSに対応したデバイスであれば，DVIやHDMIへの直結が可能です．しかしコラム2のような問題もあるので，製品などに採用する場合はいろいろな考慮が必要でしょう．

Altera社製FPGAではI/OモードとしてTMDSをサポートしたものがないので，DVIやHDMIへの直結はできません．次に説明するような方法を使ってDVIやHDMIへ接続します．

● **レベル変換ICの活用**

TMDSを直接サポートしてないFPGAを使う場合は，LVDSで信号を出力し，LVDSからTMDSへの変換ICを使ってDVIやHDMI出力を実現できます．Altera社製FPGAを使う場合は，この方法を採用します．

またXilinx社製FPGAを搭載していても，FPGA評価ボードの仕様としてTMDS出力ができない場合があるので，この場合もLVDSまたは同様の差動イン

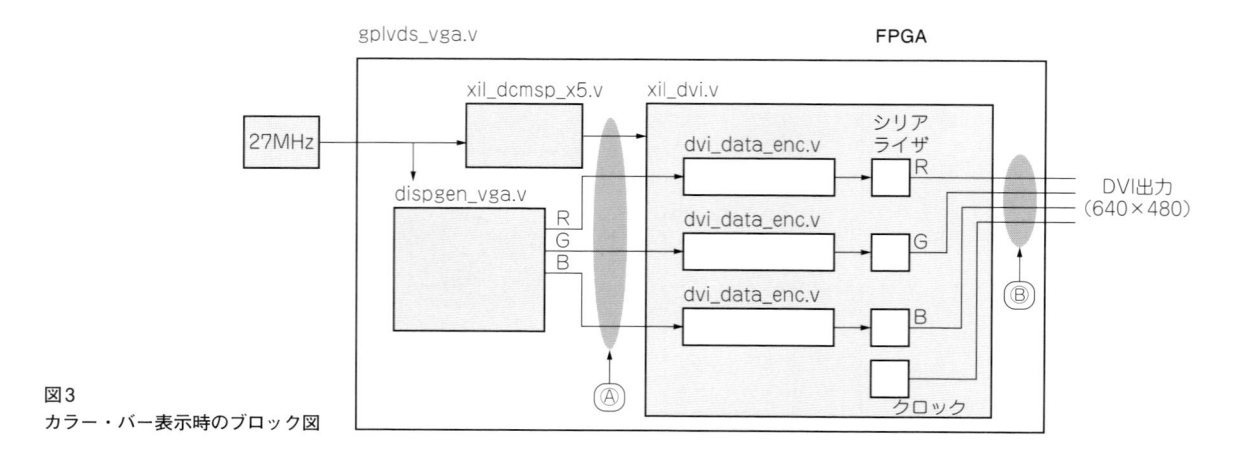

図4 Xilinx社製FPGA設計ツールISEのカラー・バー表示設計プロジェクトの様子

図3 カラー・バー表示時のブロック図

コラム3　MicroBoardにDVI出力を実現する拡張ボード

MicroBoard（Avnet社）は非常に安価なFPGA評価ボードですが，小型なため搭載されているインターフェースは数が少なく，拡張コネクタもPmod端子が二つだけという，拡張性に乏しい点が問題です．

そこで貴重なPmod端子をとことん使いこなし，安価なMicroBoardを少しだけ？楽しく使えるようにする，拡張ボードを手配線で試作してみました（**写真A**）．

MicroBoard用拡張ボードでは，SSTL3_Iシングルエンド出力をLVDSに変換するICを搭載することで，一つのPmod端子だけでDVI表示出力とDDC制御を行えるようになりました．SSTL3_IはDDR SDRAMのデータ信号などに用いる規格なので，差動信号からシングルエンド信号に変わっても1024×768（XGA解像度）まで表示可能です．

もう一つのPmod端子にはmicroSDコネクタが接続されています．残りの信号線は，PS/2コネクタもしくはUSBコネクタのどちらか（排他使用）と，S/PDIFによる光ディジタル・オーディオ入力/出力もしくはΔ-Σ/PWM D-Aコンバータ出力のどちらか（排他使用）を使うことができます．切り替えは，拡張ボード上に設けられたジャンパで行います（**図D**）．

実際に基板を設計して試作した基板を**写真B**に示します．こちらでは，MicroBoardのLEDを確認したり，オンボードのディップ・スイッチを操作可能にするために，拡張基板を大きく切り欠いてあります．そのため，FPGAにヒートシンクを付けても拡張基板にぶつかりません．さらに，冷却用に2～3cm程度の角形ファンが使えるよう複数の取り付け穴も用意してあります．

Spartan-6 LXやLXTは，DDR SDRAMやPLL機能を使うとかなり発熱するため，確実に放熱しないとFPGAに深刻なダメージが生じる場合があります．筆者はデバイスの上に放熱用にフィンまたは小型のファンを付けて使用しています．

MicroBoardと拡張ボードの電源はUSB-Bコネクタから供給し，コンフィグレーションは拡張基板を取り付けたまま行います．

MicroBoardのUSBシリアル・ポートだけ使う場合でも，必ずACアダプタ付きのUSBハブを使って拡張基板のUSB-Bコネクタからも電源を供給してください．バスパワーのUSBハブを使ったり，MicroBoardのUSBシリアル・ポートだけを接続すると，消費電流が多いために動作が不安定になる場合があります．

写真A　試作基板の数々

写真B　基板化したMicroBoard拡張ボード（プロトタイプ）

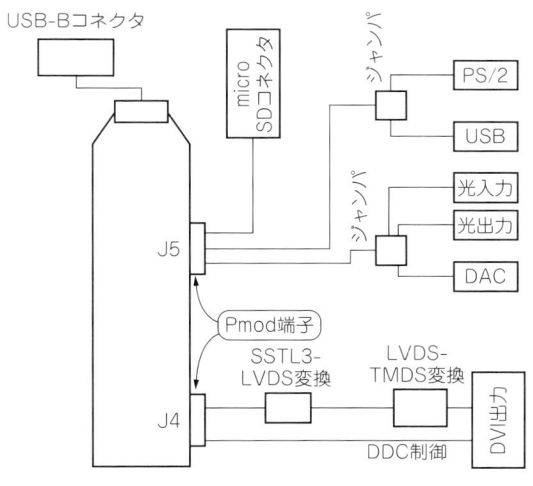

図D　MicroBoard拡張ボードの構成

■MicroBoard拡張ボード入手先
(株)エム・アイ・エー
http://www.miajapan.com/
「MicroBoard拡張ボード」製品紹介ページ
http://www.miajapan.com/product_MB_Exp.html

写真1　MicroBoard＋MicroBoard拡張ボードによるDVI表示の例

写真2　Kintex-7搭載KC705評価基板とFMC XM105デバッグ・カード

ターフェースで信号を出力し，これをレベル変換ICでTMDSに変換してDVI/HDMI出力を実現します．

コラム3では，MicroBoard（Avnet社）でDVI出力を実現する例を紹介しています．MicroBoardは非常に小型な評価ボードであるため，拡張コネクタはPmod端子が二つだけで，しかもそのコネクタではLVDSもTMDSも使えません．そこでもともとはDDR SDRAMを接続するためのSSTL3というI/Oモードを使って高速シリアル信号を出力させています（**写真1**）．

2. Kintex-7とKC705評価基板によるDVI表示

次は最新FPGA評価ボードを入手して，先ほど作成したカラー・バーDVI表示回路を移植してみました．

● Xilinx社7シリーズ

Xilinx社7シリーズは，アーキテクチャが更新された新しい世代のFPGAです．7シリーズにはVirtex-7，Kintex-7，Artix-7があり，そのほかにKintexとArtixをベースにARM CPUコアを搭載したZynqがあります．

7シリーズは，低電圧で高性能なHP I/O（High Performance I/O）と3.3V対応のHR I/O（High Range I/O）を装備しています．HP I/OはDDR SDRAMなど高速デバイスを接続するのに用意され，I/O電圧の範囲は1.2V～1.8Vです．Kintex-7やVirtex-7のHP I/Oは2GHz程度のクロックまで動作するので，1866MHz（1.8GHz）のDDR SDRAMまで正式に対応します．

HR I/Oは動作電圧が1.2V～3.3Vに対応し，3.3V対応のデバイスを接続することができます．Spartan系列で対応していたTMDSの機能は，7シリーズではHR I/Oで使用できます．動作速度はHP I/Oに比べて多少遅い程度です．

● KC705評価基板

Kintex-7搭載KC705評価基板（Xilinx社，**写真2**）は，HPC（High Pin Count）FMCコネクタとLPC（Low Pin Count）FMCコネクタを装備し，HR I/OとGTPが接続されています．

FMCカードにはBroadcastメザニン・カードのようにGTPを使う拡張基板なども用意されています．また，XM105デバッグ・カードは信号線をピン・ヘッダから取り出せるので，簡単な実験をしたいときに重宝します．

● Kintex-7の性能

実際にKintex-7からDVI出力を行い，実際にどの程度まで動くかを確認してみましょう．表示の解像度を上げれば映像信号の伝送速度も上がるので，表示可能な解像度から簡単な性能が割り出せます．表示の解像度と映像信号の対応は**表1**のようになります．

Kintex-7に先ほどのパターン・ジェネレータとシリアライザを実装します．FPGA内部の動作速度は，シリアライザがドット・クロックの5倍速，I/O端子は10倍速です．

表1　表示解像度とクロック

解像度	ドット・クロック/DVI信号	規格
640×480（4:3 VGA）	25MHz/250MHz	VESA 0.31M3-R
1024×768（4:3 XGA）	63.5MHz/635MHz	VESA 0.79M3
1280×720（16:9 720p）	74.5MHz/745MHz	VESA 0.92M9
1680×1050（16:10 WSXGA）	119MHz/1.19GHz	VESA 1.76MA-R
1920×1080（16:9 フルHD）	135MHz/1.35GHz	VESA 2.07M9-R

コラム4　ファイル/フォルダ名やHDLソース中の日本語は危ない

　Xilinx社のISE 14.1では，XPS Xilinx Platform Studioなどにマルチバイト文字に関する不具合があります．ISE 14.1ではHDLの構文解析などほかの部分でもXPSと同じ文字列処理ルーチンを使っている可能性があるため，日本語を使うと動作がおかしくなるかもしれません．なお，ISE 14.2でXPSのマルチバイト文字問題は修正されたようです．

　Altera社のQuartus II 9.1SP2など，内蔵エディタが日本語などのマルチバイト文字を表示できないバージョンがあります．表示ができないだけなのか，内部処理でマルチバイト文字が処理できないのかは不明です．

　海外で作られたソフトウェアの場合，文字列処理が日本語を含むマルチバイト文字に対応しないためにエラーを起こすという問題がたびたび発生します．簡単な対処法は，日本語のファイル名やフォルダ名を使わないようにするとともに，日本語を使っている部分をすべて削除してみることです．

　いずれにしてもHDLはマルチバイト文字の規定がないようなので，対応していなくても文句は言えないでしょう．

　有名なHDLシミュレータも，過去には7ビットASCIIコードで構文解析していたことがあります．このときは，マルチバイト文字を制御コードとして認識してしまい，HDLに問題がないのに誤動作するという原因不明のトラブルに悩まされました．

　合成ツールのバージョンを変えたりするとマルチバイト文字で問題を起こすことが多いので，コメントなどで日本語を使うのは避けるべきでしょう．

　7シリーズからは使用可能なプリミティブがいくつか変更されました．コードを使い回すときはプリミティブの差し替えが必要となる場合があるので注意してください．表示信号はXM105のピン・ヘッダ端子からLVDSで取り出し，LVDS-TMDSレベル変換ICを使ってDVI出力とします．

　カタログ上では，KintexはHR I/Oの動作クロックの上限は1.5GHz程度です．DVIの表示ではKintexだと既にテスト可能な上限を超えています．速度だけならPCI Express Gen1やシリアルATA1と同等で，DisplayPortはぎりぎりでしょうか．

　結果からいえば，**写真3**に示すようにフルHD解像度が簡単に表示できてしまいました（回路構成が単純なためか，論理合成後のレポートを見るとシリアライザが0.9GHzで動くとか）．こうなると人力による過度な最適化は可読性と保守性を損なうので無駄な気がします．機械解析の容易性と保守性はかなり関連するので，コードを記述するときは保守性に重点を移すべきでしょう．

● 最新デバイスの実力

　DVI表示によるベンチマークは，FPGAの性能が足りないと高解像度で画面が崩れます．ディスプレイさえあれば簡単にテストできるので重宝したのですが，Kintexは測定限界を超えてしまいました．少し前まではフルHDの出力には高速トランシーバGTPを使わなければ表示できなかったことを思うと，隔世の感

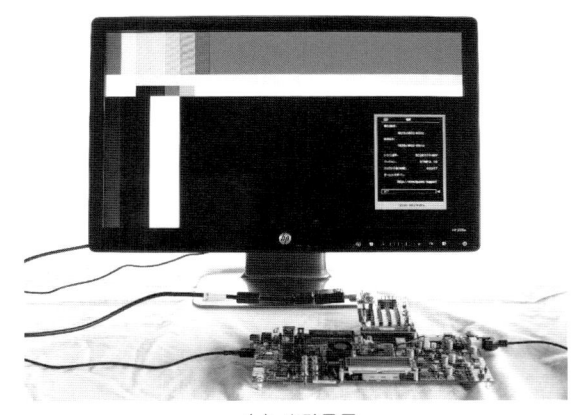

(a) 実験風景　　　(b) ディスプレイの入力信号情報

写真3　LVDS出力でのフルHD表示

リスト6 7シリーズ（Zynq含む）対応 xil_dvi.v

```
module xil_dvi #(
  parameter  DEVICE=0,        // series=7,other=0
  parameter  DVI_TX0=0,       // polarity 0=normal
  parameter  DVI_TX1=0,       // polarity 0=normal
  parameter  DVI_TX2=0,       // polarity 0=normal
  parameter  DVI_TXC=0,       // polarity 0=normal
  parameter  differential=1   // diff=1,single_end=0
) (
  output     DVI_TX0_N,       // [TX] TX[0]-N (CML)
  output     DVI_TX0_P,       // [TX] TX[0]-P (CML)
```

があります．

3. Zynqと評価ボードZedBoardによるDVI表示

● Zynqも7シリーズの仲間

ARMコアを搭載したFPGAであるZynqも，7シリーズの仲間です．KintexベースのZynq-7030/7040はHR I/OとHP I/OおよびGTPを搭載し，ArtixをベースのZynq-7010/7020はHR I/Oのみを搭載しています．

カタログ上では，ArtixをベースにしたZynq-7020のHR I/Oは1.2GHzまで対応しています．

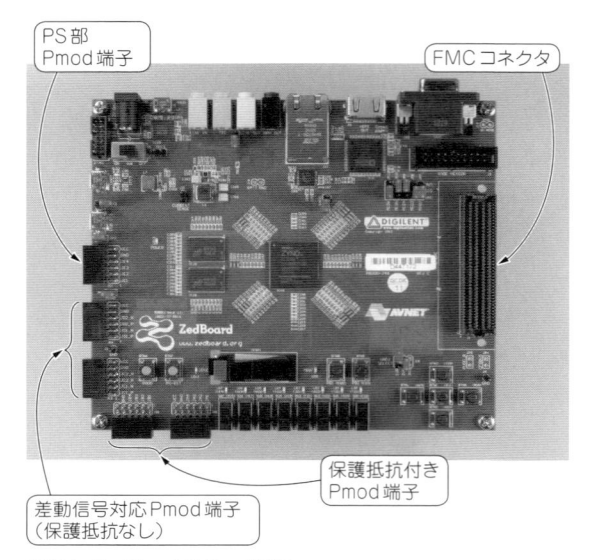

● ZedBoardのPmod端子を使ってDVI出力

ZedBoard（Avnet社）はZynq-7020を搭載するFPGA基板です．ZedBoardにはオンボードでHDMIトランスミッタとHDMIコネクタが搭載されていますが，Appendixで紹介されているように，オンボードのHDMIコネクタはRGBモードでフルカラー表示ができません．そこで，Pmod端子を使ってDVI表示を行うことで，RGBモードでもフルカラーが表示可能になります．

写真4に示すように，ZedBoardの拡張ボードには保護抵抗付きのPmod端子と差動対応のPmod端子，およびFMCコネクタが用意されています．FMCコネクタのI/O電源は標準設定で2.5Vが供給され，1.8Vと3.3Vに切り替えることができます．

● ZedBoardのPmod端子の仕様

Pmod端子で使っているバンクのI/O電源には3.3Vが供給されています．HR I/Oは3.3VのときにTMDS出力が利用できるので，差動対応Pmod端子を使えばそのままDVI入力のディスプレイと接続できます．なお，差動対応Pmod端子には保護抵抗がないため，誤接続やショートをするとZynqを壊すので細心の注意が必要です．

またZynqも7シリーズなので，差動出力のプリミティブがODDRになるなど，機能とプリミティブの対応が従来のデバイスからいくつか変更されています．7シリーズでは使えるプリミティブが異なるので既存のコードを使い回す時は注意が必要です．

ちなみに，xil_dvi.vではパラメータにデバイス選択を追加し，7シリーズに対応するようにしています（リスト6）．

差動対応Pmod端子の動作保証は525MHzで，SXGA解像度（800×600）の40MHzが保証範囲内です．Zynq-7010/7020は1.2GHz程度まで動作可能ですが，ZedBoardでは525MHzを超える周波数はノイズ・マージンなどの兼ね合いで動作は保証されません．

また，筆者の手元のテストでは20％増しのXGA解像度（1024×768）の63.5MHzでも表示できました．

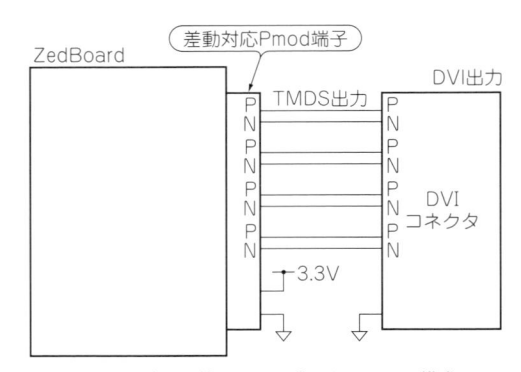

図4 PMOD端子を使ったDVI表示システムの構成

写真4 ZedBoardのPmod端子

コラム5 ZedBoard用フルカラーDVI出力アダプタ入手先

■ZedBoard用フルカラーDVI出力アダプタ入手先
（株）エム・アイ・エー
http://www.miajapan.com/
「ZedBoard用フルカラー DVI出力アダプタ」製品紹介ページ
http://www.miajapan.com/product_ZED_DVI.html

写真5 ZedBoard用フルカラーDVI出力アダプタ

写真6 ArriaGX用DisplayPort拡張ボード

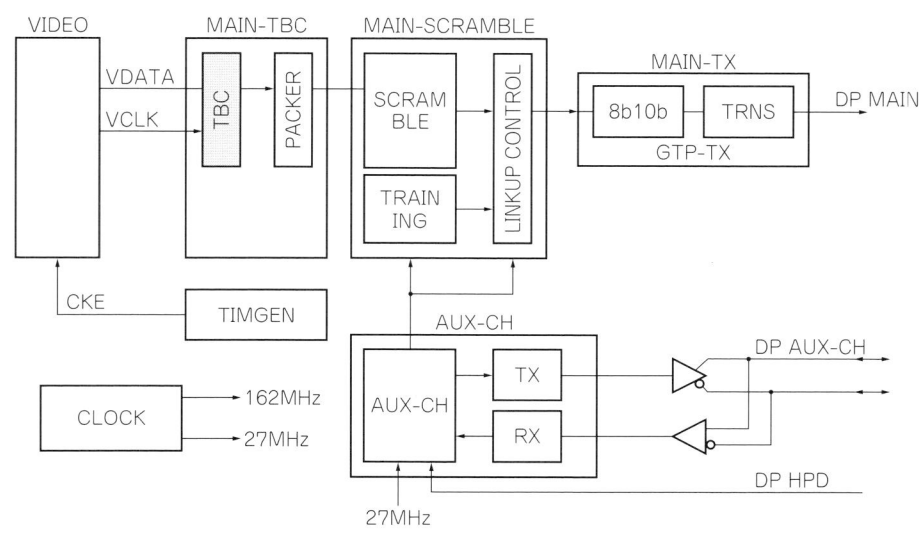

図5 DisplayPortによるカラー・バー表示のブロック図

さらに高い解像度では，ディスプレイによってはマージン不足で表示できないかもしれません．

● ZedBoard用フルカラーDVI出力アダプタ

図4にPmod端子を使ったDVI表示システムの構成を，写真5にZedBoard用フルカラーDVI出力アダプタを，写真6にDVI表示テスト中の様子を示します．基板面積を小さくしたかったため，コネクタにはHDMIコネクタを搭載しています．入手方法はコラム5を参照してください．

● ZedBoardのPmod端子を使って液晶パネルをつなぐ

HR I/Oは，I/O電源が3.3Vのとき差動信号としてTMDSが使えます．LVDSを使うにはI/O電源を2.5Vにする必要があります．

Pmod端子のバンクはI/O電源が3.3Vで固定されているので，LVDSには設定できません．LVDS接続の液晶パネルはDCカップリングで接続します．LVDSとTMDSは振幅の中心電圧が異なるので，そのままでは接続できないた，何らかの方法を考えなくてはなりません．

先ほどMicroBoardで差動SSTL3信号をLVDSへ変換するために，LVDSリピータICの差動信号→LVDS変換機能を利用しました．TMDSからLVDSへの変換も同じくリピータICで行うことができます．差動SSTL3信号とTMDSでは終端方法が異なるので，使用する信号に合わせて変更します．

液晶パネルとの接続はクロック×1レーンとデータ×3レーンで行い，LVDS6などと呼ばれるRGB各6ビットのものに対応します．表示解像度は1024×600 〜 1366×768程度です．

4. DisplayPortの実装事例

ここでは，ArriaGX評価キット（CQ出版社）にDisplayPort拡張ボードを組み合わせた環境で，カ

リスト7 トップ階層のHDLソース(arria_dp.v)

```
module arria_lvds(
                        ～中略～
    output   [3:0]      TX_P,
    inout               TX_SCL,       DisplayPort
    inout               TX_SDA,       コネクタへ
    input               TX_HPD,
    inout               TX_DIR,
                        ～中略～
);
                        ～中略～
alt_alt2gxb_dptx4 : alt_alt2gxb_dptx4_640x480
    port map(
        .TX_P(TX_P[3:0]),             メイン・リンク
        .TX_SCL(TX_SCL),
        .TX_SDA(TX_SDA),              AUXほか
        .TX_HPD(TX_HPD),
        .TX_DIR(TX_DIR),

        .V_RED(V_RED[7:0]),
        .V_GRN(V_GRN[7:0]),
        .V_BLU(V_BLU[7:0]),           パターン・ジェ
        .V_HS(V_HS),                  ネレータより
        .V_VS(V_VS),                  (カラー・バー)
        .V_DE(V_DE),

        .V_CLK(V_CLK25),
        .GXB_CLK(GXB162),
                                      クロック関連
        .CLK162(CLK162),
        .CLK27(CLK27),
        .CAL_CLK(CLK_F50M),

        .SYSRST_N(SYS_nRST)
);
```

写真7 DisplayPort拡張ボードでカラー・バーを表示している様子

ラー・バーを表示してみたいと思います(**写真6**).

● DisplayPort表示システムのブロック

図5にDisplayPortによるカラー・バー表示のブロック図を示します.DVI表示時より少し複雑です.というのも,DVI表示では4本あるTMDSレーンでRGBとクロックを出力すれば,とりあえずの映像表示は可能です.DDCなどの制御信号もありますが,映像を表示する側がDDCを使わなくても良いのです(もちろんその場合,接続されたディスプレイが対応する解像度などが不明なため,出力した映像信号が表示されるかどうかは分からなくなるが).

しかしDisplayPortでは,AUXによる制御信号を使った初期化が必須となります.今回の設計したDisplayPortコアでは,最小限必要な処理のみを実装したコアを用意しています.

● DisplayPortによるカラー・バー表示

DisplayPort表示時のトップ階層のHDLソースを**リスト7**に,FPGAのI/Oピン動作モードの定義(Altera社の場合はqsfファイル)を**リスト8**に示します.DisplayPortはCMLをベースにした高速差動インターフェースなので,ArriaGXの場合のI/Oピン定義では,**リスト8**のように1.2-V PCMLと指定します.AUX用の信号(TX_SCLやTX_SDA)は,デフォルトのI/Oモードでかまいません.

DVI/HDMIは解像度によってクロック・レートが変わりましたが,DisplayPortでは解像度を変更することによるクロックの変化はなく一定です.その代わり動作モードとして次の3種類の伝送レートが規定されています.一番低速なビット・レートが1.62Gbps

コラム6 ArriaGXが設計できるWeb Editionは,Quartus II 10.1 SP1まで!

バージョン11以降のQuartus II Web Editionは,サポート・デバイスにArriaGXが含まれていません.Web Editionで設計したい場合は,**図E**に示すようにバージョン10.1 SP1などを選択してインストールする必要があります.

図E Quartus II 10.1 SP1のダウンロード

リスト8
FPGAのI/Oピン動作モード定義(arria_dp.qsf)

```
                            ～中略～
set_location_assignment PIN_G4 -to TX_P[0]
set_location_assignment PIN_E4 -to TX_P[1]
set_location_assignment PIN_T4 -to TX_P[2]
set_location_assignment PIN_V4 -to TX_P[3]
set_instance_assignment -name IO_STANDARD "1.2-V PCML" -to TX_P[0]
set_instance_assignment -name IO_STANDARD "1.2-V PCML" -to TX_P[1]
set_instance_assignment -name IO_STANDARD "1.2-V PCML" -to TX_P[2]
set_instance_assignment -name IO_STANDARD "1.2-V PCML" -to TX_P[3]
                            ～中略～
set_location_assignment PIN_B13 -to TX_HPD
set_location_assignment PIN_B14 -to TX_DIR
set_location_assignment PIN_C12 -to TX_SCL
set_location_assignment PIN_C13 -to TX_SDA
```

(RBR：Reduced Bit Rate)，その上が倍の2.7Gbps (HBR：High Bit Rate)，そして現在最も高速なのが，さらに倍の5.4Gbps (HBR-2：High Bit Rate-2)です．今回は最も基本的なビット・レート1.62Gbps／レーンで実装します．

設計したDisplayPortコアは，クロック27MHzとそれを5倍した162MHzを供給します(162MHzを内部で10倍することで1.62Gbpsとなる)．

ArriaGX評価ボードには50MHzの水晶発振器が実装されているので，この50MHzから27MHzと162MHzを生成し，各モジュールに供給します．

写真7に実際にDisplayPortによるカラー・バー表示の様子を示します．ディスプレイ側が正しくDisplayPortとして映像信号を認識しているのがわかります．

● PCIバス・フレームバッファやNios II/uClinuxのコンソール画面にも

誌面の都合でカラー・バー表示の例しか紹介できませんでしたが，ここで設計したDisplayPortコアを応用して，PCIバス接続のフレーム・バッファや，ArriaGXにNios IIを実装してuClinuxを走らせ，Linuxの画面をDisplayPortに表示するシステムなども作成しています．

各種サンプル設計データは，本誌ダウンロード・ページに公開予定です．

■お知らせ
ここで紹介しているArriaGX評価キットは，CQ出版Web Shopで販売しております．
http://shop.cqpub.co.jp/hanbai/books/38/38351.html

ながしま・たけし　FPGAアプリケーション・エンジニア

コラム7　アダプタを付ければDVI/HDMIになるの？

パソコンで使われているDispayPortでは，**写真C**に示すような数千円程度で市販されているコネクタ変換アダプタを付けると，DVIやHDMIのディスプレイへ接続できます．この安価な変換アダプタを使えば，ここで紹介しているDispayPort表示回路でもDVIやHDMIに接続できるかというと，残念ながらそれはできません．それはここで紹介している回路はDispayPort専用だからです．

パソコンに搭載されているDispayPortは互換性を考慮して，内部にDVI相当のタイミングで信号を出力する回路も内蔵されているため，信号レベルをTMDSに変換するレベル変換ICを内蔵した**写真C**のようなアダプタを付けるだけで，DVI/HDMIに変換することができるのです．

写真C　数千円で市販されているDispayPort→DVI/HDMI変換アダプタの内部
基板の裏面にレベル変換ICが実装されている．同様のものとして，DVIではなくHDMIコネクタに変換するものや，アダプタ形状ではなくケーブル状のものもある．

特集

そんな回路でDVI表示ができるわけがない！

第5章 抵抗＆コンデンサだけのシンプルなDVI表示回路でモニタに直結

FPGAスタータ・キットDE0で研究！ディジタル・ビデオ差動信号

大野城 春日
Kasuga Ohnojo

ディスプレイを取り巻く環境は大きく変わっており，数年前まではアナログRGBでの接続で良かったものが最近ではDVIやHDMIといったディジタル・インターフェースしか持たない機器も増えてきました．しかしDVI/HDMIトランスミッタを使うとせっかくのローコスト/大容量化してきたFPGAのメリットを潰してしまいます．そこでここでは，なるべくコストをかけずにFPGAの標準I/OでDVI/HDMI出力を実現する手法を紹介します．

1. TMDS技術について

DVI/HDMIの概要やTMDSのプロトコルについては，ほかの章で解説されているのでそちらを参照してください．ここでは後述の簡易変換回路の理解に必要な，物理層の電気的仕様について説明します．

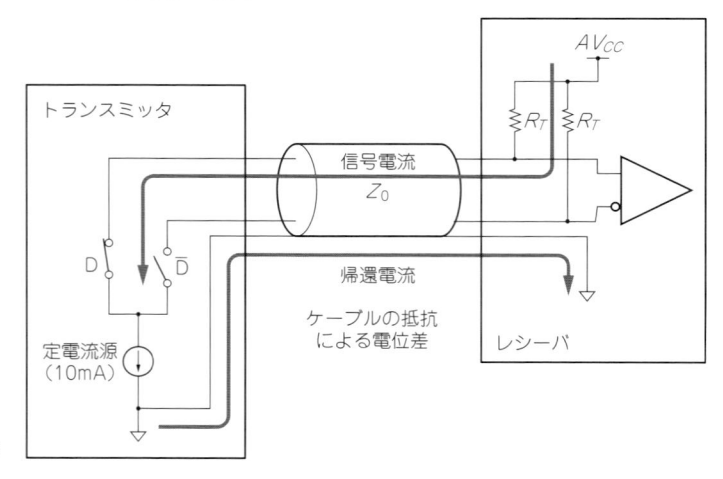

● TMDSの物理層

TMDSの物理層は，電流モード・ロジックの一種であるPCML (Pseudo Current Mode Logic) にほぼ準拠した構造を採っています．PCMLは高速スイッチング特性を必要とされるアプリケーションに使用されるI/O規格で，最近ではFPGAのI/Oとしても標準的に搭載されることが多くなりました．消費電力は大きいのですが，エッジ・レートが速いため，最近の数GbpsのA高速インターフェースで多く使われています．

PCMLは同じく高速スイッチングを行うLVDSとよく似た伝送系を持ちます．両者はよく似ていますが，トランスミッタ側で信号線を駆動するLVDSに対して，PCMLではレシーバ側でV_{CC}にプルアップし，トランスミッタ側はオープン・ドレインで信号線を駆動するという特徴があります．ペアとなっている信号のドライバ同士は定電流で駆動され，信号線を通ってきた電流は共通線を通ってレシーバ側へ戻ります．LVDSでは共通線は電流の流れない共通電位を示しますが，PCMLではレシーバ側へ戻る帰還電流が流れる経路になります．このため，厳密にはトランスミッタ側とレシーバ側とで電位差が生まれます（**図1**）．

伝送系としてはLVDSもPCMLも電流駆動をしますが，このように共通線の扱いが大きく異なります．

● TMDSの電気的仕様

TMDSではケーブル・インピーダンス100Ω，レシーバ側で3.3Vを供給し，トランスミッタ側で差動のペア信号線を8mA〜12mAの定電流駆動します．

トランスミッタ側の出力規格では各信号線につき$V_H = 3.3V \pm 10mV$，$V_L = 2.7 \sim 2.9V$の規定となっていますが，先述したとおり，PCMLではトランスミッタ側とレシーバ側でそれぞれの基準電位に差が出てしまうのを避けられないため，レシーバ側の入力規格はコモン電位$V_{icm} = 3.0 \sim 3.26V$，ペア信号線間の電位

図1
TMDSの物理層

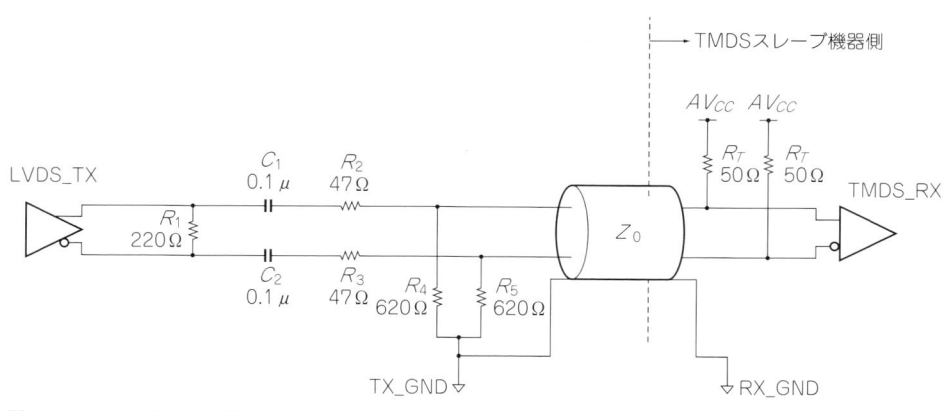

図2 LVDS→TMDS簡易変換回路

差V_{idiff} = 150m～1200mVの規定となっています．

このようにTMDSの差動信号の入力範囲はLVDSの350mV$_{p-p}$を含んでいますが，コモン電圧の違い（LVDSの1.25Vに対してTMDSでは3.05V）のため，そのまま直結することができません．

ローコストFPGAでTMDSを実装するには，物理層のインターフェースを合わせる変換回路が外部に必要になります．

2. RCネットワークによる簡易変換回路

TMDSの物理層は電流駆動型の伝送系となっており，そのままではPCMLインターフェースを持たないローコストFPGAのI/Oに直結することはできません．ただし，ある程度前提を絞り込んでしまえば，簡易的にはRCネットワーク回路で接続が可能になります．

ここでTMDSのプロトコル層のアルゴリズムが効いてきます．既に説明したとおり，TMDSプロトコルでは元データを同じビットが連続して出現しないようなパターンに変換し，さらに0シンボルと1シンボルが同数になるようエンコードします．これにより，伝送路上を流れる信号はDC成分が抑止されAC成分のみになります．

信号にDC成分がない場合，コンデンサ・カップリングによるAC結合でも問題なく伝送することができます．直流的には切れていますからトランスミッタ側とレシーバ側でコモン電圧に差があっても構いません．

● LVDSからTMDSへの簡易変換回路

まず，LVDSからTMDSへの簡易変換回路を図2に示します．この回路ではLVDS入力側のインピーダンスは，ほぼ100Ωとなっています．LVDSの入力側から見ると，終端インピーダンスはケーブル・インピーダンス分＋R_1～R_3の合成インピーダンスとなります．

正確にはR_4とR_5も合成インピーダンスに影響しますが，ここでは省略して考えます．

ACカップリングのため，同じシンボルが続くようなパターンではインピーダンスがずれることになりますが，TMDSプロトコルではDC成分が出ないようエンコードされるので信号伝送には問題ありません．

LVDSは100Ωの終端に対して差動で350mVの振幅となります．この回路ではR_1とR_2が入っているために，TMDSのレシーバ端ではおよそ半分の175mVの振幅となります．これはTMDSのトランスミッタ側としては出力規格を満たしていませんが，レシーバ側では最低値の振幅150mVはクリアしています．

R_4とR_5はTMDS側の信号電流を流すブリーダ抵抗でTMDSレシーバ側から供給される電流を調整し，約3.1Vのコモン電圧を生成しています．本来，TMDSトランスミッタ側は定電流駆動をすることが前提なので，このような簡略式でのコモン電圧生成では，TMDSレシーバ側の電気仕様に大きく依存することになります．この回路での値はTMDSレシーバ側に定電流回路がなく，単に3.3Vへ50Ωでプルアップされている場合を想定した値ですが，実際に動作させる場合には接続機器によって個別に調整が必要になるでしょう．

信号線に供給される電流はR_4とR_5を通って共通線経由でTMDSレシーバ側へ戻るため，配線としてはR_4とR_5と共通線とを1点接続でGNDに落とすパターンが推奨されます．

またこの回路では，TMDSレシーバ側から流れる電流は共通線を通ってTMDSレシーバ側へ戻り，LVDSドライバ側から流れる電流はペアとなる信号線を通ってLVDSドライバ側へ戻るため，理想条件ではLVDS側の共通線には電流が流れません．このため，GNDラインがある程度ラフでも信号波形が崩れにくくなっています．

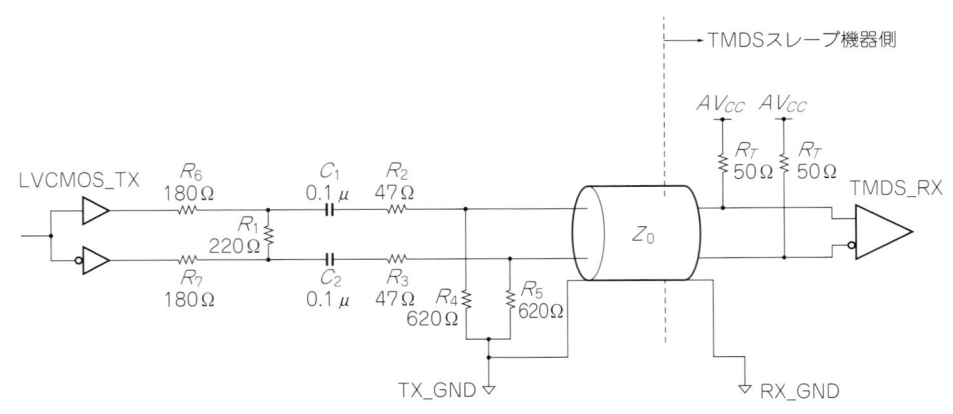

図3 LVCMOS疑似差動→TMDS簡易変換回路

● LVCMOS疑似差動→TMDS簡易変換回路

LVDS出力が使えるボードではこの簡易変換回路がそのまま使えますが，今回実機として使用した評価ボードDE0やDE0-nanoではI/Oは全て3.3V-LVTTLまたは3.3V-LVCMOSで，LVDSが使えるピンがコネクタに出ていません．そこでLVDSの代わりにLVCMOSインターフェースを二つ1組としてそれぞれ逆位相で駆動し，擬似的に差動信号を作り出してTMDSに変換したのが図3です．構成としては差動信号の振幅を合わせるための抵抗R_6とR_7を図2の回路の前に追加しただけの単純なものです．

当然ながらFPGAのI/Oは3.3V振幅の出力となるため，信号ラインの配線や距離によってはオーバシュートやアンダシュートによるノイズの発生も避けられません．そのためFPGAから変換回路までの間は可能な限りペアリング配線とし，短距離の配置が望ましいでしょう．

実のところ，TMDSの物理層は3.3Vにプルアップされた伝送系なので，3.3V-LVTTLインターフェースとは直列ターミネーション抵抗を入れるだけで動作させることができます．しかし，TMDSは共通線経由で電流を戻すため，FPGAのI/O GNDからTMDS共通線までの配線は信号品質に直結することになります．DE0/DE0-nanoの拡張コネクタのようにGNDピンが少ない場合はここが問題になることがあり，今回はLVDSからの変換回路を採用しています．

3. TMDSエンコーダの記述とI/Oマッピング

● 差動信号のピン割り当て

FPGAはI/Oピンを自由にマッピングできるのが特徴の一つですが，超高速のI/Oを使いたいという場合は，どうしても使えるピンに制約がつきます．また今回のように既存のボードを使うような場合では，ピンのマッピングはかなり限られてきます．

TMDSでは250Mbpsから最大で3Gbpsを超える速度のビット・レートで通信します．差動信号なのでp側とn側の信号出力のタイミングがそろっていないと波形が崩れてしまいます．さらに1リンクではクロックとデータで4チャネルの信号があり，チャネル間のスキューが規定値を超えてしまうと，レシーバ側で信号を再生できなくなってしまいます．

FPGAでLVDSインターフェースを使う場合は信号ペアが物理的に決まっているため，p側とn側のスキューがハードウェアで保証されています．このため，0/1シンボル間の遷移タイミングは奇麗にそろった状態になります．また複数のチャネルを使う場合でも，同一クロックで駆動する場合ではチャネル間スキューも最低限に抑えることができます．

ところが，LVTTL/LVCMOSで疑似差動をする場合，ピンの間のデータ・スキューについては設計者が考えなければなりません．

● I/Oインターフェースの実装ポイント

LVCMOS出力で疑似差動信号とするためには，逆相で駆動するI/O同士のスキューをどれだけそろえられるかがポイントです．また，LVDSのように高速シリアル信号をFPGAで出力する場合，普通に同期回路で作るとビット・レートと同じクロックが必要になります．このまま設計する手法もありますが，数百MHzもの同期回路はタイミング収束が非常に難しくなってきます．そのためFPGAでは一般的に，ビット・レートの半分のクロックで2本のシリアライザを動作させ，偶数ビット列と奇数ビット列に分けて処理した結果をI/OブロックのDDR機能を使って一つに合成する手法が採られます．

実際に，MegafunctionのLVDS機能モジュールであるALTLVDS_TXでは内部でこのような実装がされています．ALTLVDSを使うと，このデータのシ

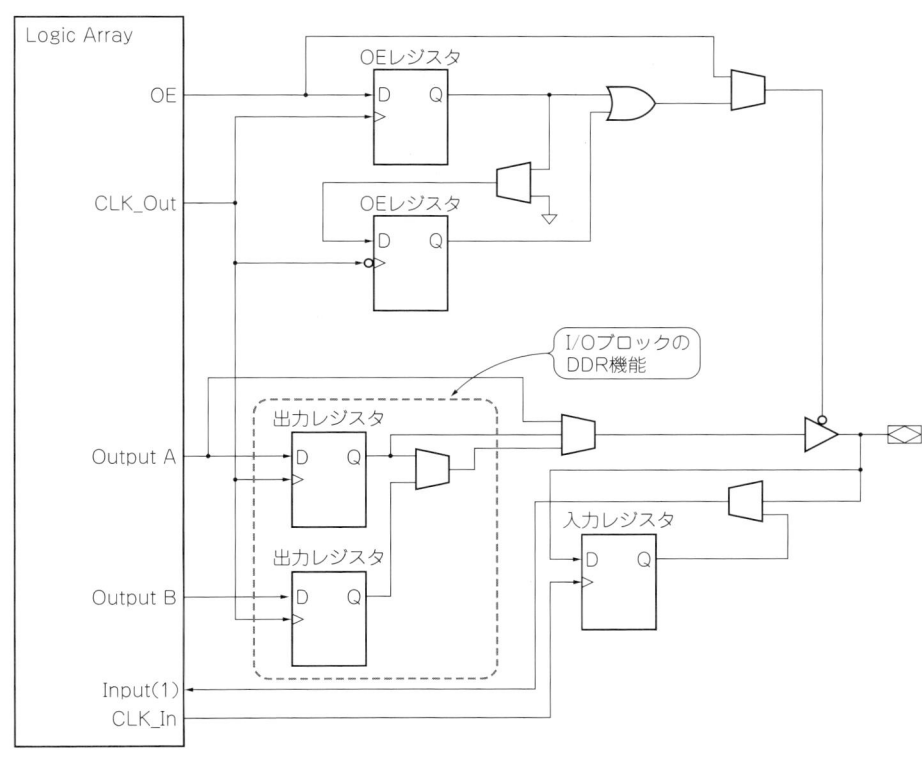

図4 Cyclone IIIのI/Oブロック構造

リアライズやI/O部分を自動的に実装してくれますが，今回はI/Oの出力先をLVDSにできないため，ここの部分を自分で実装する必要があります．

まず，I/Oのスキューをどうそろえるかを考えます．DE0/DE0-nanoのGPIOコネクタは基本的に高速信号をつなぐことを目的としたコネクタにはなっていません．しかしDE0では一部の隣り合ったコネクタピン同士がFPGAのLVDSペアのピンに配置されており，さらにボード上のパターンも等長でペア配線がされているため，この部分はある程度の特性を見込める伝送路として使うことができます．

LVDSピンペアで結線されていても，シングルエンドのLVTTLやLVCMOSではハードウェアで差動出力がされるわけではありませんが，物理的な特性はよくそろっていることが期待できます．

一方DE0-nanoではこのような配線のケアはされておらず，LVDSピンのペアもバラバラに結線されています．またDE0に比べてI/O数の少ないパッケージを使っているせいか，I/Oブロックに出力レジスタやDDR機能がないピンが多くアサインされています．

シリアライザの出力部分はI/OブロックのDDR機能（**図4**）を使うことが前提なので，配置するピンはDDR機能が使えることが必須条件です．

● シリアライザの実装ポイント

Cyclone III/IV EでDDR I/Oを使うにはMegafunctionのALTDDIO_OUTモジュールを使用します．ALTDDIO_OUTを使うと，I/OブロックのDDR機能に自動的にマッピングされ，ジッタの少ない信号を出力することができます．疑似差動を作る場合はこれを二つ，同一クロックで動作するようインスタンスし，n側は入力を反転させればタイミングのそろった信号になります（**図5**）．

ALTDDIO_OUTはI/OブロックのDDR出力回路の使用を指示するモジュールですが，同じくI/Oブロックに存在するDDR出力用のレジスタを使うかどうかまでは指示できません．DDR出力用のレジスタが使われないと，データはI/Oブロックのレジスタではなく内部のレジスタから出力されます．この場合，内部のレジスタからI/Oブロックまでの配線の長さが出力される信号のジッタに影響を及ぼします．TMDSで使うような高速信号では，このような内部の配線遅延のわずかな差が無視できません．

そのため，ここにうまくマッピングされるようなロジック構造を記述することが，HDL実装上の注意点になります．具体的には，シリアライザ以降の高速動作部分はRTLで記述し，可能な限りデータパスの分岐やセレクタを入れない，また，I/Oブロックなどの

3. TMDSエンコーダの記述とI/Oマッピング

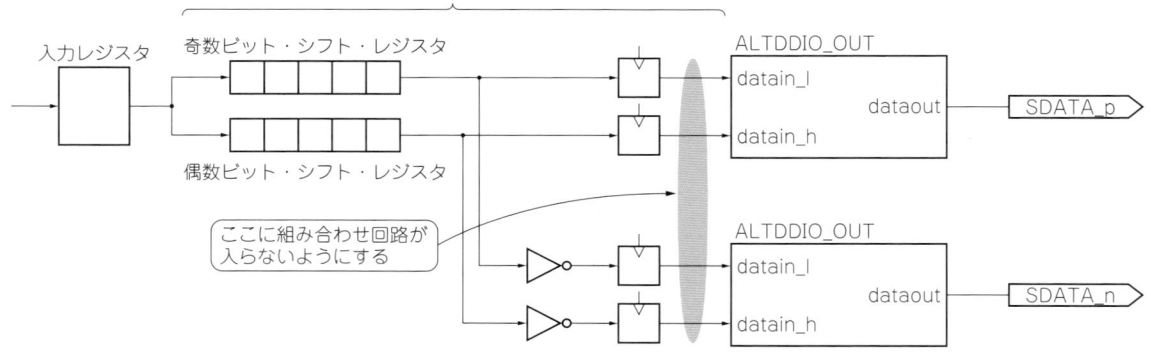

図5 シリアライザのブロック図

ハードウェア構造に沿った形になるよう構成を考えるなどです．特に，出力レジスタからALTDDIO_OUTのdatain_h/datain_lポートまでのパスに組み合わせ回路が入らないような構成にすることがポイントです．

実際にはALTDDIO_OUTモジュールを使用するとQuartus IIが可能な限りI/Oブロックのレジスタを使うように論理の最適化やレジスタの複製，組み合わせ回路の入れ替えなどを行うため，入力信号を反転する程度の組み合わせ回路は自動的に場所を入れ替えてマッピングしてしまいます．

しかし，シリアライザ・ブロックはビット・レートの半分とはいえ，VGA解像度でも125MHz，XGA解像度では300MHz以上で動く部分です．このような高速動作部分はツールの最適化だけに頼らず，HDLレベルから高速動作しやすい構造で記述することが重要です．

4. 実装事例と動作確認

● 実際の実装事例

以上の点を踏まえて今回作成したシリアライザが**リスト1**で，そのブロック図が**図6**です．内部のPLLで入力クロックに同期した5倍のクロックを生成し，これを出力クロックとします．このクロックで10ビットにエンコードされたデータを奇数ビット列と偶数ビット列に分けてラッチし，1ビットずつシフトしてシリアル化しています．シリアル化されたデータをp側の出力レジスタとn側の出力レジスタでさらに受け，それをALTDDIO_OUTに入力して最終的な差動信号を生成しています．

この中では，シフト・レジスタへ初期値をロードする部分のデータパスがタイミング・クリティカルになることが予想されるため，PLLで出力クロックと同時に等倍のクロックも生成し，このクロックで入力データをいったんレジスタに保持しています．

このような構成にすることで，シリアライザの前段にまで高速クロックのタイミング制約が波及するのを防ぎ，デザイン全体のタイミング収束がしやすくなります．

TMDSでは一つのクロック・チャネルと三つのデータ・チャネルで1リンクの信号となります．クロックはドット・クロックがそのまま出力されるので，データ・チャネルに比べると速度は遅いのですが，レシーバ側はこのクロックを基準にデータ・チャネルの復元を行うため，チャネル間のスキューは最小にしなければなりません．ここでは，データ・チャネルと同じシリアライザをインスタンスし，データの代わりに固定パターンを入力することでクロック波形を出力するようにしています．

● TMDSプロトコル部の実装

高速動作が必要な部分はシリアライザの内部で閉じているため，エンコーダ部分はドット・クロックで駆動できます．解像度が高くなるとドット・クロックに合わせて動作周波数も上がってきますが，システム全体で見るとドット・クロックは遅い方です．そのためシリアライザのように回路をイメージしながら作る必要はあまりありません．モジュールの構造は分かりやすさと実装しやすさを優先し，DVI仕様書のプロトコル・フローチャートをほぼそのまま実装しています．

● 試作した簡易変換回路とDEでの実機動作

今回は評価ボードDE0に実装してみることにしました．**図7**にRCネットワークに簡易変換回路によるDVI出力回路の回路図を，**写真1**に試作した簡易変換回路によるDVI出力基板の，RCネットワーク部分のアップを示します．

そしてこの簡易変換回路とTMDSトランスミッタをDE0に組み込んで，液晶テレビのHDMI入力に接続して動作させている様子を**写真2**に，DVI出力信号

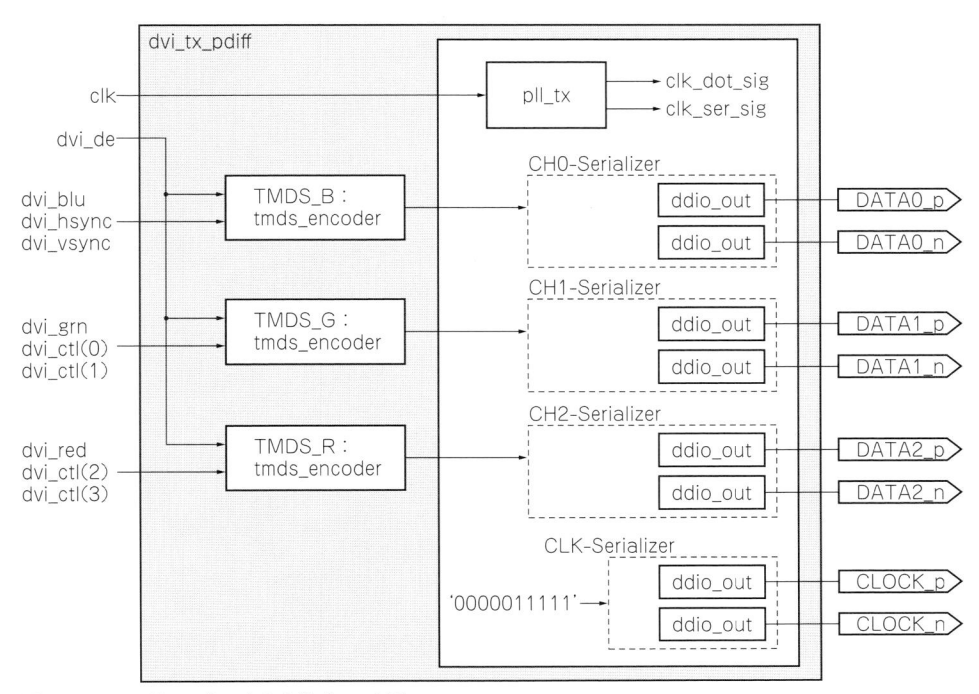

図6 TMDSトランスミッタの全体ブロック図

リスト1 シリアライザ部分

```
library IEEE;
use IEEE.std_logic_1164.all;
use IEEE.std_logic_unsigned.all;
use IEEE.std_logic_arith.all;

entity pdiff_transmitter is
    port(
        reset        : in  std_logic;
        clk          : in  std_logic;
        pll_locked   : out std_logic;

        data0_in     : in  std_logic_vector(9
                                       downto 0);
        data1_in     : in  std_logic_vector(9
                                       downto 0);
        data2_in     : in  std_logic_vector(9
                                       downto 0);

        tx0_out_p    : out std_logic;
        tx0_out_n    : out std_logic;
        tx1_out_p    : out std_logic;
        tx1_out_n    : out std_logic;
        tx2_out_p    : out std_logic;
        tx2_out_n    : out std_logic;
        txc_out_p    : out std_logic;
        txc_out_n    : out std_logic
    );
end pdiff_transmitter;

architecture RTL of pdiff_transmitter is
    signal areset_sig    : std_logic;

    signal data0_in_reg  : std_logic_vector(9
                                       downto 0);
    signal data1_in_reg  : std_logic_vector(9
                                       downto 0);
    signal data2_in_reg  : std_logic_vector(9
                                       downto 0);

    signal start_reg     : std_logic_vector(4
                                       downto 0);

    (中略)

begin
    -- クロック＆リセット生成 --

    areset_sig <= reset;
    pll_locked <= reset_n_sig;

    TXPLL : pll_tx
        port map (
            areset => areset_sig,
            inclk0 => clk,
            c0     => clk_dot_sig,
            c1     => clk_ser_sig,
            locked => reset_n_sig
        );

    -- 内部クロックへの載せ替え --

    process (clk_dot_sig) begin
        if (clk_dot_sig'event and clk_dot_sig=
                                          '1') then
            data0_in_reg <= data0_in;
            data1_in_reg <= data1_in;
            data2_in_reg <= data2_in;
        end if;
    end process;
```

リスト1 シリアライザ部分（つづき）

```vhdl
-- ラッチ信号の生成とシフトレジスタ --

process (clk_ser_sig, reset_n_sig) begin
    if (reset_n_sig = '0') then
        start_reg <= "00001";

    elsif (clk_ser_sig'event and
                    clk_ser_sig='1') then
        start_reg <= start_reg(0) &
                    start_reg(4 downto 1);

        if (start_reg(0) = '1') then
            data0_ser_reg <= data0_in_reg;
            data1_ser_reg <= data1_in_reg;
            data2_ser_reg <= data2_in_reg;
            clock_ser_reg <= "0000011111";
        else
            data0_ser_reg <= "XX" &
                    data0_ser_reg(9 downto 2);
            data1_ser_reg <= "XX" &
                    data1_ser_reg(9 downto 2);
            data2_ser_reg <= "XX" &
                    data2_ser_reg(9 downto 2);
            clock_ser_reg <= "XX" &
                    clock_ser_reg(9 downto 2);
        end if;
    end if;
end process;

-- ビット出力 --

process (clk_ser_sig) begin
    if (clk_ser_sig'event and
                    clk_ser_sig='1') then
        data0p_h_reg <= data0_ser_reg(0);
        data0p_l_reg <= data0_ser_reg(1);
        data0n_h_reg <=
                    not data0_ser_reg(0);
        data0n_l_reg <=
                    not data0_ser_reg(1);

        data1p_h_reg <= data1_ser_reg(0);
        data1p_l_reg <= data1_ser_reg(1);
        data1n_h_reg <= not data1_ser_reg
                                        (0);
        data1n_l_reg <= not data1_ser_reg
                                        (1);
        data2p_h_reg <= data2_ser_reg(0);
        data2p_l_reg <= data2_ser_reg(1);
        data2n_h_reg <= not data2_ser_reg
                                        (0);
        data2n_l_reg <= not data2_ser_reg
                                        (1);

        clockp_h_reg <= clock_ser_reg(0);
        clockp_l_reg <= clock_ser_reg(1);
        clockn_h_reg <= not clock_ser_reg
                                        (0);
        clockn_l_reg <= not clock_ser_reg
                                        (1);
    end if;
end process;

TX0_P : ddio_out
    port map (
        datain_h   => data0p_h_reg,
        datain_l   => data0p_l_reg,
        outclock   => clk_ser_sig,
        dataout    => tx0_out_p
    );
TX0_N : ddio_out
    port map (
        datain_h   => data0n_h_reg,
        datain_l   => data0n_l_reg,
        outclock   => clk_ser_sig,
        dataout    => tx0_out_n
    );

（中略）

TXC_N : ddio_out
    port map (
        datain_h   => clockn_h_reg,
        datain_l   => clockn_l_reg,
        outclock   => clk_ser_sig,
        dataout    => txc_out_n
    );

end RTL;
```

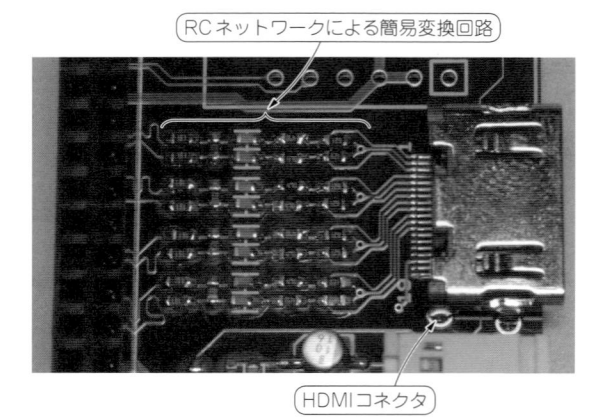

写真1 RCネットワークに簡易変換回路によるDVI出力基板

写真2 評価ボードDE0に実装した簡易変換回路でDVI表示

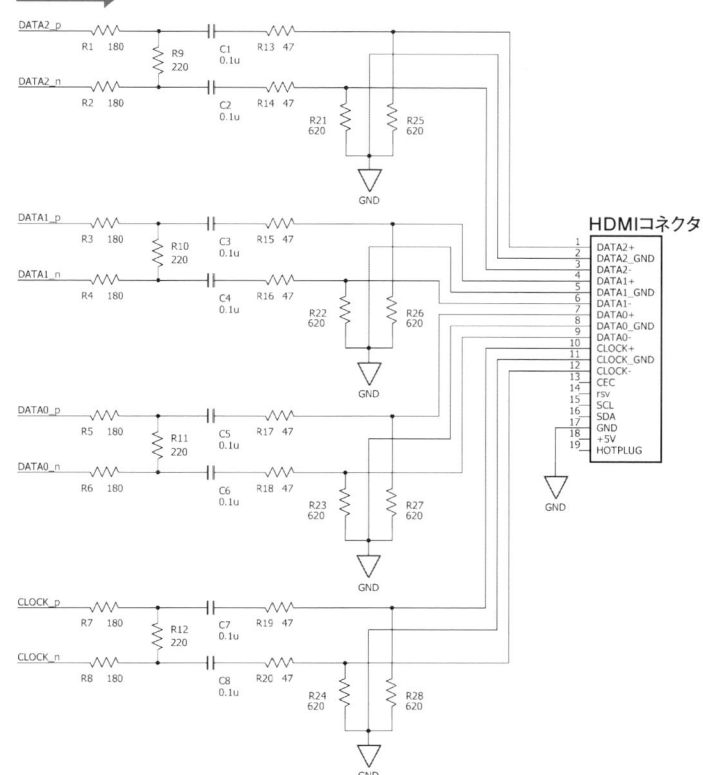

図7 RCネットワーク簡易変換回路によるDVI出力回路

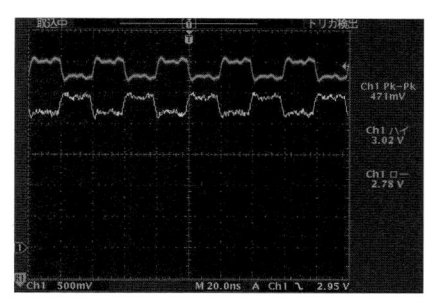

(a) CLOCK信号の波形（上：p側，下：n側）

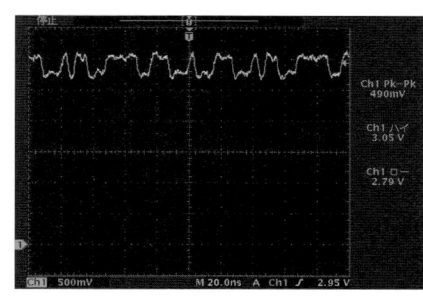

(b) DATA0（青）信号の波形（p側のみ）

写真3 DVI出力信号波形の様子（VGA解像度）
設計目標値のコモン電圧3.05V，振幅350mVに対して，実機ではコモン電圧が約3.0V，振幅が約250mVになっている．50Ωダミーロードではなく，実際にPC用のDVIモニタに接続して測定を行ったため，受信側の電気特性の影響を受けている．

波形を**写真3**に示します．表示している解像度は640×480のVGA解像度です．DE0ボード上のVGA出力回路はRGB各4ビットの抵抗D-Aコンバータのため，これまで4096色以上の色深度の表示をしようとした場合は外にビデオ用D-Aコンバータを付けるか，あるいは液晶パネルを接続するしか方法がなかったのですが，このモジュールと簡易変換回路を使うことで，フルカラー表示ができるようになります．また，今回映している機器はHDMIですが，信号はDVIですので変換ケーブルを使えばDVIモニタに映すこともできます．

*　　　*

抵抗とコンデンサのみで構成されるような簡単な変換回路だけで，PCMLインターフェースを持たないCyclone III/IV Eのようなローコス FPGAでもDVI/HDMIに接続することができました．このような高速信号ではロジックそのものよりもFPGAのI/Oをどう使うかや，ボードのパターンなどの物理的な部分が性能を左右します．今回はDE0に実装しました

が，このように，本来は想定していない領域で使う場合には特に顕著になります．

手元ではDE0とDE0-nanoでテスト・パターンを出す範囲においては，VGA解像度から720p/60フレームまで安定して動作していますが，温度安定性や個体差など，保証される範囲ではないことは注意しなければなりません．

今回はホビー・学習用途としてローコストFPGAでもTMDSを扱えるということを紹介しました．DE0やDE0-nanoでは，メモリの帯域幅などでやや実用性に欠ける部分がありますが，機器の機能として映像出力は必須ではないけれども，確認用にちょっとディスプレイ出力が欲しいといったデバッグ用途や，クローズドなシステムで実機動作が確認できればよい場合などには応用できるのではないでしょうか．

おおのじょう・かすが　FPGAアプリケーション・エンジニア

特集

フルHDインベーダ・ゲームも動く！

第6章 FPGAでトランシーバ回路とレシーバ回路を作ってみた
HDMI出力のフルHD CMOSカメラと HDMI入力画面処理ボード

江崎 雅康, 長屋 雄一朗, 安田 晃, 寺西 修, 岩田 正雄
Masayasu Esaki, Yuichiro Nagaya, Akira Yasuda, Osamu Teranisi, Masao Iwata

特集の最後に，出力だけでなく入力も可能な評価ボードを使った事例を紹介します．ここで紹介するFPGA評価ボードは，HDMIコネクタとFPGAを直結させておらず，HDMIリピータICを搭載することで，信頼性を向上させています．HDMIトランスミッタ/レシーバICではないので，FPGA内にHDMIトランスミッタ/レシーバ回路を実装する必要があります．

1. HDMI入出力インターフェースをFPGA上で実現する意味

　液晶テレビやDVDレコーダなど民生用ビデオ機器のインターフェースとしてHDMIは「普通の技術」になりつつあります．パソコンの表示インターフェースとしても，従来のアナログRGB出力，DVIインターフェースに代わってHDMIは標準的な画像出力インターフェースになりつつあります．

　FPGAを使ってHDMIインターフェース回路を構成する意味は，決して技術的好奇心を満たすためではありません．筆者らはHDMIの要素技術を産業用システムの高速画像伝送手段として使うことを考えています．

　デジタル・カメラやビデオ・レコーダの世界では，1000万画素を超えるディジタルCMOSカメラが当たり前になっていますが，産業用システムでは久しく実質30万画素程度のNTSC信号カメラが使われてきました．アナログ信号のNTSCカメラが台数ベースで50%を切ったのは，つい最近のことと聞いています．

　産業用装置内の高速画像伝送方式としてはカメラ・リンクやギガビットEthernetなどがあります．しかしケーブルやインターフェース回路にコストがかかるようでは，普及型の産業用システムには採用できません．

　そこで注目したのが，民生家電用に普及したHDMI技術を活用した画像伝送です．HDMIケーブルは安価に購入可能です．またFPGAのI/Oピン10本と，簡単なドライバ/レシーバICだけで送受信ができるので，FPGAを搭載した画像処理システムでは使いやすい技術です．

　たとえケーブル1本でも，HDMI対応をうたう商品を販売するためにはライセンスが必要です．しかし産業用機器という閉じた機器内の，カメラと画像処理ボードの間をつなぐだけなので，ほかのHDMI機器との互換性もHDMIのロゴも必要ありません（そもそも音声を送っていないのでHDMIではなくDVI相当）．

2. FPGAによるHDMI/DVIインターフェースの実装

● Spartan-6とHDMIリピータICによるHDMI

　筆者の会社では主にXilinx社のデバイスを採用しており，昨今はSpartan-6シリーズをメインに使用しています．第3章などで解説されているようにSpartan-6はTMDSに対応しているので，FPGAとHDMIコネクタを直結して接続することも可能です．しかし信頼性や実績という意味から，今回は図1に示すようにFPGAとHDMIコネクタの間にHDMIリピータICを入れることにしました．

　第2章で解説されているようなトランスミッタICではないので，あくまでFPGA内にはHDMIトランスミッタ（送信）やレシーバ（受信）回路を実装する必要があります．そのために，技術資料としてXilinx社よりアプリケーション・ノートXAPP495[1]がリリースされています．この技術資料で示されているSpartan-6ファミリのTMDS入出力スループットを表1に示します．コラムで紹介しているFPGA評価ボードに搭載したSpartan-6は，スピード・グレード-2のデバイスなので，スループットは945Mbpsまでいけ

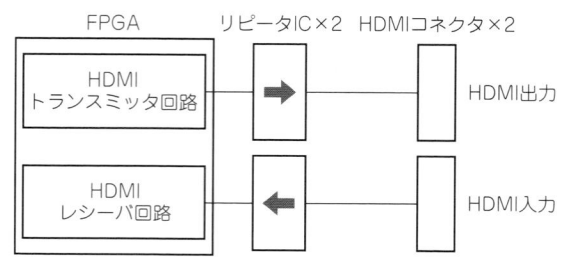

図1　リピータICを使ったHDMI入出力

ます．

さらに，技術資料で示されているビデオ・スクリーン・モードとピクセル・レートなどの関係を表2に示します．表2中で"開発テスト済"の欄に○印が付いたモードは，現在までに筆者らが動作を確認したモードです．

技術資料にはSpartan-6にHDMI入出力を実装するために必要な情報（ヒント）が紹介されており，大変参考になります．筆者らは，このうちの

- DVI Transmitter（送信／出力側）
- DVI Receiver（受信／入力側）

を参考に開発を進めました．いずれもVerilog HDLで記述されていたので，筆者の会社で標準としているVHDLに書き直しました．

● HDMIリピータICの概要

今回採用しているTMDS141RHARは，HDMIリピータICです．図2に示すように，4チャネルの差動レシーバ／トランスミッタ回路と1チャネルのI^2Cリピータ回路を内蔵しています．このICは入力も出力もHDMI信号で，レシーバとしてもトランスミッタとしても使うことができるリピータICです．メーカのデータシートでは，HDMIハイダー（HIDER）という呼称が使われていますが，ここではその機能を表すリピータと呼ぶことにします．

TMDS141RHARは，HDMI 1.3a規格に対応しています．信号レートは2.25Gbpsまでサポート可能で，1080p解像度，画像ピクセル・データ36ビットの画像信号のリピータとして使うことができます．残念なが

表1 Spartan-6ファミリのTMDS入出力スループット

スピード・グレード	スループット（Mbps）
-4	1080
-3	1050
-2	945
-1L	500

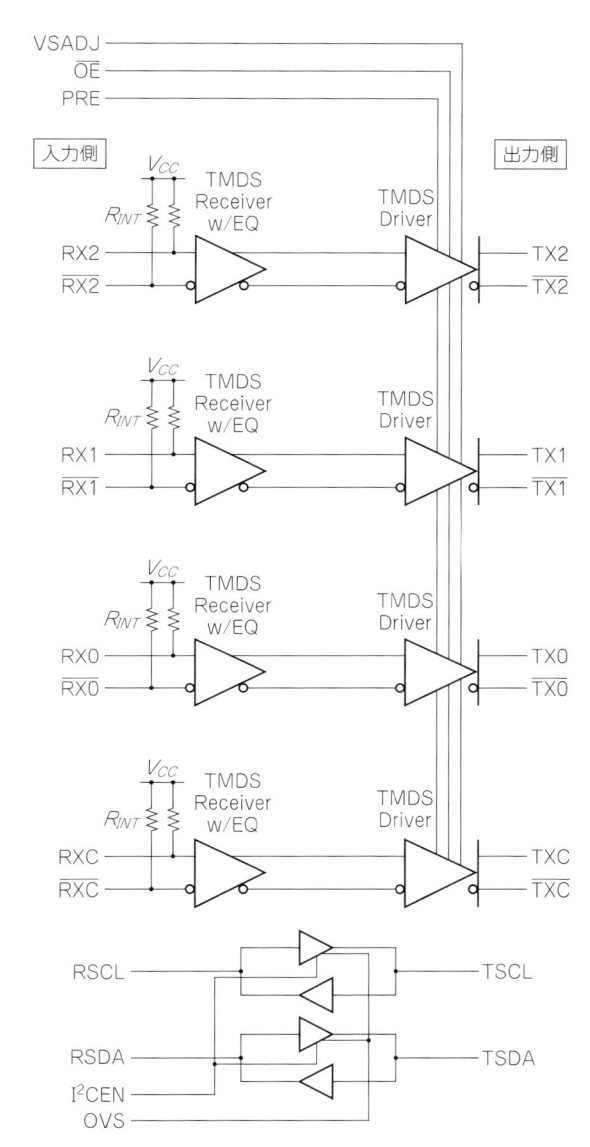

図2 HDMIリピータTMDS141RHARのブロック図

表2 ビデオ・スクリーン・モードとピクセル・レート

開発テスト済	スクリーン・モード	ピクセル・レート（MHz）	シリアル・データ・レート（Mbps）	カラー分解能（ビット）
○	VGA（640×480@60Hz）	25	250	24
	480p（720×480@60Hz）	27	270	24
	SVGA（800×600@60Hz）	40	400	24
○	XGA（1024×768@60Hz）	65	650	24
	HD（1366×768@60Hz）	85.5	855	24
	WXGA（1280×800@60Hz）	71	710	24
○	HDTV720p（1280×720@60Hz）	74.25	742.5	24
○	HDTV1080i（1920×1080@60Hzインターレース）	74.25	742.5	24
	HD（1366×768@60Hz）	85.5	855	24
	SXGA（1280×1024@60Hz）	108	1080	24

2．FPGAによるHDMI/DVIインターフェースの実装

ら今回はFPGA側の仕様で，945Mbpsまでの信号しか扱えません．またレシーバ入力端子にはHDMI規格の終端抵抗も内蔵されています．

● HDMI表示出力のハードウェア設計

図3はHDMI出力の回路図です．Spartan-6の差動出力ピン4対と汎用ピン2本，合計10本のピンを使ってHDMI出力ができます．リスト1は制約ファイルのTMDS入出力設定のための記述です．

FPGAから出力されるTMDS信号は高速差動信号になります．FPGAとTMDS141の間の配線は，並行配

コラム1　HDMI入出力コネクタ搭載Spartan-6評価ボードCQBB-IMG45/150

HDMI入出力コネクタとSpartan-6を搭載したFPGA評価ボードCQBB-IMG45/150を開発しました．評価ボードの外観を**写真A**に，仕様を**表A**に示します．

CQBB-IMG45はXC6SLX45-2FGG484を搭載した普及版です．無償のISE WebPACKを使うことができるので，手軽に画像処理のテスト評価を行うことができます．またNTSC画像入力インターフェイスを備えているので，ローコスト画像処理システムの評価もできます．高速SRAMは2Mバイトのフレーム・メモリを2系統備えています．

CQBB-IMG150に搭載されているXC6SLX150-2FGG484はISE WebPACKではサポートされていません．CQBB-IMG150の開発には製品版のISEを使う必要があります．またチップ単価も高いので高機能版という位置づけです．NTSC画像入力を削除して，3系統の4Mバイト高速SRAMを搭載しました．

さらに，CQBB-IMG45/150の拡張コネクタには，**写真B**に示すようにARM系CPUを搭載した安価なLinux評価ボードBeagleBoneを接続できます．今後，BeagleBone上のLinuxからFPGAに実装したハードウェアをドライブする事例などを紹介できると思います．

■ 問い合わせ先
(株)イーエスピー企画
http://www.esp.jp/

写真A　CQBB-IMG45 (左) /150 (右) 外観

写真B　BeagleBone接続時の外観

表A　CQBB-IMG45/150仕様一覧

搭載FPGA (Spartan-6 LX)	XC6SLX45-2FGG484 (CQBB-IMG45) XC6SLX150-2FGG484 (CQBB-IMG150)
HDMI入力 (標準コネクタ)	2チャネル
CMOSカメラ (VGA) 入力インターフェース	2チャネル
300万画素CMOSカメラ入力インターフェース	2チャネル (CQBB-IMG150のみ)
NTSC画像信号入力インターフェース	1チャネル (CQBB-IMG45のみ) (NTSCデコーダ ADV7180)
HDMI出力 (miniHDMIコネクタ)	1チャネル
アナログRGB出力 (D-Sub15ピン)	1チャネル (D-Aコンバータ ADV7125)
VGA解像度TFT液晶表示インターフェース	1チャネル
高速SRAMフレーム・メモリ (データ・バス16ビット幅)	4Mバイト×3 (CQBB-IMG150) 2Mバイト×2 (CQBB-IMG45)
DDR2 SDRAMメモリ	128Mバイト (MT47H64M16)
USB-シリアル変換CP2102	1チャネル
4方向ジョイスティック (押下スイッチあり)	1個
ディップ・スイッチ/LED	4ビット/1ビット
CPUボード接続コネクタ (BeagleBone実装可能)	1組 (46ピン・コネクタ×2)

線パターンとし，グラウンドのガードを付けました．

配線パターンの設計は厳密なシミュレーションは行っていませんが，アートワーク設計のレギュレーション・ガイドラインで伝送インピーダンスを50Ω前後になるようなパターン幅とパターン間隔を採用しました．TMDS141RHARのレシーバは50Ωの終端抵抗を内蔵しているので，基板上には終端抵抗を入れていません．

I²Cインターフェース信号（TMDS_TX_SCL，TMDS_TX_SDA）は，10kΩでプルアップします．

TMDS141RHARの各電源ピンにはそれぞれカップリング・コンデンサを入れました．TMDS規格の信号は500mV程度の微弱な差動信号なので，ノイズ対策には細心の注意を払う必要があります．データシートの指示に従って，VSADJ端子はTMDS電圧スイング幅制御用の抵抗4.64kΩ（±1%）でプルダウンします．

PRE端子はTMDS出力のディエンファシス（抑制）調整設定ピンです．図3の回路では10KΩでプルダウンして，ディエンファシスを0dBとしています．FPGAからの配線パターンはそれほど長くはありませんが，必要であれば評価中にプルアップに変更して，ディエンファシスを3.5dBとすることもできます．

TMDS141とHDMIコネクタの間の配線は大変短いのでそれほど注意は必要ありませんから，定石通り，並行配線パターンとグランドのガード・パターンを入れています．

● トランスミッタ（送信回路）のブロック構成図と設計例

図4は技術資料に掲載されているHDMIトランス

リスト1　制約ファイルの記述（UCFファイル）

```
##############################################
#         I/O STANDARDS Pin Location
#         HDMI OUT
##############################################
NET "TMDS_TXCp"           LOC = W12  |
                          IOSTANDARD = TMDS_33;
NET "TMDS_TXCn"           LOC = Y12  |
                          IOSTANDARD = TMDS_33;
NET "TMDS_TXDp[0]"        LOC = T14  |
                          IOSTANDARD = TMDS_33;
NET "TMDS_TXDn[0]"        LOC = R13  |
                          IOSTANDARD = TMDS_33;
NET "TMDS_TXDp[1]"        LOC = T12  |
                          IOSTANDARD = TMDS_33;
NET "TMDS_TXDn[1]"        LOC = U12  |
                          IOSTANDARD = TMDS_33;
NET "TMDS_TXDp[2]"        LOC = AA12 |
                          IOSTANDARD = TMDS_33;
NET "TMDS_TXDn[2]"        LOC = AB12 |
                          IOSTANDARD = TMDS_33;
```

図3　HDMI表示出力部の回路図

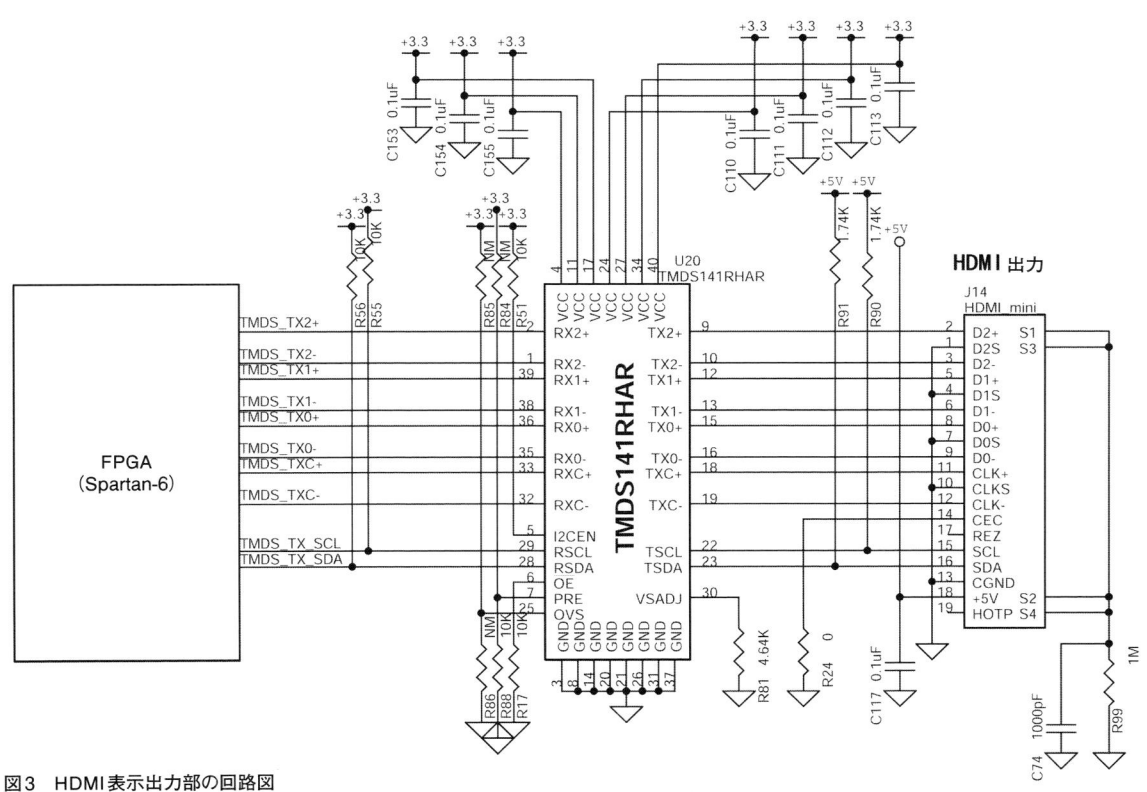

ミッタのブロック構成図です．この技術資料の各モジュールをブロック構成図と対応させながら概要を説明します．なおDVIはHDMIと読み替えることもできますが，ここでは資料原本に忠実に表記することとします．

(1) `dvi_demo/rtl/tx/dvi_encoder.v`
クロック・リソースを除くDVIトランスミッタのトップ・モジュール

(2) `dvi_demo/rtl/tx/dvi_encoder_top.v`
クロック・リソースを含めたDVIトランスミッタの包括記述

(3) `dvi_demo/rtl/tx/encode.v`
DVIエンコーダ

(4) `dvi_demo/rtl/tx/serdes_n_to_1.v`
パラレル→シリアル変換回路（**図4**の④に相当）

(5) `dvi_demo/rtl/tx/convert_30to15_fifo.v`
10→5ビット×3の2:1ギアボックス（**図4**の⑤に相当）

(6) `dvi_demo/rtl/tx/vtc_demo.v`
カラー・バー信号発生ロジック

HDMI送信のアプリケーション事例開発では，技術資料ブロック構成図に示された流れに沿って設計し，参考文献で示したソース・コードなどを参考に実装しました．

いずれも，画面のサイズやインタレースなどによって変更する必要があるのは，入力画像信号とクロック周波数だけです．HDMIのエンコーダ・モジュールそのものを変更する必要はほとんどありません．

● HDMI入力回路のハードウェア設計
図5はHDMI入力の回路図です．入力回路もFPGAの差動出力ピン4対と汎用ピン2本，合計10本のピンを使って構成します．

HDMIコネクタJ15から入力されるTMDS信号をTMDS141RHARのレシーバ端子で受けます．終端抵抗はTMDS141RHARに内蔵されているので，信号を直結するだけです．FPGAの入力端子には終端抵抗は含まれていないので，TMDS141RHARから出力されるHDMI信号線は，50Ωでプルアップ します．

表示出力回路と同じように，TMDS141RHARの各電源ピンにはカップリング・コンデンサを入れます．I²Cインターフェース信号は入力回路，出力回路ともに10kΩのプルアップ抵抗を入れています．

HDMI入力の場合はI²C通信が重要です．デジタル・カメラ，ビデオ・レコーダなど画像信号源となる市販のHDMI機器は，接続開始時にI²C経由で出すメッセージに対して的確なレスポンスを返さないと画像信号を送出してくれません．

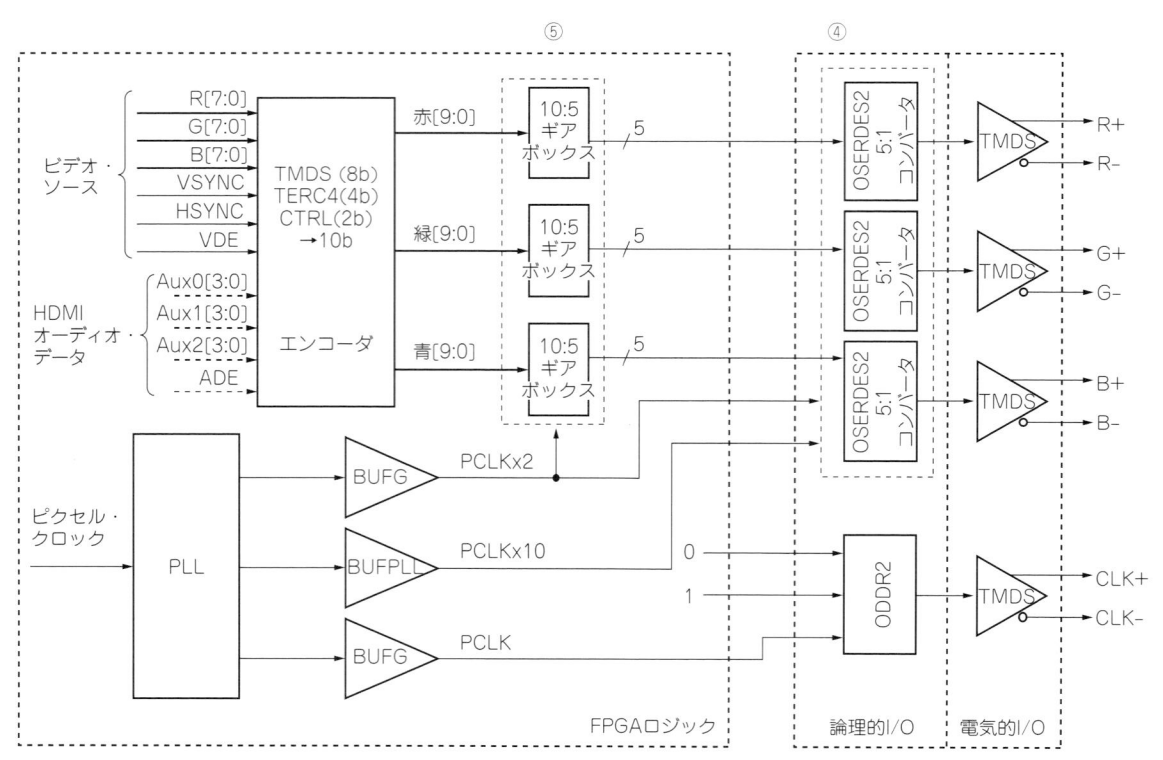

図4 HDMIトランスミッタのブロック構成図

● レシーバ（受信回路）のブロック構成図と設計例

図6は技術資料に掲載されているHDMIレシーバのブロック構成図です．各モジュールをブロック構成図と対応させながら概要を説明します．なお，技術資料のレシーバでフォルダ名がtxとなっているのはrxの誤りと思われます．

(1) dvi_demo/rtl/rx/dvi_decoder.v
　DVIレシーバのトップ・モジュール
(2) dvi_demo/rtl/rx/decode.v
　CDRとチャネル・スキュー除去回路
(3) dvi_demo/rtl/rx/chnlbond.v
　チャネル間のスキューを除去するモジュール（図6の③に相当）
(4) dvi_demo/rtl/rx/phsaligner.v
　ビットスリップとTMDSデータ検証を行うステート・マシン（図6の④に相当）
(5) dvi_demo/rtl/rx/ serdes_1_to_5_diff_data.v
　1：5シリアル→パラレル変換

HDMI受信のアプリケーション事例開発では，技術資料のブロック構成図に示された流れに沿って，Verilog HDL記述ソースをVHDLに書き換えたものを，さらに一部修正して使いました．

VGA画像のHDMI受信では，DVIレシーバ内のPLLクロック周波数設定を変更しました．位相設定0°ではなぜか受信できなかったので+90°に設定しました．XGA画像のHDMI受信も，PLLクロック周波数設定を変更しています．

3. HDMI出力インターフェースを使ったアプリケーション事例

● 34芯のFPCケーブルは引き回しできない

筆者の会社では以前から産業用画像処理ボードを開発していましたが，次世代機種ではより高解像度化が求められ，写真1に示す300万画素のCMOSカメラ・モジュールKBCR-S01TXGを使うことになりました．デジタル・カメラやビデオ・レコーダなど民生用の家電製品の世界では1,000万画素も珍しくありませんが，このモジュールは産業用途向けに2012年に発売された製品です．Cマウントのレンズ・ホルダが付いているので，用途に合わせて市販のレンズを選択することも可能です．

従来，産業用途に使われていたNTSCインターフェースのカメラと比べてはるかに高解像度の画像ディジタル信号が得られますが，最大の課題はカメラから画像処理部までの伝送手段です．カメラ・モ

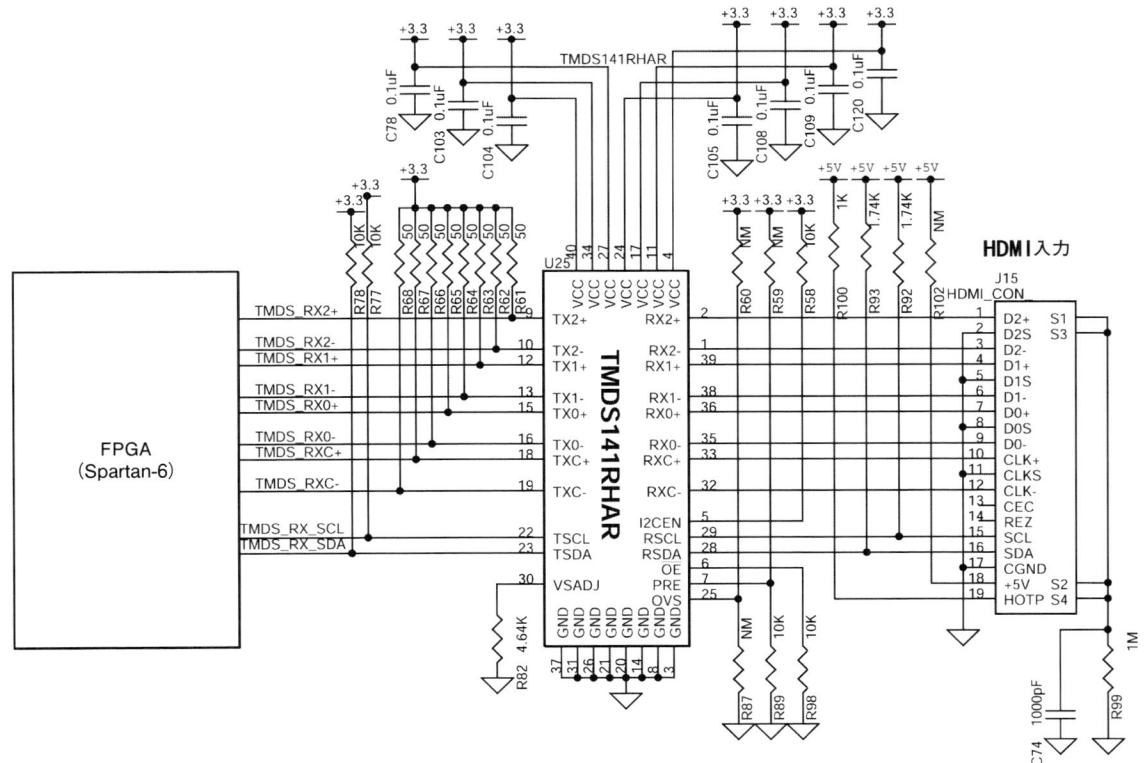

図5　HDMI表示入力部の回路図

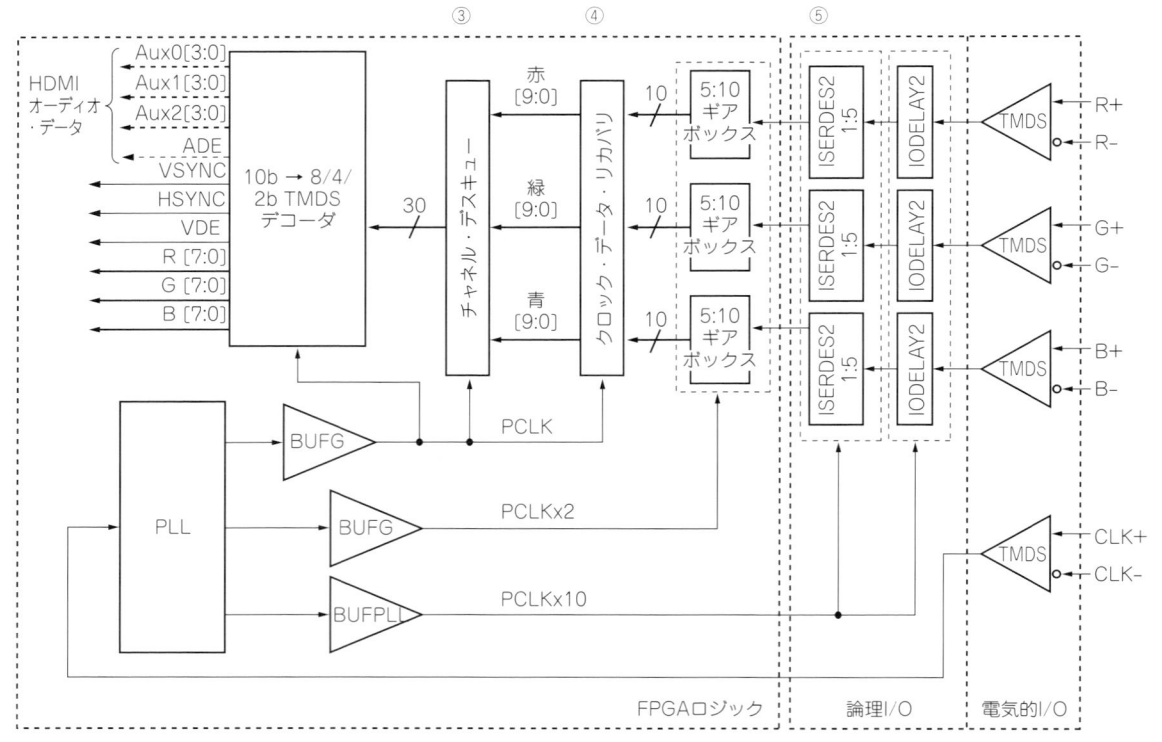

図6 HDMIレシーバのブロック構成図

写真1 300万画素CMOSカメラ・モジュールKBCR-S01TXG

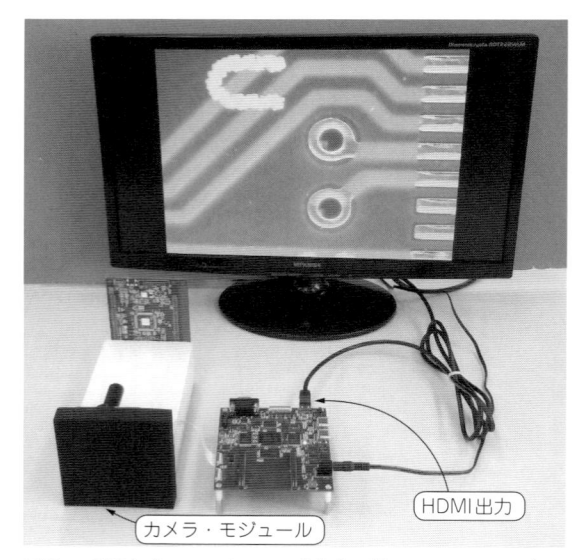

写真2 試作したHDMIカメラの動作中の様子

ジュールの34芯FPCケーブルで伝送できる距離は10cm～15cmに過ぎません．産業用の画像検査装置や画像位置合わせ装置の場合，1m～10m程度の画像伝送が必要です．

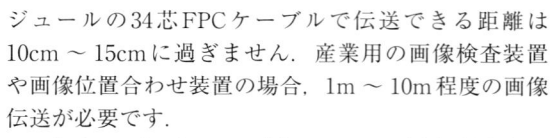

これを16ビット・バス幅のYUVで画像信号を伝送するためには，

- パラレル→シリアル変換回路基板
- 1GHz前後のシリアル・データを伝送するためのLVDSのドライバ基板とレシーバ基板
- シリアル→パラレル変換回路基板

コラム2　HDMI入力は難しい？！

● DDCとEDID

読者の方々も経験があると思いますが，例えばそれまでSXGA解像度のディスプレイをつないでいたパソコンを，フルHD解像度のディスプレイにつなぎかえたとします．再起動したパソコンは，接続されたディスプレイに最適な解像度（この例の場合はフルHD解像度）ですぐに表示を開始します．

これはパソコン側（ソース機器）が起動時に，接続されたディスプレイ（シンク機器）がどの解像度に対応しているかの情報を読み取り，それに合わせた映像信号を出力しているからです．この仕組みを実現しているのがDVIやHDMIにも使われているDDC（Display Data Channel）です．

そしてDDCの実態はI^2Cインターフェースで，ソース機器側がマスタ，シンク機器側がスレーブの関係になりシリアル通信を行います．またシンク機器側は実際には，シリアルROM（EEPROMなど）が接続されていて，この中にEDID（Extended Display Identification Data）と呼ばれる対応解像度などの情報が格納されています．

● 清く正しく実装されたソース機器の動作

本文でも説明したように，HDMI入力の場合はI^2C通信が重要です．デジタル・ビデオ・レコーダなどの市販のHDMIソース機器は，DDC通信で接続されたTVの対応解像度などの情報を取得しようとします．このとき正しくEDIDの情報を返さないと，正常なTVが接続されていないと判断されてしまい，HDMIの映像信号が出力されません．

試しに市販のビデオ・レコーダのHDMI端子をCQBB-IMG45/150に接続してみましたが，レコーダからは映像信号が出てきませんでした．基板上のFPGA内部にI^2Cの回路は構成しましたが，接続したHDMI機器から送られてくるI2Cメッセージに対して，正しい内容のレスポンスを返していないからです．

● 市販HDMI機器は著作権保護の仕組みが順守されている

さらにHDMI入力をややこしく？しているのが，著作権保護の仕組みです．たとえEDIDの情報を正しく返したとしても，HDCP（High-bandwidth Digital Content Protection system）により，Blu-ray Discの再生映像など著作権保護された映像は，シンク機器側もHDCPに対応していないと，ソース機器側から映像が出力されません．

またHDCP認証が行われ映像が出力されても，伝送される信号は暗号化されており，また一定期間を経過すると再度HDCP認証が行われます．

ここで紹介したHDMI入力で取り込める映像は，あくまで著作権保護されていない映像のみとなります．

を開発し，伝送インピーダンスを考慮した送受信コネクタから伝送ケーブルまで用意する必要がありますが，これは大変なことです．

● CMOSカメラ・モジュールをHDMIカメラ化

そこで考えたのがHDMIです．**写真2**に，FPGA評価ボードとCMOSカメラ・モジュールKBCR-S01TXGを使って試作した，HDMIカメラの評価実験を示します．CMOSカメラの出力フォーマットは，全画素モードで15フレーム/秒，出力サイズはXGA，画像データ・バス幅16ビットに設定しました．

カメラ・モジュールはテレセントリック・レンズML05-132Nを使っていて，被写体の10μmが画像の1ピクセルになります．KBCR-S01TXGから出力される16ビット・バス幅のYUV信号をFPGA経由で高速SRAMに取り込みます．さらにこの画像データを読み出してHDMI画像信号に変換して出力します．

試作したHDMIカメラのブロック図を**図7**に示します．カメラ・モジュールから出力される画像データは15フレーム/秒なので，これを60フレーム/秒の

写真3　フルハイビジョン・インベーダ・ゲームのようす

XGA信号に変換するため，フレーム・メモリは必須です．高速アクセスのため，画像フレーム・メモリは4Mバイトの高速SRAMを2系統まとめて32ビット・バス幅でアクセスしています．

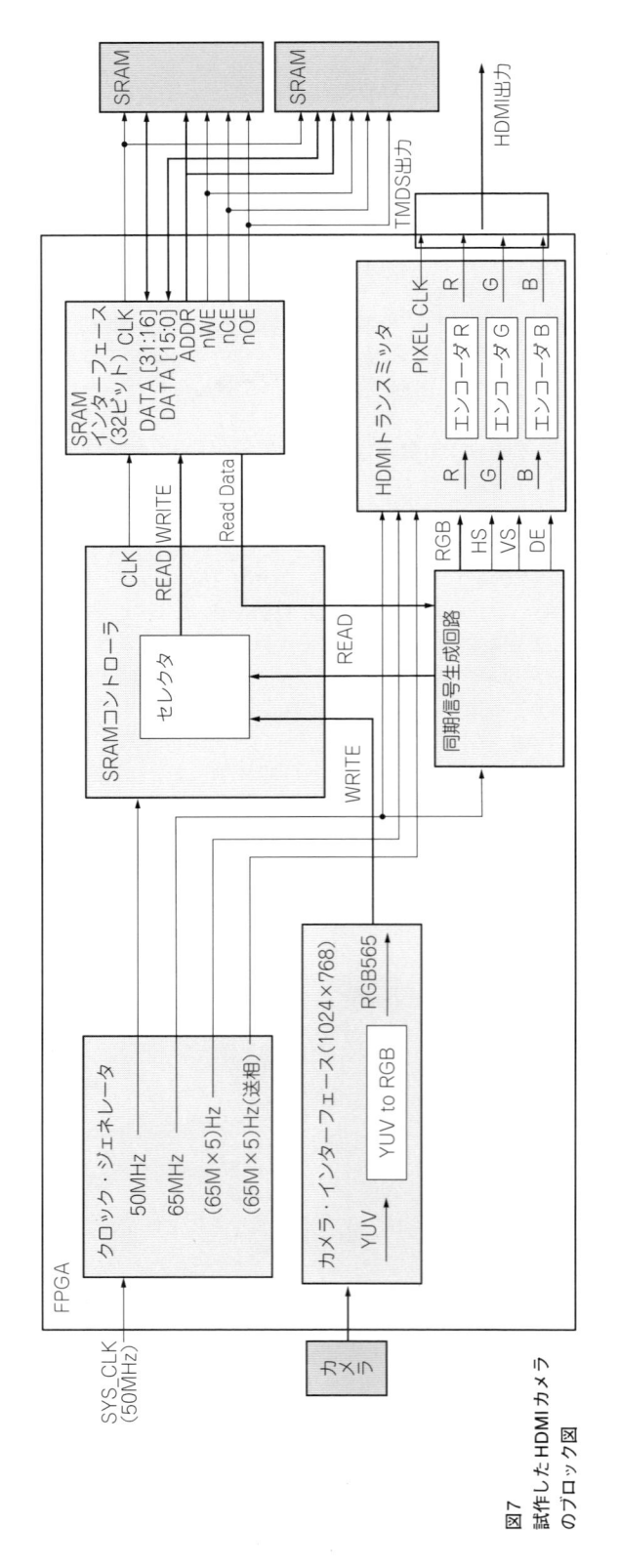

バス幅を32ビットにすることにより，
- CMOSカメラ・モジュールの画像データの書き込み
- 画像データを読み出してHDMI信号に変換して出力する

という二つの処理を時分割で行っています．

写真2のHDMI表示画面は，ワイド画面のHDMIディスプレイにXGAの画面を表示しているので，両端が黒くなっています．

● 300個のエイリアンが現れるインベーダ・ゲーム

写真3はFPGAのロジックだけで制作したインベーダ・ゲームです．HDTV 1080i（1920×1080 @60Hz）の画面のHDMI表示出力をテストするために制作しました．もともとVGA画面に合わせて製作したロジックを，ワイド画面のHDTV（1080i）に合わせて拡張したため，エイリアンの数はなんと300で，とても1台の砲台ではクリアできません．

連射モード，誘爆モードなどを追加して，かろうじてなんとかクリアできるレベルになりました．このゲーム画面はFPGA内部のロジックだけで構成しています．エイリアンのキャラクタ・ジェネレータとゲームのパラメータ格納用にFPGA内部のブロックRAMを使っています．外付けの高速SRAMは使っていません．

画像信号はHDMI出力だけでなく，アナログRGB，TFT液晶表示も同時に出力します．ゲームの砲台操作はFPGAボード上のジョイ・スティックで行います．

4. HDMI入力インターフェースを使ったアプリケーション事例

● VGAサイズのHDMI入力回路のテスト

次にHDMI入力回路のテストを行いました．HDMI入力回路のブロック図を**図8**に，実験の様子を**写真4**に示します．

VGA（640×480）サイズのCMOSカメラ・モジュールから入力した画像データを高速SRAMで構成するフレーム・メモリに格納します．この画像をすでに解説したHDMI出力部から表示し，それを自分自身のボードのHDMI入力コネクタにケーブル接続します．そしてHDMI入力から画像データを取り込み，取り込んだ画像の状態を確認するためにアナログRGB信号としてモニタに表示しています．

VGAサイズの画面は，1ピクセルをYUVの2バイトで記憶するとして，1フレーム画面の記録に必要なメモリ容量は，

640×480×2=614,400バイト

となります．また，ピクセル・クロックは25MHzで十分なので，実験はメモリ容量の少ないCQBB-

図7 試作したHDMIカメラのブロック図

コラム3　HDMIコネクタのピン配列に注意

　これはCQBB-IMG45/150の開発途上で筆者が遭遇した手痛い失敗談です．HDMIコネクタには3種類の大きさがありますが，基板の小型化を図るため当初はタイプCのミニHDMI端子で統一しようと考えました．しかし写真4に示すような使い方を想定すると，両端がタイプCのケーブルが売られていないため，HDMI入力はタイプAで，HDMI出力はタイプCを使うことにしました．タイプAもタイプCもどちらも19ピンだったことから，ピン配置はどちらも同じと思い込んでいました．

　試作基板が出来上がりさっそくFPGAの開発を始め，入力側は動き出しましたが，出力側がさっぱり動きません．ほかの部分のデバッグも終わり，あとはHDMI出力の動作確認だけとなったころ，やっとタイプAとタイプCのピン配置の違いに気が付きました．

　ピン配置を入れ替えればディスプレイに映るのでは？ということで，写真Cのようなケーブルを作りました．写真Cの改造ケーブルはインピーダンス・マッチングどころではありません．仮に修正が正しくても伝送インピーダンスのミスマッチで波形が乱れて動かないかもしれません．恐る恐る電源を入れると，HDMIモニタに不安定ながら画像が映りました．筆者の手元で初めてHDMI出力がディスプレイに表示された瞬間でした．

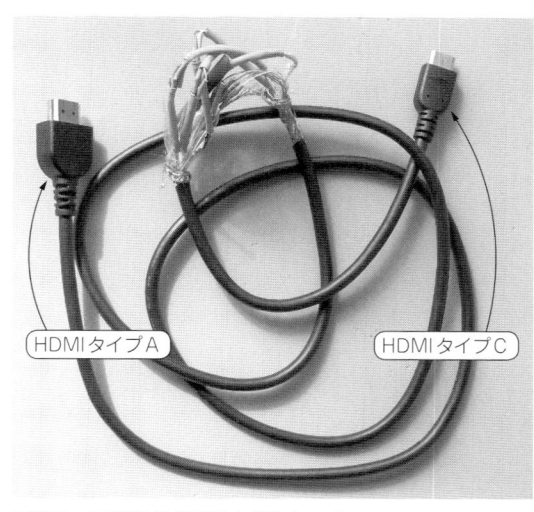

写真C　お手製ピン配置入れ替えケーブル

写真4　VGAサイズHDMI入力テストの様子

IMG45でも余裕をもって行うことができました．

● XGAサイズのHDMI入力回路のテスト
　XGAの場合も回路構成は同じですが，解像度が約2.56倍になるので，クロックを変える必要があります．まず，ピクセル・クロックを2.6倍の65MHzにしました．さらにSRAMのフレーム・メモリへの書き込みと読み出しを時分割多重アクセスにするため，16ビット・バス幅の高速SRAMの2系統を使って32ビット・バス幅のアクセスを行っています．

◆参考文献◆
(1) Xilinx；Implementing a TMDS Video Interface in the Spartan-6 FPGA，http：//japan.xilinx.com/support/documentation/application_notes/xapp495_S6TMDS_Video_Interface.pdf
(2) 長嶋 毅；連載 FPGAの差動伝送機能をもっと気軽に使いこなそう！，Interface 2010年4月号～2012年8月号，CQ出版社．
(3) 特集 HDMI，DVI，DisplayPortディジタル映像信号の最前線，Interface 2011年9月号，CQ出版社．
(4) FPGAの部屋，http：//marsee101.blog19.fc2.com/
(5) Digilent Atlys評価ボード，http：//www.digilentinc.com/Products/Detail.cfm?NavPath=2,400,836&Prod=ATLYS

えさき・まさやす，ながや・ゆういちろう，やすだ・あきら　（株）イーエスピー企画
てらにし・おさむ，いわた・まさお　（株）イーエスピー企画　土日システム開発部[注]

4．HDMI入力インターフェースを使ったアプリケーション事例

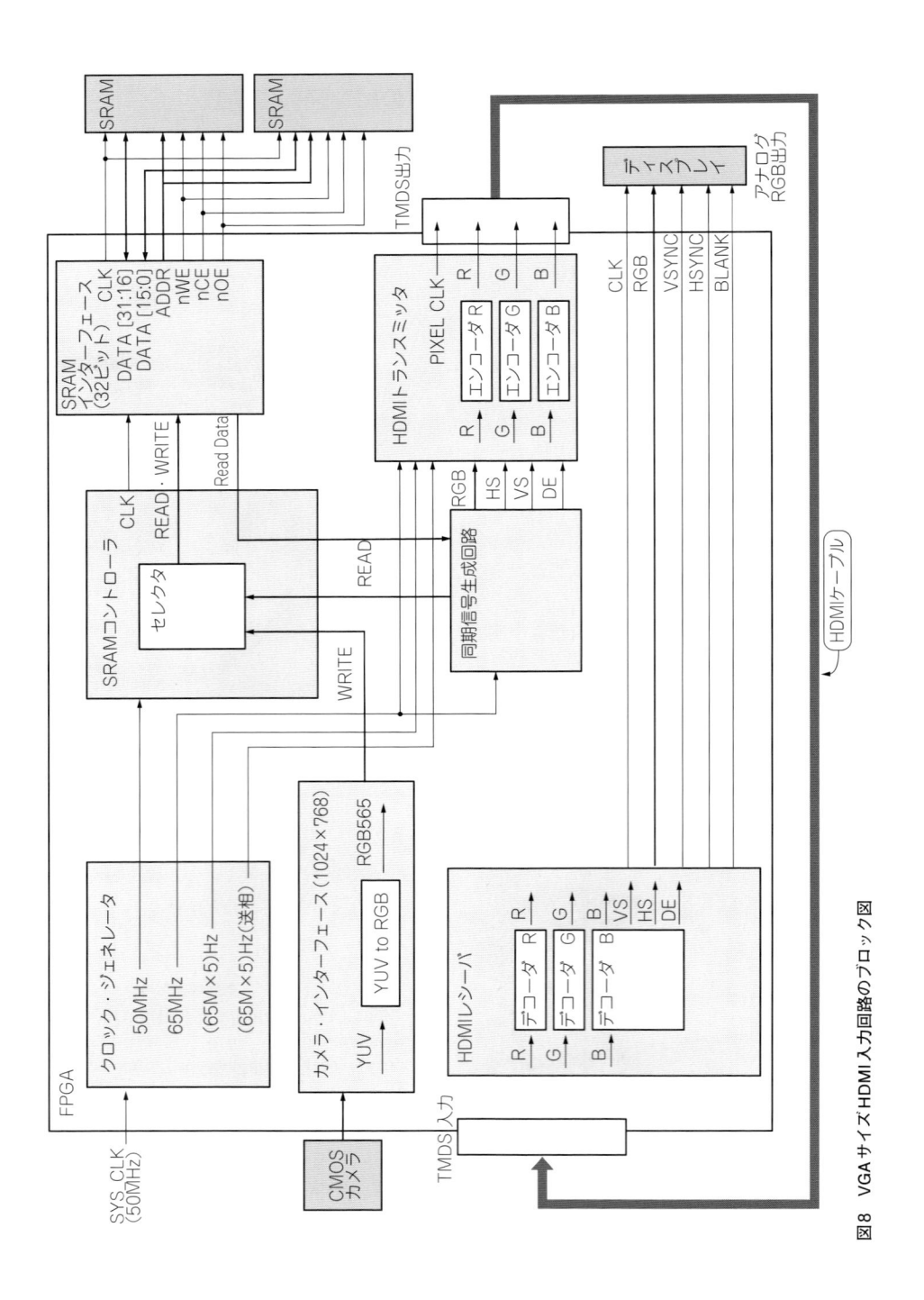

図8 VGAサイズHDMI入力回路のブロック図

注：土日システム開発部
　（株）イーエスピー企画が主催するOJT（On the Job Traininng）型の研究会．経済産業省の委託事業の一環として開催されてきた「組み込みハード＆ソフト研究会」（財団法人ソフトピア・ジャパン主催）を契機に，「講演を聞くだけの研究会ではほんとうのスキルは身につかない」という反省から生まれた．第2，第4土曜日にスキルアップをめざす技術者が集まって共同開発を行っている．場所と開発機材とお昼ご飯が用意されるだけで，雇用関係は存在しない．開発成果は（株）イーエスピー企画に属するが，個々の構成員が所属機関で行う仕事に生かすことは認められている．

ARM Cortex-A9搭載！全部入り最新FPGAの研究～アルテラSoC編～

アルテラSoCの概要と開発ツールの紹介

姫野 呂裕　Tomohiro Himeno

シミュレータを使って今からでも設計を開始できる

2012年末，Altera社からARMコアを搭載したFPGAの出荷が開始されました．誰でも実デバイス／評価ボードを入手できるようになるまでしばらく時間がかかりそうですが，本号からアルテラSoCを使いこなすための記事を始めます．今回は，アルテラSoCの概要と開発ツールについて紹介します．特に，製品開発を先行して進められるアルテラSoC Virtual Targetには，今すぐにでも使える開発ツールです．

1. アルテラSoCの概要

● アルテラSoCの内部ブロック

図1にアルテラSoC内部ブロック図を示します．内部は大きく次の三つに分けることができます．

- FPGAファブリック
- DDR SDRAMコントローラ，PCI Express，高速トランシーバのハード・マクロ
- HPS（ハード・プロセッサ・システム）と呼ばれるARM Cortex-A9 MPCoreと各種ペリフェラルが一体となったハード・マクロ

FPGAファブリックはいわゆるFPGA部分で，Arria VまたはCyclone Vに採用されているアーキテクチャが使われ，最大46万LEのリソースを持っています．FPGAファブリックがCyclone Vと同等のものを，Cyclone V SoC，Arria Vと同等のものをArria V SoCと呼びます．コスト的にはCyclone V SoCが安価になります．

DDR SDRAMコントローラやPCI Express，高速トランシーバのハード・マクロは，現在のシステムでは必須と思われる機能で，FPGAリソースを消費することなくこれらのインターフェースを実装できます．

そしてアルテラSoCの最大の特徴がHPS部分で，ここにARM Cortex-A9 MPCoreが置かれています．デュアルコアだけでなくシングルコアもラインナップされています．HPS内にはCPUだけでなく，現在の組み込み市場でよく使われるペリフェラルが搭載され

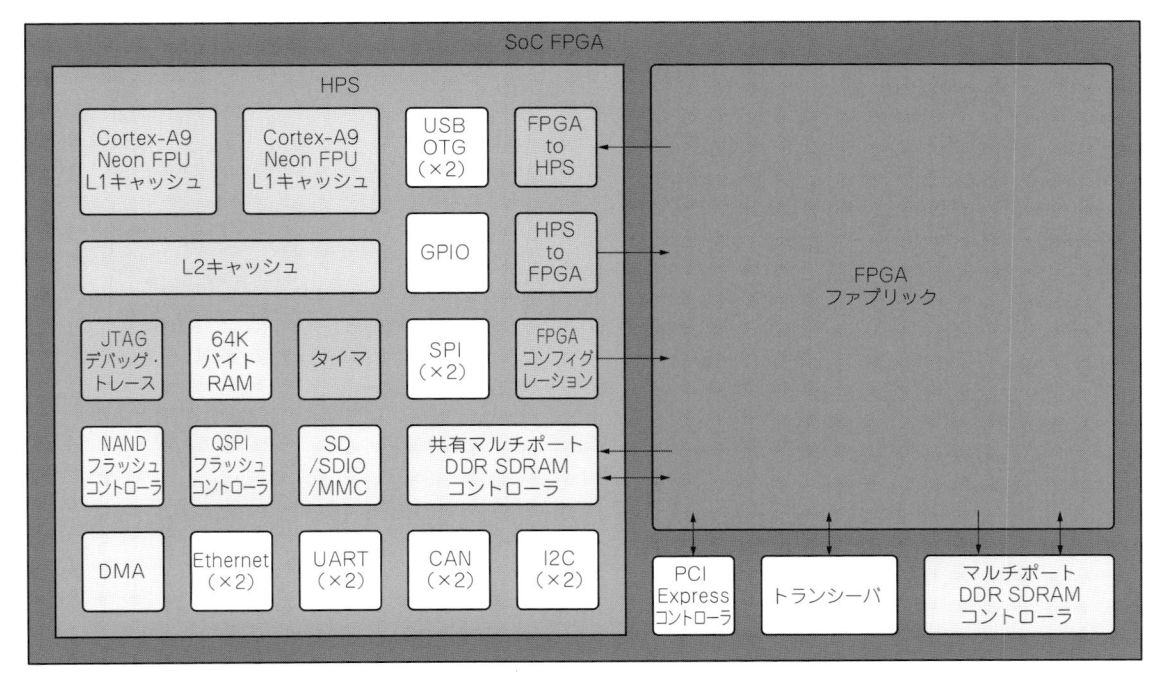

図1　アルテラSoC内部ブロック図

ているため，ここでもFPGAリソースの消費を抑えることができます．

● アルテラSoCで実現できること

ではそのアルテラSoCを採用すると，どのようなメリットがあるでしょうか．

(1) 消費電力の削減

Altera社用に最適化された28nm Low-Power（28LP）プロセス・テクノロジ，豊富なハード・マクロ群，および低消費電力シリアル・トランシーバを活用可能

(2) トータル・システム・コストの削減

周辺に必要なデバイス，電源，およびオシレータの数が少なくてすむため，部品（BOM）コストの削減を実現

(3) ボード・サイズの削減

FPGAとマイクロプロセッサ，およびDSPを1チップに統合することができる．ために基板上のデバイス数を削減し，基板サイズを抑えることが可能

(4) カスタマイズ可能なSoC

Altera社およびサードパーティIPパートナの広範なIPコアから最適なものを選択して，カスタムARMプロセッサ・システムを素早く構築することが可能．また柔軟なFPGAファブリックによって業界規格更新への対応や市場の要求の変化に対応．

(5) 共通の開発ツール

ARMの標準的なソフトウェア開発ツールやOS，ミ

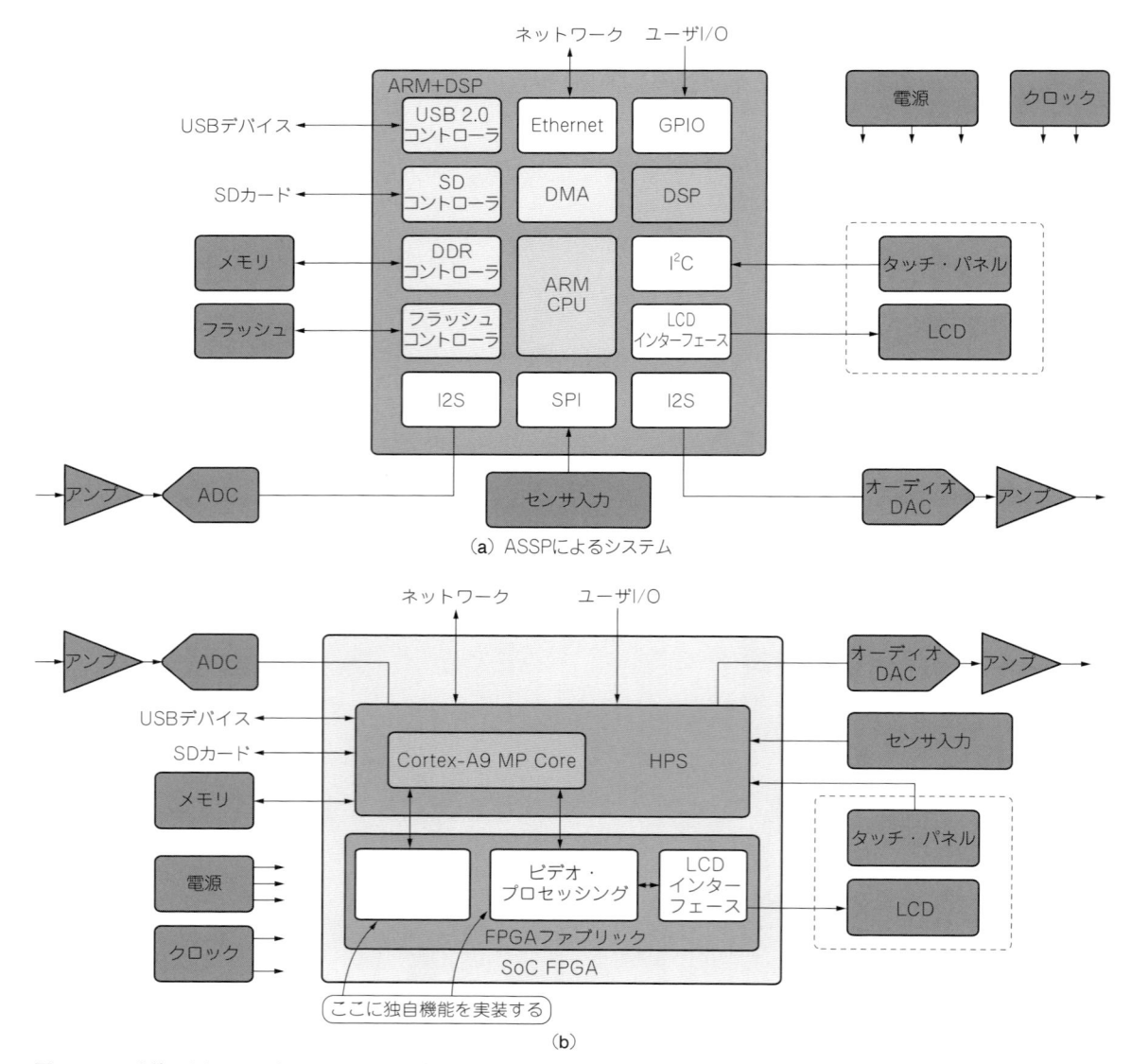

(a) ASSPによるシステム

(b)

図2 ASSPを使ったシステムとアルテラSoCを使ったシステム

ドルウェア，デバッガなどの強力なエコ・システムを活用可能．

これら五つのメリットによって機器の高性能化，開発期間の短縮，コスト低減，従来資産の活用などが実現できます．

● ターゲットとなるマーケット

例えば図2(a)に示すような，ARMコアとDSPコアを内蔵したASSP(Application Specific Standard Product)で実現したシステムがあるとします．各種センサからの入力をDSPで処理し，それをLCDに表示しています．しかしこのASSPが持っていない機能や独自の機能を組み込むことは難しく，また同じASSPを採用した他社製品が登場すると，価格だけの勝負に陥ってしまいます．

これをアルテラSoCで実現するとどうなるでしょうか．入出力の機能は同じでも，画像処理や制御部分に独自の機能を持たせることができ，競争力の高い製品を実現できます［図2(b)］．

このように従来ASSPによる構成で我慢していた製品を，他社との差別化のために独自機能を入れることは，アルテラSoCなら容易に実現できます．

● 製品バリエーションが増やせる

さらに図3に示すような使い方もあります．CPUと基本的なペリフェラルは既にハード・マクロとして用意されているので，FPGAファブリック部分に製品ごとに独自の機能を持たせます．こうすることで，共通の基板で複数の製品に対応できるようになります．この構造だと，基本的なハードウェア(基板)，制御ソフトは共通部分が多くなるため，製品のバリエーションを増やしていくのも容易です．

2. アルテラSoCの開発ツール群

● Quartus II, Qsys, ARM DS-5

アルテラSoCを使ったシステムの開発を行うにあたり，開発者を支援する非常に強力な開発ツールがAltera社より提供されています．

FPGAロジックの設計ツールであるQuartus IIや，IP(Intellectual Property)ファンクションとサブシステムを簡単に接続することのできるQsys(図4)といった従来のFPGA開発ツールはもちろん，アルテラSoCの開発で重要となるソフトウェア開発ツールとして，ARM DS-5 Altera Edition(図5)を利用することができます．

このARM DS-5 Altera Editionは，ARM Development Studio 5(DS-5)ツールキットをベースにしたソフトウェア・デバッガで，ARM Cortex-A9 MPCoreプロセッサとFPGAをシームレスにデバッグすることができます．

● アルテラSoC Virtual Target

また今回新しい開発ツールとして，アルテラSoC Virtual Target(バーチャル・ターゲット)が提供されています(図6)．ARM Cortex-A9 MPCoreプロセッサ，各種ペリフェラルなどをPC上でシミュレーション動作させられるため，ハードウェアのリリースを待たずにソフトウェアの開発を行えるようになりました．

アルテラSoCデバイスと互換性を持っているので，実機でそのまま実行可能なアルテラSoCデバイス固有のソフトウェアを先行的に開発することが可能です．

また，拡張機能であるFPGAイン・ザ・ループを利用することで，プログラマブル・ロジック部のユーザ・ロジックとの連携動作も可能です．PCとAltera

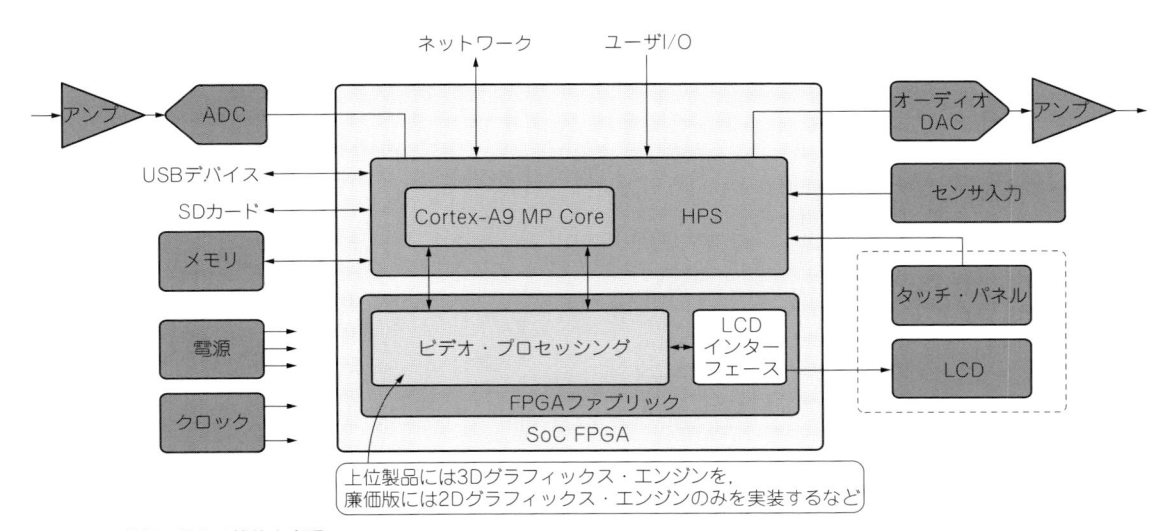

図3 同一基板で異なる機能を実現

図4 Altera社が提供するFPGA開発ツールQsys

図5 CPUとFPGAをシームレスにデバッグするARM DS-5 Altera Edition

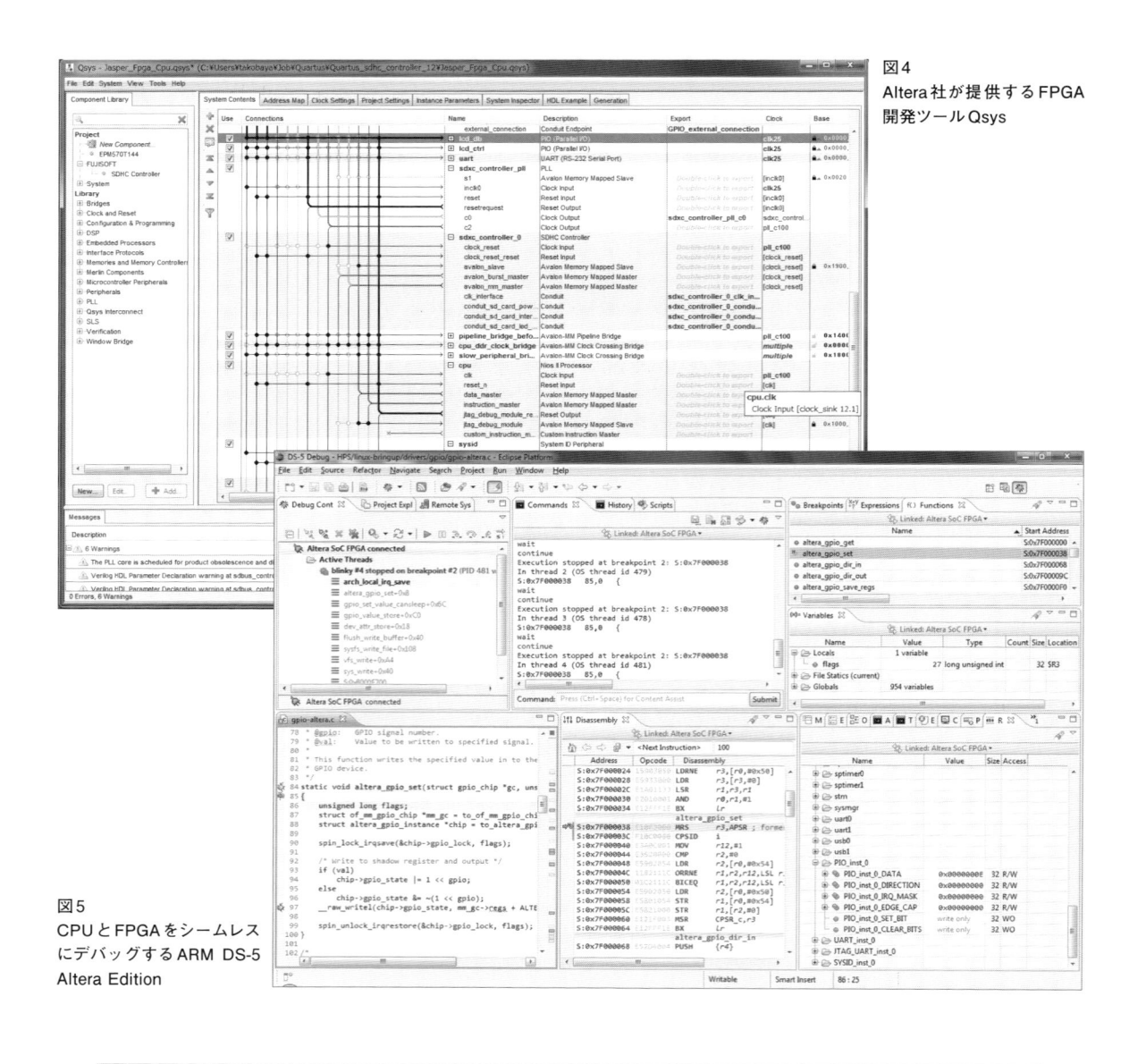

図6 ソフトウェアの開発を先行して進められるアルテラSoC Virtual Target

社のFPGA開発ボードをPCI Expressインターフェースで接続すれば，ソフトウェアからユーザ・ロジックの検証も先行して進められます．

3. アルテラSoC Virtual Targetを使った開発事例

● 展示会にてデモを展示

2012年11月に開催されたEmbedded Technology 2012，そして同年12月に開催されたARM Technology Symposiumでは，Altera社ブースでアルテラSoC Virtual Targetを使ったAndroid 2.3 GingerBreadとグラフィックス・アクセラレータの試作デモ機を展示しました（写真1）．

多くの方にAltera社ブースに立ち寄っていただき，アルテラSoCデバイスの魅力，またアプリケーションの可能性の一つとしてのAndroidソリューションに興味を持っていただき，大変盛況でした．

● デモのシステム構成

この展示会でのシステム構成を図7に示します．アルテラSoC Virtual TargetがインストールされたPCと，そのPCにPCI ExpressインターフェースでFPGA開発ボードを接続しています．PC上のアルテラSoC Virtual Targetは，ARM Cortex-A9 MPCoreプロセッサをエミュレートする機能を持つので，ソフトウェアであるAndroidはこちらへポーティングをしています．PCに接続されるFPGA開発ボードは，Arria II GX FPGAボードを使用しました．こちらのFPGAに筆者らが開発したAndroidの描画処理を高速化するグラフィックス・アクセラレータIPを搭載し，アルテラSoC Virtual Target上のAndroidからFPGAを制御しています．

● ハードウェアの開発手法

図7のシステムをもう少し詳しくブロック図で示すと図8の構成となります．

ホストPCと示されている部分がアルテラSoC Virtual Target，FPGAと示されている部分がPCに接続されたArria II GX FPGAボードです．FPGA側のInterface IPという部分が，アルテラSoC Virtual Target上で動作するソフトウェアからFPGAを制御するためのインターフェースIPとなります．これはAltera社から提供されるIPです．サンプル・デザインも提供されているので，簡単に設計できます．

ハードウェアの開発手法は従来のものとなんら変わりません．使い慣れたQuartus IIやQsysを使ってプログラマブル・ロジック部のユーザ・ロジック開発が行えます．

● ソフトウェアの開発手法

ソフトウェアの開発ですが，こちらもすぐに評価できる環境としてAltera社からアルテラSoC向けのLinuxがオープンソースとして提供されています．もちろんアルテラSoC Virtual Targetは実際のデバイスと互換性があるので，同じLinuxが動作します．

Linuxの開発にはGNU開発環境を用います．コンパイルに必要なツール・チェインに関してもAltera社から提供されるので，GNU開発環境を構築し，コンフィグレーションを設定してビルド/コンパイルとするという，通常のLinuxと同様の手法となります（図9）．

なおAltera社から提供されるLinuxに関しては，各種ペリフェラルのドライバの拡充や不具合の修正など，定期的にアップデートがされる予定とのことです．

● Androidの開発手法

アルテラSoCでAndroidを動かす手法は大きく分類すると2種類あります．

まず一つ目は，Androidに同梱されるLinux Kernelをターゲット・ハードウェアに合わせてポーティング

写真1 アルテラSoC向けAndroidソリューションアルテラSoC Virtual Targetデモの様子

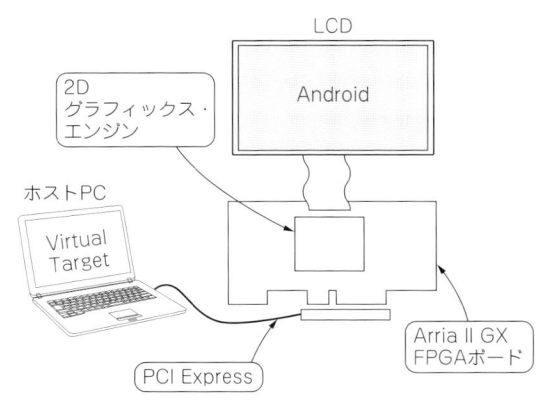

図7 アルテラSoCデモのシステム構成
ノートPCのExpressCardスロットから，PCI Expressスロットを増設するアダプタを使ってPCI Expressで接続している．

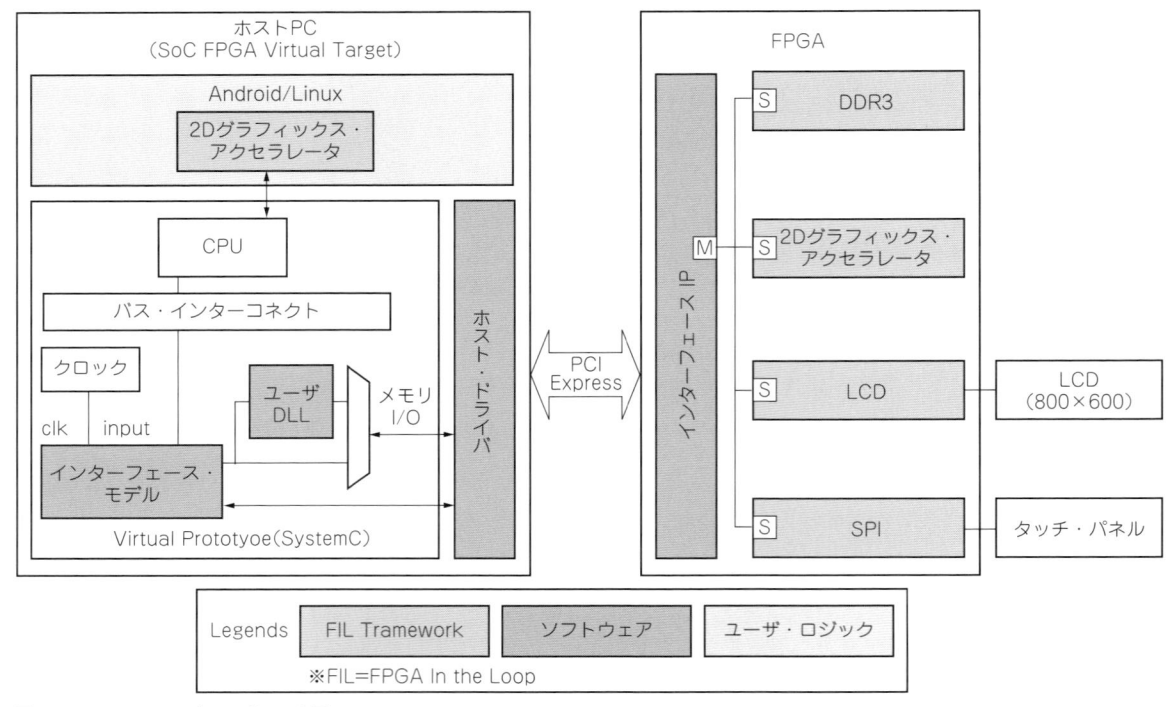

図8 アルテラSoCデモのブロック図

する手法です．ターゲット・ハードウェア上でLinux Kernelさえ起動してしまえば，Androidもスムーズに起動するという考え方です．

実際のポーティングは，ベースとするLinux KernelをCPUアーキテクチャが同じものを利用して，CPU周りの設定やボード依存部などの差分を吸収していくアプローチを採ります．こちらの手法ではLinux Kernelの知識，そのターゲット・ハードウェアの知識を持っていることが重要となります．

二つ目は，既にターゲット上で動作しているLinux Kernelの上にAndroidをポーティングする手法です．こちらの手法では，Linux Kernelが既に起動しているため安定した状態からポーティングを開始することができます．

実際のポーティングでは，Linux KernelのAndroid依存部のカスタマイズ作業となります．バッテリ関連や，共有メモリなどのAnroid特有のドライバを新たにポーティングして，その他ハードウェアに依存する部分をカスタマイズしていきます．こちらの手法の場合，Linux Kernelの知識を持っている必要もありますが，Androidに関する知識の方を持っていることの方が重要でしょう．

筆者らが開発したアルテラSoC向けAndoridソリューションは，どちらの手法からでもポーティングできますが，最終的には後者の手法で，Altera社提供のアルテラSoC向けLinux Kernel 2.6.39をベースに，Android特有のドライバやAndroidの描画処理を高速化するグラフィックス・アクセラレータIPのドライバを移植して動作させています（**図10**）．

* * *

次回は，実際にアルテラSoCデバイスを動かしてみる，具体的事例について紹介したいと思います．

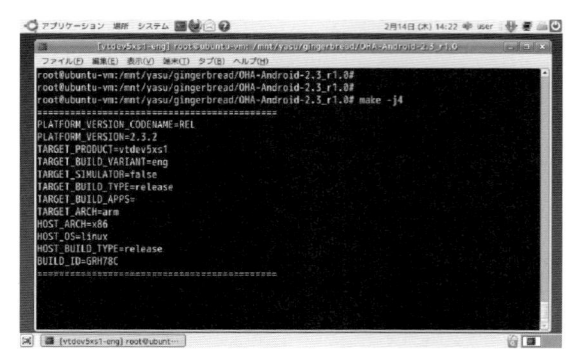

図9 LinuxのGNU開発環境図

ひめの・ともひろ
富士ソフト（株）ソリューション事業本部 組込システム部

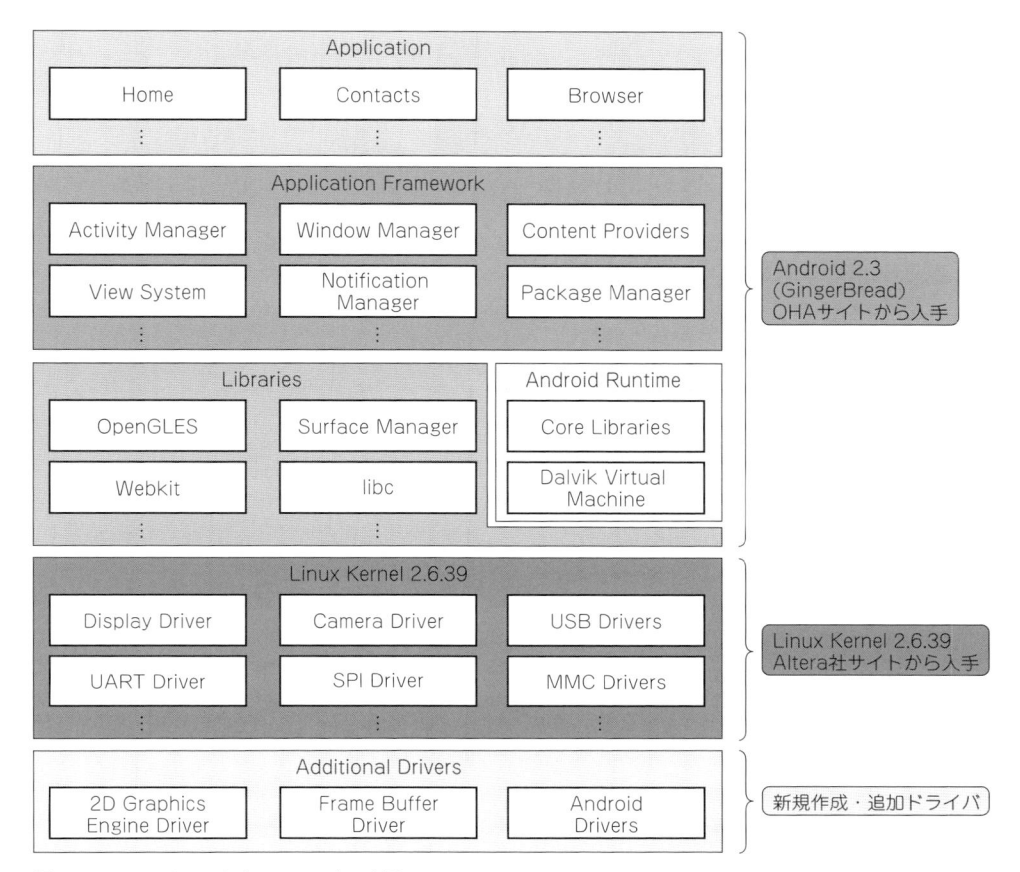

図10 Androidのソフトウェア・スタック図

コラム　富士ソフトの取り組み

　スマートフォン用OSとして大きな存在感を見せているAndroid．リッチなGUI，スマートなタッチ操作，アプリケーションの豊富さ，オープンソースなどのメリットを組み込み機器でも取り入れようと，Androidの搭載が期待されています．

　富士ソフトでは，2012年6月よりアルテラSoC Virtual Targetをいち早く活用して，アルテラSoC向けのAndroidソリューションの開発に取り組んできました．

　しかしAndroidを製品に導入したいと考えても，新しい環境に踏み込むことに対して不安をお持ちの方も多いと思います．CPU＋FPGAという特徴を持つアルテラSoCのメリットを活かし，ARM Cortex-A9 MPCoreプロセッサ上で動作するAndroidプラットホームとともに，Androidの描画処理を高速化するグラフィックス・アクセラレータIPを開発中です．

ARM Cortex-A9搭載！全部入り最新FPGAの研究〜Zynq編〜
開発ツールPlanAheadの使い方とZedBoardのOLEDの制御方法

スタータ・キット ZedBoardで試せる

中原 啓貴　Hiroki Nakahara

Xilinx社からARMコア内蔵のFPGAとしてZynqが，そしてその設計開発ツールとしてPlanAheadがリリースされました．これまでの開発ツールISEから大幅にインターフェースが変わり戸惑っている人も多いでしょう．Zynq活用を解説する本記事は，まずはARMコアを使わずに，Zynq内蔵のFPGA部分に，評価ボード上のスイッチやOLEDを制御する回路を実装してみます．

1. 新しくリリースされたZynqとPlanAhead

Xilinx社からARMコア内蔵のFPGAとしてZynqがリリースされました．さらにZynqが搭載された安価な評価ボードとしてZedBoard（Avnet社）がリリースされています（**写真1**）．アカデミック価格で3万円という破格の価格であり，その安さから爆発的に普及しているようです．海外のサイト（http://www.ZedBoard.org/）ではユーザ間の活発な情報交換が行われており，比較的情報を入手しやすく，Zynqに取りかかるにはオススメのボードとなっています．ZynqやZedBoardについては，特集Appendixを参照してください．

Zynqを設計するには開発ツールとしてPlanAheadを使うことが推奨されています．もともとPlanAheadはフロアプランやデザイン解析ツールとして開発されていましたが，7シリーズのリリースに伴いプロジェクト管理機能などが追加され，Zynqも含む7シリーズ用の統合開発ツールとして生まれ変わりました．名前は従来のPlanAheadですが，別のツールと考えた方がよさそうです．

2. ZedBoard上のLEDと押しボタンを使ってみる

それでは，早速ZedBoard上の押しボタンと連動してLEDを点滅させる回路を設計してみましょう．

● 新規プロジェクト作成手順

PlanAheadをスタート・メニューから選択（またはデスクトップ上のアイコンをダブルクリック）して起動してください．すると図1に示す起動画面が表示されます．今回は新規にプロジェクトを作成するので「Create New Project」を選択します．

次に，メッセージが表示されるのでそのまま「Next」を選択し［**図2(a)**］，「Project Location」にプロジェクトを配置するフォルダを指定します［**図2(b)**］．

ここで，どの種類のプロジェクトを作成するのか尋ねられます［**図2(c)**］．PlanAheadでは4種類のプロジェクトがあります．それらにはVerilogHDLやVHDLから設計する「RTL Project」，EDKやXPSから生成済みのネットリスト（NGCやEDIFファイル）から合成する「Post-synthesis Project」，I/Oのみの配置を行う「I/O Planning Project」，そして最後に従来のISEのプロジェクトを読み込む「Import ISE Place & Route results」があります．今回はISEのようにRTLから設計するので「RTL Project」を指定します．

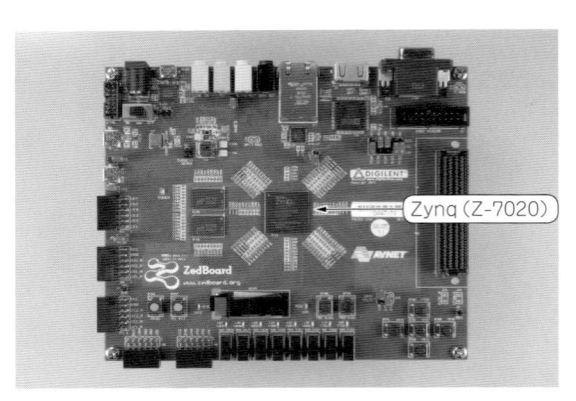

写真1　ZedBoardの外観

図1　PlanAheadの起動画面

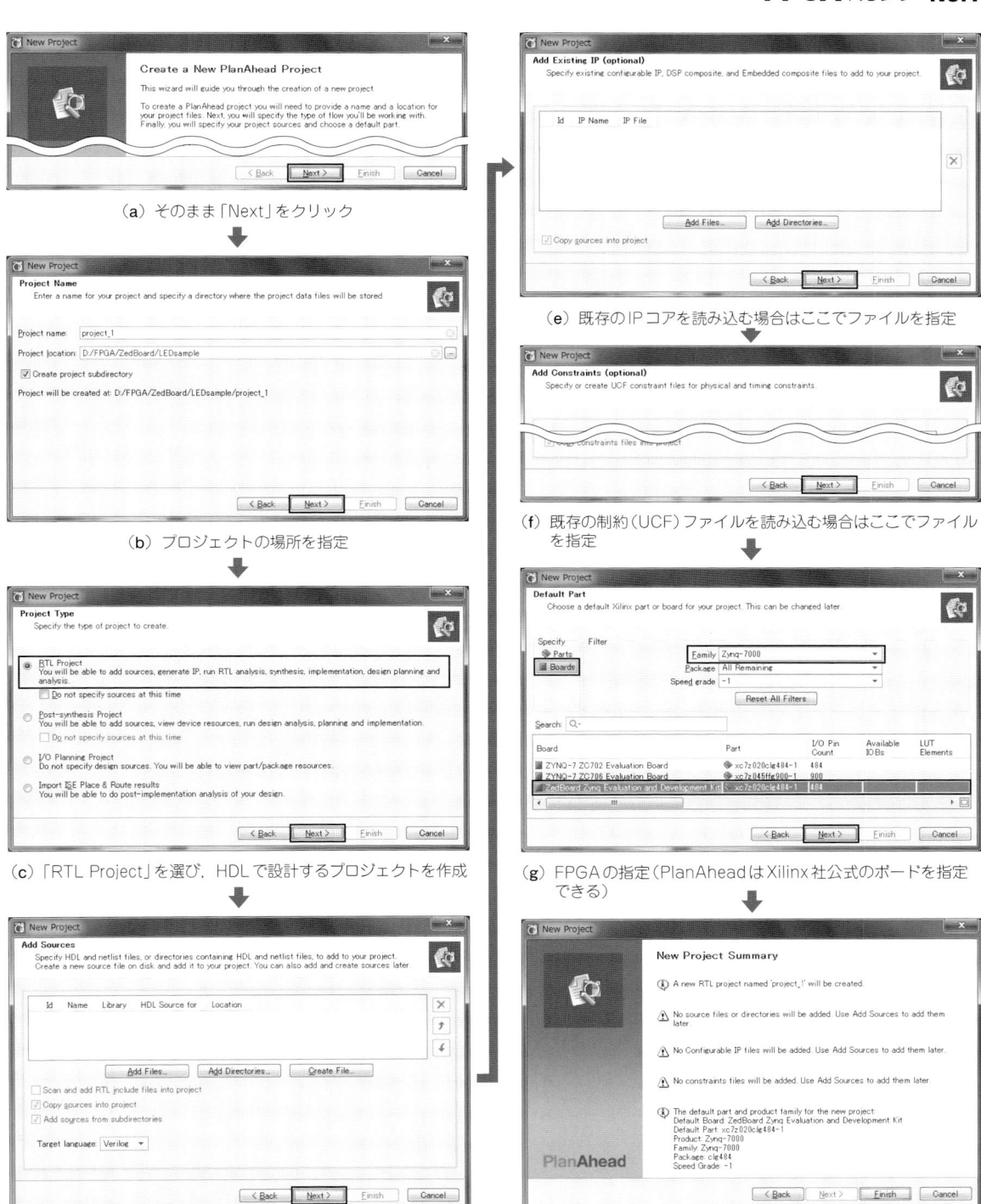

(a) そのまま「Next」をクリック

(b) プロジェクトの場所を指定

(c) 「RTL Project」を選び，HDLで設計するプロジェクトを作成

(d) 既存HDLソースを読み込む場合はここでファイルを指定

(e) 既存のIPコアを読み込む場合はここでファイルを指定

(f) 既存の制約（UCF）ファイルを読み込む場合はここでファイルを指定

(g) FPGAの指定（PlanAheadはXilinx社公式のボードを指定できる）

(h) 全ての確認

図2　新規プロジェクトの作成手順

　次に，既存のソースを読み込むか聞いてくるので，そのまま何も読み込まずに「Next」をクリックしてスキップしてください[**図2(d)**]．今回はPlanAheadの機能を確認しながら作業を行うので，同様にIPコアと制約（UCF）ファイルの読み込みもスキップしてください[**図2(e)**，**図2(f)**]．

図3 PlanAheadのメイン画面

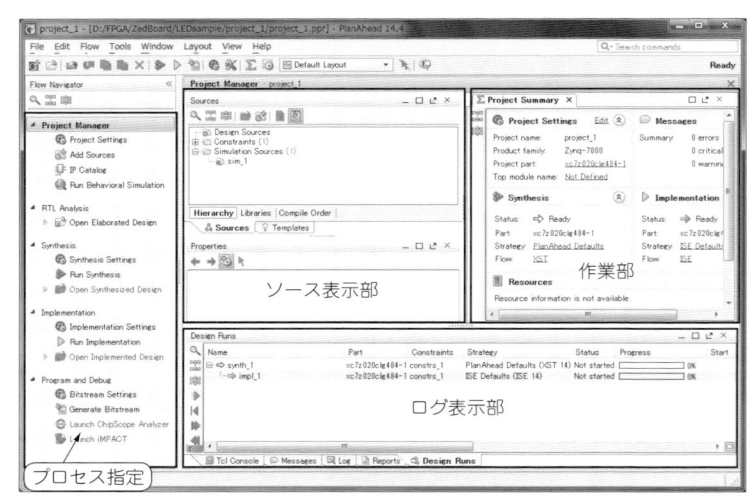

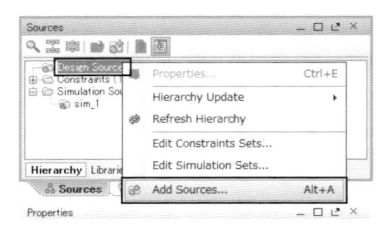

図4 新規ソースをプロジェクトに追加する

次にFPGAの指定をするのですが，全てのFPGAから選択するのは大変です．PlanAheadはXilinx社公式のボードから指定することができ，「Specify」から「Boards」を選ぶことで，ZedBoardも選択することができます[**図2(g)**]．最後にプロジェクトの確認をします[**図2(h)**]．

● PlanAheadメイン画面

PlanAheadのメイン画面が**図3**のように表示されます．ISEとはがらりと変わったのが分かると思います．「ソース表示部」はソースを表示するのですが，ISEとは異なり，シミュレーション関連のソースを含めて，全てのソースがツリー上に表示できます．また，複数の制約（UCF）ファイルを同時に表示し，切り替えることもできます．「ログ表示部」は合成後のログを見るために使います．「作業部」はHDLエディタやCORE Generatorを表示させ，ユーザが作業を行う部分です．「プロセス指定」ではRTLからFPGAコンフィグレーション・ファイル（bitファイル）の生成までをオプション指定・実行することができます．ソース表示部と同じく，シミュレーションと合成が同一ウインドウに表示されます．ISEとは異なり，合成とシミュレーションでウインドウを切り替える必要はありません．

このように，ISEとPlanAheadの大きな違いは，PlanAheadでは全ての作業を同一ウインドウで行う，すなわちPlanAheadが作業を一括管理するという点ではないでしょうか．

● 新規ソースをプロジェクトに追加する

では，プロジェクトにHDLファイルを新規に作成してみましょう．「ソース表示部」の「Design Sources」を右クリックし，「Add Sources」を選択します（**図4**）．すると追加するファイルの種類を聞いてくるので，「Add or Create Design Sources」を選択します[**図5(a)**]．RTLファイルやシミュレーション用のファイルも読み込みや作成も，このメニューでできます．図5(b)～図5(e)に示した手順に従ってHDLソースを追加してください．

● HDLソースの入力

設定が終わると，ソース表示部にVerilog HDLソースが追加されています．追加されたUserLEDs_topをダブルクリックして，作業部にVerilog HDLソースを表示させてください[**図6(a)**]．

入出力信号名などが記述されたひな型が作成されているので，あとは実際の処理内容を記述します．今回は，スイッチ入力をそのままLED出力につなぎます．HDLの記述が終わったら，左上の保存ボタンを押してHDLソースを保存してください[**図6(b)**]．

● 制約（UCF）ファイルの記述

次に入力信号のピン番号を指定する必要があります．そこで「ソース表示部」の「Constraints」を右クリックし，「Add Sources」を選択します（**図7**）．

すると**図8(a)**の画面が表示されるので「Add or Create Constraints」を選択して，「Next」をクリックします．今回は新規に作成するので「Create File」を選択し，ファイル名を「UserLEDs_top」とします[**図8(c)**]．すると，**図8(b)**の画面に先ほど作成したUserLEDs_top.ucfが追加されているので，「Finish」をクリックします．

すると，**図9**のように作成したUCFファイルがプロジェクトに追加されたのが分かります．次にこの「UserLEDs_top.ucf」をダブルクリックすると作業部にエディタが起動するので，入出力信号のピン番号とI/Oモードを記述します（**図10**）．

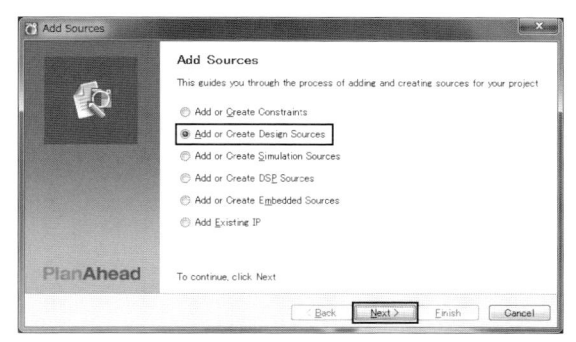

(a)「Add or Create Design Sources」を選択

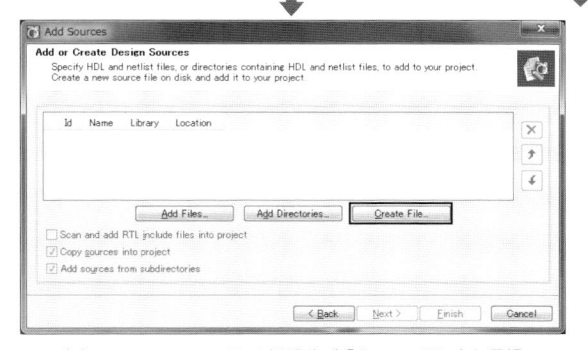

(b) ソース・ファイルの新規作成「Create File」を選択

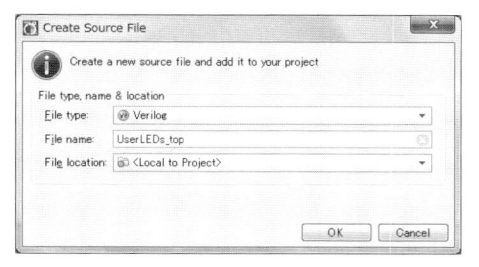

図5 新規ソースのプロジェクト追加手順

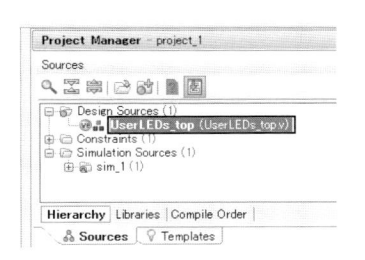

(c) HDLの選択とトップ・モジュール名「UserLEDs_top」を設定 今回はVerilogを選択

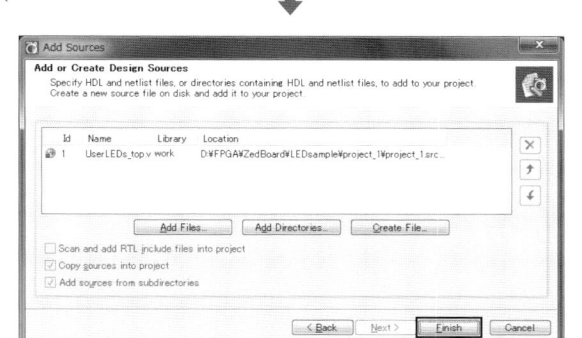

(d) ファイル名と場所の指定が終わったので「Finish」

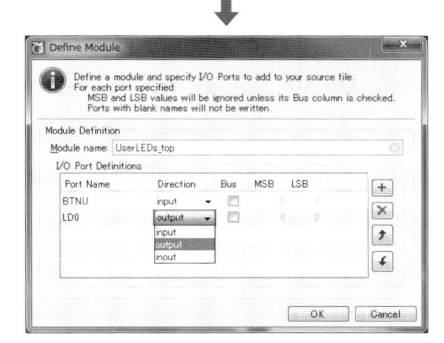

(e) 作成したVerilog HDLファイルの入出力信号の設定

(a) 追加されたUserLEDs_topをダブルクリック

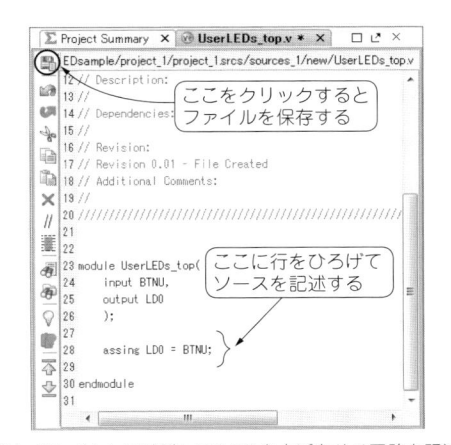

(b) 押しボタンに連動してLEDを点滅させる回路を記述

図6 HDLソースの入力

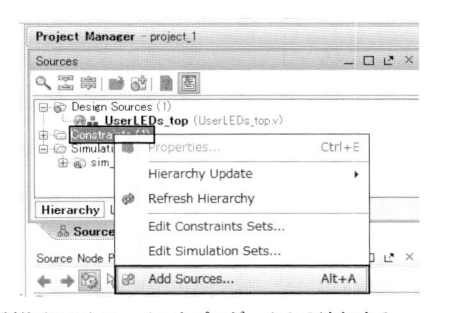

図7 制約(UCF)ファイルをプロジェクトの追加する

2. ZedBoard上のLEDと押しボタンを使ってみる 79

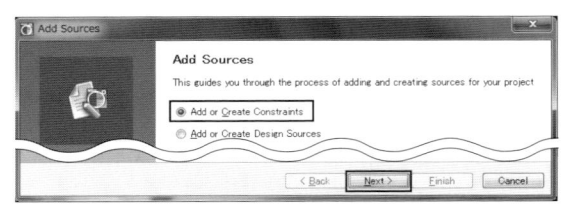

(a)「Add or Create Constraints」を選択

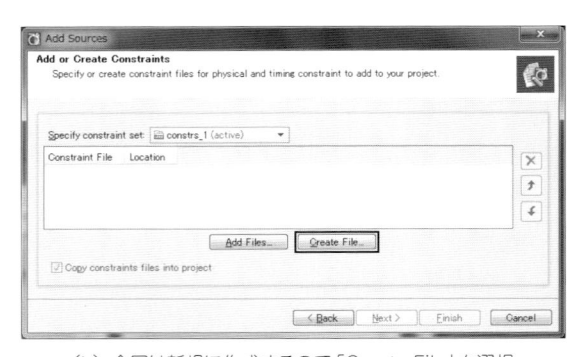

(b) 今回は新規に作成するので「Create File」を選択

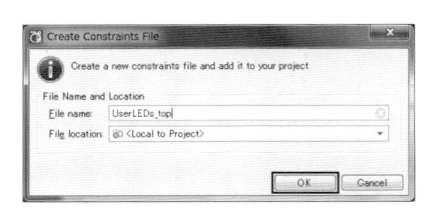

(c) ファイル名「UserLEDs_top」を入力

図8　制約（UCF）ファイルのプロジェクト追加手順

● 論理合成から配置配線まで

全てのソースが読み込まれたので，論理合成と配置配線を一気に実行してみましょう．プロセス表示部（**図11**）から，「Generate Bitstream」をクリックします．論理合成や配置配線にはしばらく時間がかかります．エラーがあれば論理合成または配置配線の各段階で終了します．

しばらくすると，**図12**のようなダイアログが表示されます．ここまでくればエラーなくFPGAコンフィグレーション・ファイルが作成されています．

● 実機による動作確認

次にZedBoardのジャンパを次のように設定にして起動してください．

- JP7，JP8，JP11：GND
- JP9，JP10：3.3V

準備ができたら，**図12**のようにiMPACTを選択して起動します．iMPACT自体は以前のバージョンと同じ要領で操作できます．Zynqデバイスは内部にARMコアとFPGAを内蔵しているので，JTAGチェインを見ると**図13**のように二つのデバイスが見えます．左のZynq7000_arm_dapはARMプロセッサで，右のXc7z020がFPGAです．こちらを選択して右クリックし，「Program」を選択して，bitファイルをダウンロードしてください．

ダウンロードが終わればFPGAが動作しはじめます．**写真2**に示すように，ボタンを押すとLEDが点灯するはずです．

3. ZedBoard上のOLEDを制御する

次はZedBoard上にあるOLEDを制御して「FPGAマガジン」のロゴを表示させる回路を設計してみま

図9　作成したUCFファイルがプロジェクトに追加される

図10　UCFファイルの入力

クリックするとファイルを保存する

図12　iMPACTを起動するか聞いてくる

◀**図11**
プロセス表示部
ISEとは大きく異なり，全ての作業がここで指定できるようになった．

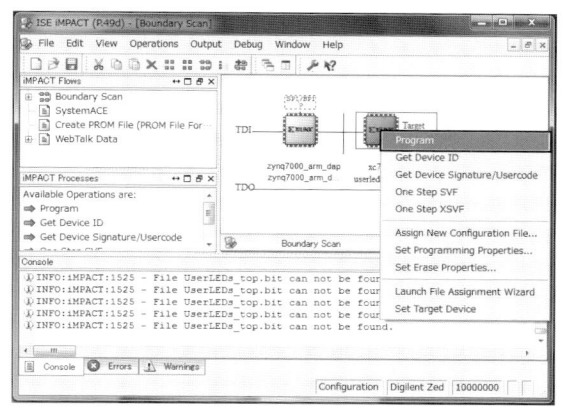

図13 iMPACTの画面

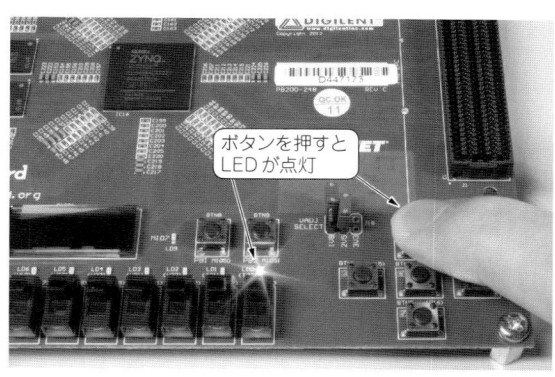

写真2 押しボタン(上ボタン)に連動してLEDが点灯する

しょう.先ほどのLED点灯制御は非常に簡単な例だったので,HDLソースやUCFファイルを手動入力しましたが,今回はあらかじめ筆者が作成したHDLソースとUCFファイルを公開するので,それをプロジェクトに追加するという方法を採ります.

● OLEDの制御方法

ZedBoardに搭載されている有機EL(OLED)の表示部の仕様を図14(a)に示します.縦4文字×横16文字を表示させることができ,各文字は8ドット×8ドットで構成されています.各文字は左上から右下に向けて転送しますが,1文字分のデータは左下から右上に向かって転送しなければなりません.

OLEDとFPGAの接続を図14(b)に,シリアル通信のタイミングを図14(c)に示します.OLEDとは3.125MHzのクロックに同期した8ビット単位のシリアル通信を行います.クロックの立ち上がりでデータを取り込むので,クロックの立ち下がり時にデータを出力します.シリアル・データは上位ビットから転送します.

図15にOLEDの初期化シーケンスを示します.配布したVerilog HDLのコードは図15に示した初期化シーケンスを実行後,ROMモジュールに格納した

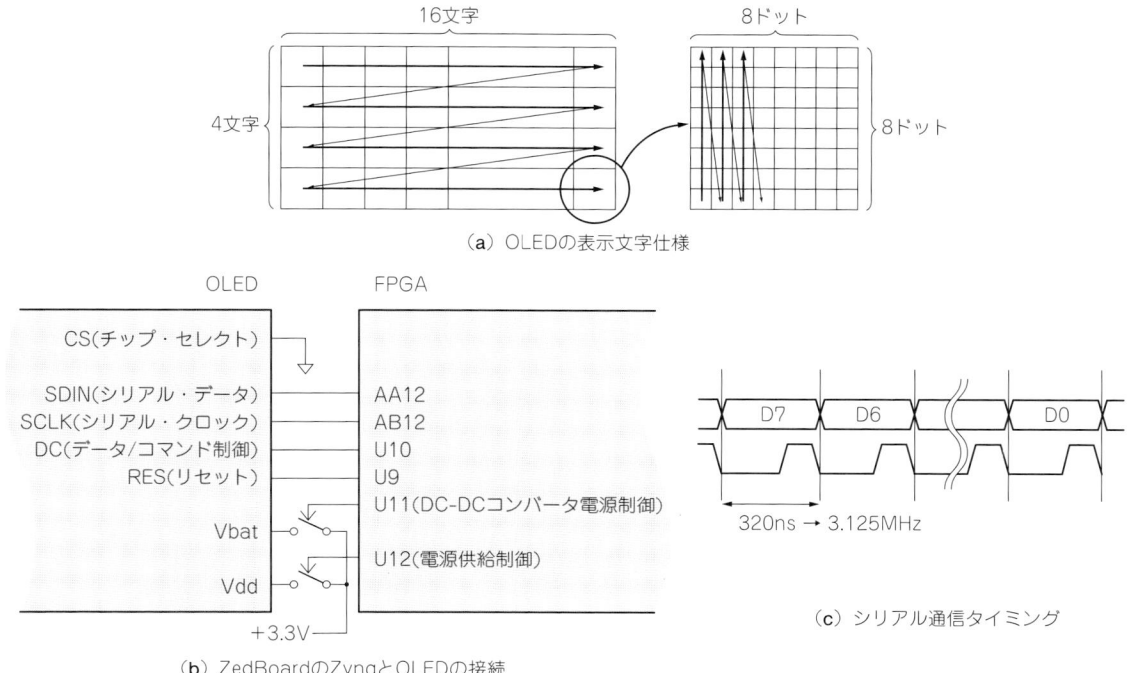

(a) OLEDの表示文字仕様

(b) ZedBoardのZynqとOLEDの接続

(c) シリアル通信タイミング

図14 OLEDの仕様

3. ZedBoard上のOLEDを制御する

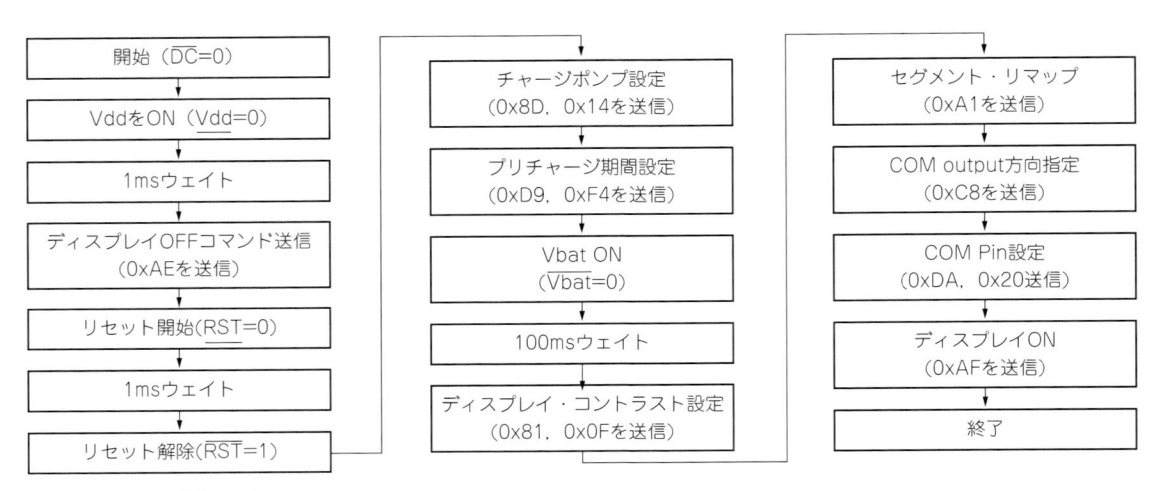

図15 OLEDの初期化シーケンス

- 開始（$\overline{DC}=0$）
- VddをON（$\overline{Vdd}=0$）
- 1msウェイト
- ディスプレイOFFコマンド送信（0xAEを送信）
- リセット開始（$\overline{RST}=0$）
- 1msウェイト
- リセット解除（$\overline{RST}=1$）
- チャージポンプ設定（0x8D, 0x14を送信）
- プリチャージ期間設定（0xD9, 0xF4を送信）
- Vbat ON（$\overline{Vbat}=0$）
- 100msウェイト
- ディスプレイ・コントラスト設定（0x81, 0x0Fを送信）
- セグメント・リマップ（0xA1を送信）
- COM output方向指定（0xC8を送信）
- COM Pin設定（0xDA, 0x20送信）
- ディスプレイON（0xAFを送信）
- 終了

ビット・データを読み込み，OLEDに転送します．表示データを格納するROMモジュールは，後述する方法でIPコアとして生成します．

● 既存ソースの読み込み追加

PlanAheadを起動して新規にプロジェクトを作成します．プロジェクトの作成手順は，先ほどの図1～図2（c）まで同じです．異なるのは図2（d）の画面で，「Add Files...」をクリックして，本誌ダウンロード・ページから入手したOLED制御サンプルHDLソース（`Delay.v`, `OledEX.v`, `OledInit.v`, `PmodOLEDCtrl.v`, `SpiCtrl.v`）を読み込んでください［図16（a）］．「Next」をクリックしてIPコアの追加の画面が表示されますが，ここはそのまま「Next」をクリックしてください．次のAdd Constraintsでは同様に既存UCFファイルを読み込みます［図16（b）］．

以降の操作は図2（g）以降と同じです．

(a) HDLソース群

(b) UCFファイル

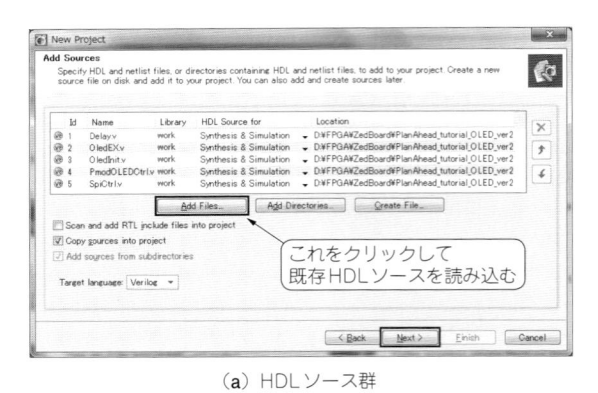

図16 既存ソースの読み込み追加

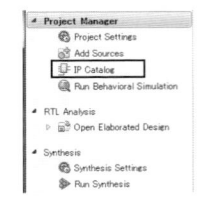

(a) CORE Generatorの起動は「IP Catalog」

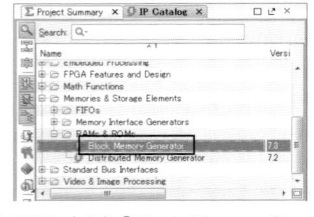

(b) 「RAMs & ROMs」から「Block Memory Generator」を選択

図17 IP Catalog（CORE Generator）の起動

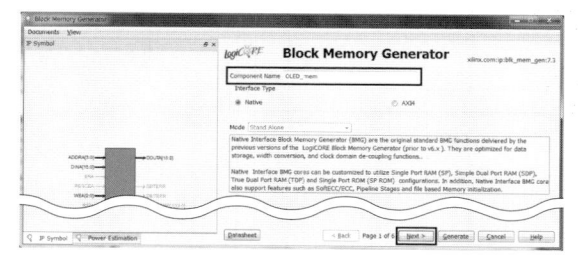

(a)「Component Name」を「OLED_mem」

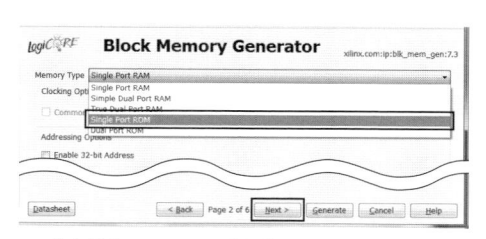

(b)「Memory Type」を「Single Port ROM」

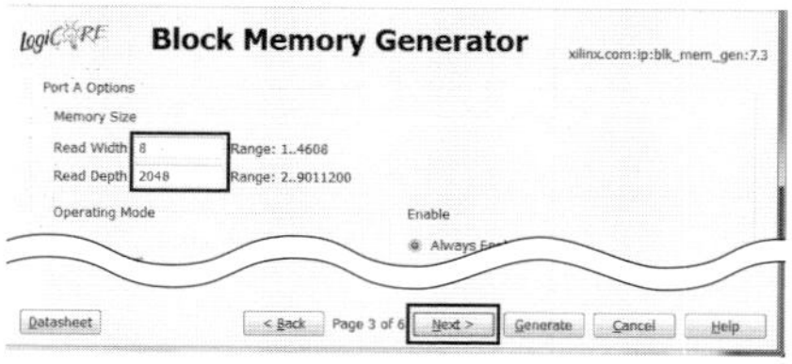

(c)「Read Width」を8,「Read Depth」を2048

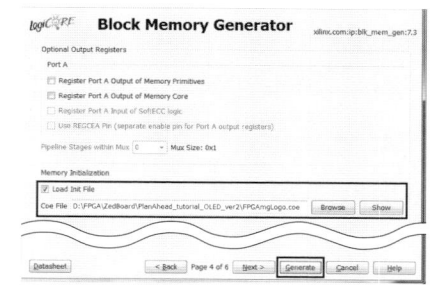

(d) メモリの初期値を定義したCOEファイルを指定

図18 Block Memory Generatorの設定

● ROMモジュールの作成

次に，OLEDに表示させるデータを格納するためのROMモジュールを作成します．ISEではCORE Generatorを起動していましたが，PlanAheadでは「IP Catalog」と呼ぶようです．「プロセス指定」から「IP Catalog」を選択すると［図17(a)］，「作業部」にIP Catalogが表示されます．図17(b)のように「RAMs & ROMs」から「Block Memory Generator」を選択するとBRAMの設定画面が起動します[注]．

まず図18(a)の画面では「Component Name」に「OLED_mem」を指定し「Next」を，図18(b)の画面では「Memory Type」に「Single Port ROM」を指定し「Next」を，図18(c)の画面では「Read Width」を8に，「Read Depth」を2048に指定し「Next」を，そして図18(d)の画面ではダウンロードしたCOEファイル（FPGAmgLogo.coe）を指定して「Generate」をクリックします．

以上でOLEDに表示する文字データを格納したROMモジュールが生成されました．

● 論理合成から実機による動作確認

後は図11と同様に「Generate Bitstream」をクリックして，bitファイルを作成します．

ダウンロード手順は先ほどと同じです．ダウンロードが完了したら十字に並んだ押しボタンの真ん中のBTNCを押してリセットをかけてください．**写真3**に

注：CORE Generatorが起動しない場合は，下記のアンサー情報を参照のこと．
http://japan.xilinx.com/support/answers/53695.htm

写真3 OLEDに文字が表示されれば成功

示すように"FPGAマガジン"のロゴがOLEDに表示されます．

　　　　　*　　　*

ZedBoard上のOLED制御回路の設計を通して，PlanAheadの変更点を確認しました．まだまだ使いこなしているとは言えませんが，新しいツールへ移行する後押しになれば幸いです．

◆参考文献◆
(1) DIGILENT：PmodOLED Organic LED Graphic Display．
http://www.digilentinc.com/Products/Detail.cfm?Prod=PMOD-OLED

なかはら・ひろき　鹿児島大学

定番&最新FPGAの研究 ～Altera編～
歴代デバイスの変遷と最新デバイスのラインナップ紹介

浅井 剛 Takeshi Asai

Cyclone, Arria, Statixの3シリーズ

FPGA業界の2強の一つがAltera社です．同社は世界初のプログラマブル・デバイス・ベンダであり，製品ラインナップも豊富です．Altera社製デバイスを初めて使う人向けに，ここでは同社から発売されているプログラマブル・デバイスのリリース変遷や，現在主力のFPGAおよびCPLDシリーズの特徴，そして開発ツールについて概要を解説します．

1. Altera社製FPGA/CPLDの歴史

● Altera社は世界初のプログラマブル・デバイス・ベンダ

Altera社は1983年に世界初のプログラマブル・デバイスを開発し，現在に至っているデバイス・ベンダです．

図1はAltera社のWebページに掲載されている情報から，1995年以降にリリースされた主な製品シリーズを，時間軸に沿ってその製造プロセスとともにまとめたものです．図中グレー表示されているのは，Webページのデバイスのトップページ（http://www.altera.co.jp/devices/dvcs-index.html）には掲載されていない製品シリーズですが，これら全てがディスコンになっているわけではありません．詳細はデバイスごとのステータスを確認してください．

● 1990年代頃

1995年の頃，FPGAはFLEX，CPLDはMAXという二つのシリーズでした．MAXシリーズがISP（In System Programmability）をサポートし始め，デバイスへの書き込みが専用治具からダウンロード・ケーブルで行えるようになったのがちょうどこの頃です．コンフィグレーション・データのアップデートが部品の載せ替えなしに可能となり，ハードウェア設計者にとって大変便利になったという記憶があります．

この当時，ファブレス企業であるFPGAベンダは，安定した（俗にいう"枯れた"）製造ラインを持つ半導体製造メーカに委託していたため，1～2世代古い製造プロセスであることが多く，特にFPGAで高速動作を望むのは厳しいものがありました．またFPGA

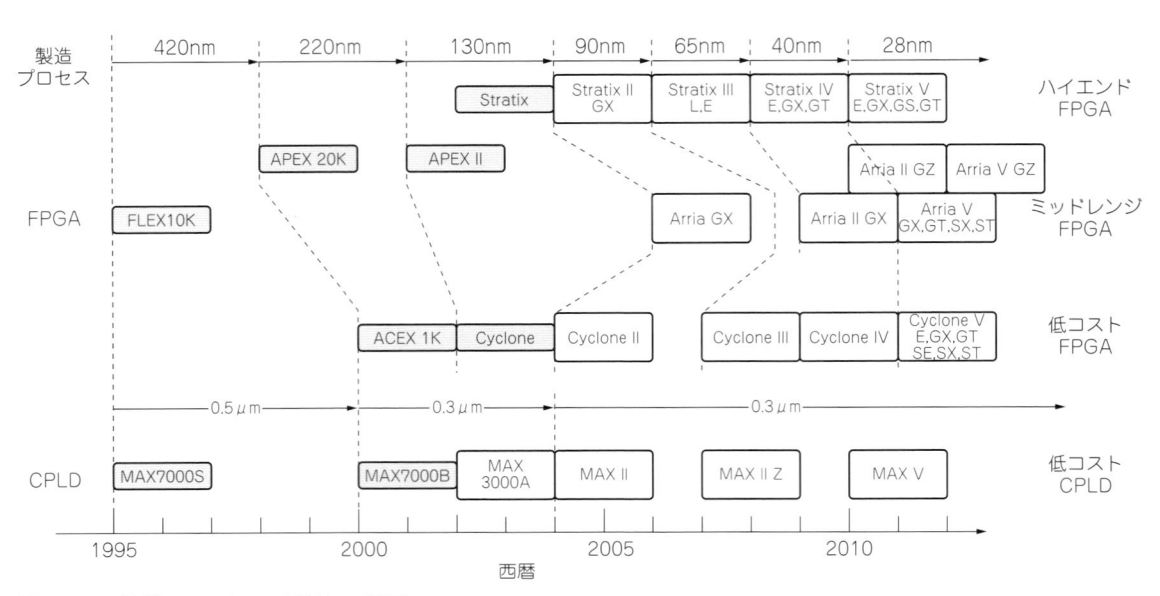

図1 Altera社製FPGA/CPLDのリリース変遷
主だったデバイス・シリーズのみを掲載．

表1 FPGAとCPLDの違い

	FPGA	CPLD
論理機能の実現手法	LUT	プロダクト・ターム，LUT
プログラミング素子	揮発性（SRAM）	不揮発性（EEPROM, フラッシュ）
コンフィグレーション情報の格納場所	外付けのコンフィグレーションROM	チップ内
集積度	中規模～大規模	小規模～中規模
用　途	データ処理系 複雑な制御系	グルー・ロジック 簡単な制御系

はデバイスも高価だったため，開発試作段階では使われても，最終製品にはゲートアレイを搭載するのが主流でした．

● 1990年から2000年頃

しかし1990年代の終わり頃より，製造プロセス微細化によって集積度が高まるにつれ，ゲートアレイの開発費の高騰化とミニマム・オーダ数の増加傾向が顕著となり，トータルコストを考慮して最終製品にもFPGAを搭載しようという機運が高まり始めます．それに応えるようにAltera社は，FLEXシリーズだけだったFPGAを，大規模化したAPEXと量産向けに低価格をうたったACEXという2シリーズ化し，その流れは現在でもStratixとCycloneへ引き継がれています．さらに2006年からはギガビットの高速シリアル通信機能ベースのアプリケーション向けにArriaシリーズをミッドレンジとして追加し，現在FPGAは3シリーズで展開されています．

またディープ・サブミクロン（100nm未満）あたりから，FPGAベンダが最先端の製造プロセスを積極的に採用するようになりました．製造プロセスの更新が2年周期になっていることからもそれが読み取れます．今ではシリコン・ファウンダリと共同してプロセス開発をするまでになっています．

なおCPLDは，不揮発性素子（EEPROMやフラッシュ）を内蔵するため微細化が難しく，最先端でも40nmあたりです．さらにデバイス単価が安く利益が少ないCPLDへの投資は積極的ではない（ように見える）ため，数世代前の製造プロセスを採用しています．

2. FPGAとCPLDの違い

● FPGAとCPLDの違い

そもそもFPGAとCPLDは何が違うのでしょうか．その昔FPGAという名称はアーキテクチャの基本特許（Freeman特許とCarter特許）を持つXilinx社だけが使用しており，同じLUT（Look-up Table）ベースのアーキテクチャでも他社は別な呼び方をしていた（Altera社はPLD）時代もありました．しかし現在ではデバイスを分類する用語として全てのベンダが使用するようになったため，このタイトルで話を進められ

るわけです．表1にFPGAとCPLDの違いを示します．

FPGAとCPLDの大きな違いは，プログラミング素子，コンフィグレーション情報の格納場所そして集積度でしょうか．FPGAはSRAMベースのアーキテクチャであるため，トランジスタ・レベルの回路を集積化しやすく大規模な論理も実現可能です．しかし揮発性であるため電源投入時点でコンフィグレーションが必要で，論理規模の大きさからそのコンフィグレーション情報は外付けのコンフィグレーションROMから行います．

一方CPLDは不揮発性でコンフィグレーション情報はチップ内に保存されています．またLUT方式でも論理規模がFPGAと比較して小さいためコンフィグレーション時間が短く，ユーザはコンフィグレーション時間を意識せずに使用することができます（インスタント・オンと呼ばれている）．

● LUT方式

LUT方式とは，真理値表を少量のSRAM節に保持して組み合わせ回路を実現するものです．k入力の場合，表現可能な論理数は2^m（mは2^kで，k=2なら16通り，k=4なら65536通り）となります．図2にLUTの機能図を示します．ユーザが設計した論理を実現するために必要な論理データを，コンフィグレーション時にSRAMのデータとして書き込むことで，LUTが組み合わせ回路として機能します．

● プロダクト・ターム方式

組み合わせ回路の論理式は，全て論理積（AND）で作った項を論理和（OR）で結んだ主加法標準形で表現することができます．プロダクト・ターム方式とはANDアレイとORアレイを組み合わせその一方もしくは双方をプログラマブルにしたものです．図3のAND/OR双方のアレイをプログラマブルにした例を示します．

3. Altera社のFPGAシリーズ

● ハイエンドFPGA Stratix Vシリーズ

図4にAltera社のハイエンドFPGAであるStratix Vシリーズに採用されているALM（Adaptive Logic Module）のブロック図を示します．ALMとはロジック

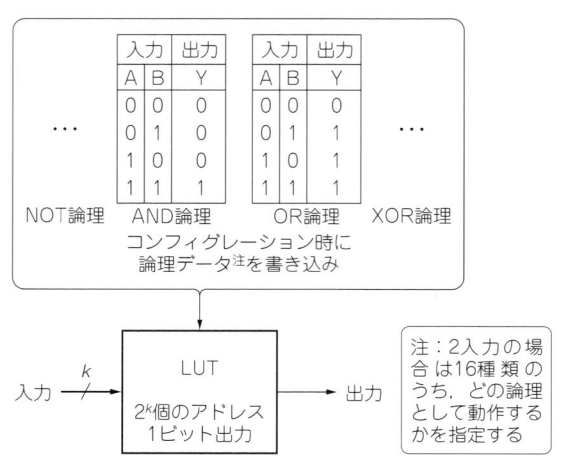

図2 LUTの機能図

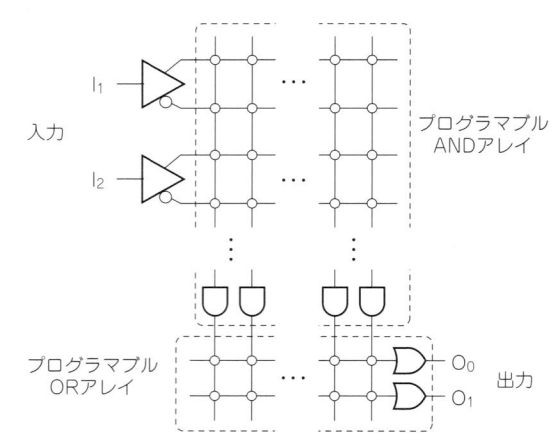

図3 プロダクト・ターム(AND-ORアレイ)の例
AND/ORそれぞれのアレイにある○の部分を接続することで論理式を構成できる．

の基本ブロックの名称です．各ALMには，2個の6入力LUT，2個の全加算器，および4個のレジスタを中心に構成されています．2個のLUTは組み合わせが可能で，図5に示すように最大8本の入力によりを使いさまざまなファンクションの組み合わせをサポートしています．

● 3シリーズあるFPGAファミリ

表2～表4にAltera社製最新型FPGAシリーズのラインナップを示します．一つのシリーズで3～4種類のファミリ・タイプがあり，さらにARMベースHPS（Hard Processor System）も加えると4～6種類となります．トランシーバ性能に違いがあるので，使用したいアプリケーションに仕様が合致するデバイスを選ぶ必要があります．

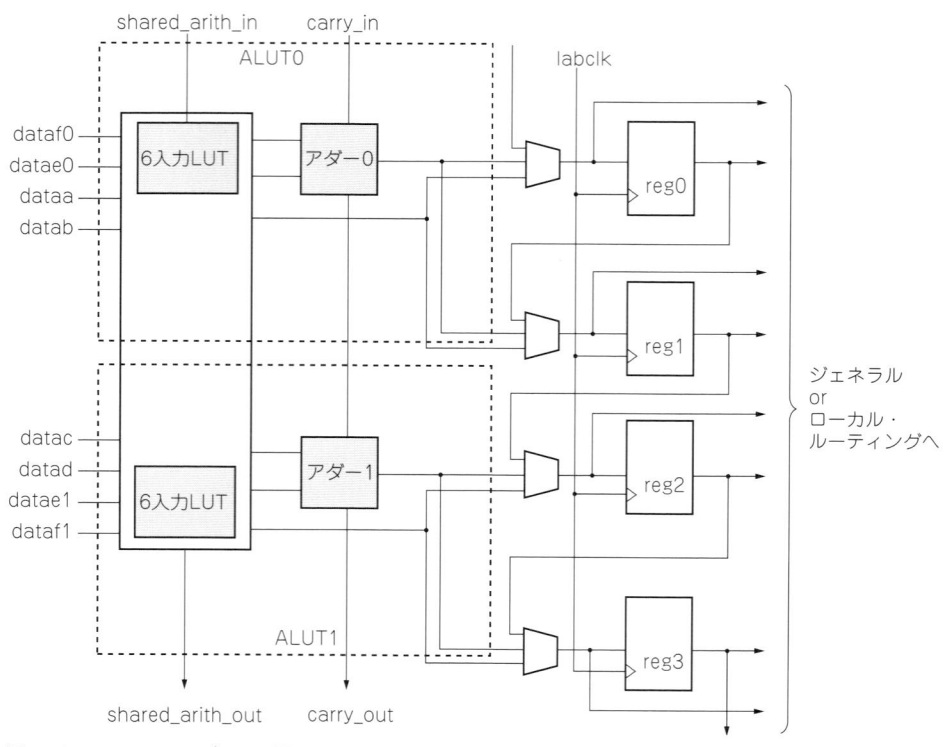

図4 Stratix V ALMのブロック図

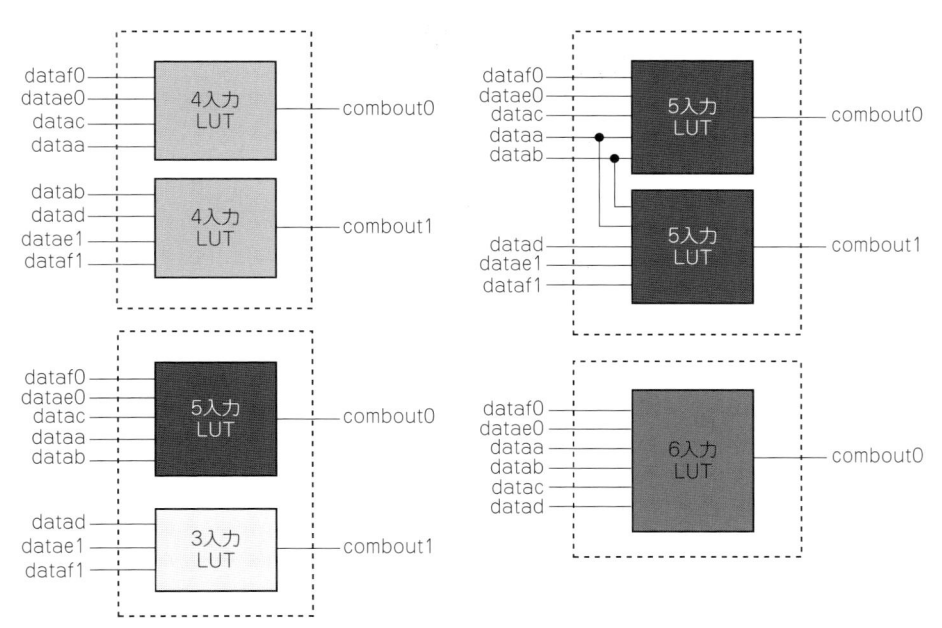

図5 Stratix V ノーマル・モードの ALM の組み合わせ例
これ以外に 5-4，6-6，4-3，3-3，2-5，5-2 の組み合わせもある．

4. Altera社のCPLDシリーズ

● MAX3000A ファミリ

CPLDの方はFPGAと異なり1シリーズ=1ファミリです．**表5**にMAX3000Aファミリのラインナップを示します．

MAX3000Aファミリはプロダクト・ターム・ベースのCPLDで，5入力のプロダクト・タームを構成しています．プロダクト・タームの出力は，反転制御のXORを経由して，レジスタ経由もしくはスルー出力を経てピンもしくは内部信号として利用されます．

またMAX3000Aファミリは，16個のマクロ・セルをまとめたLAB(Logic Array Block)があり，このブロック内の専用パスを使うことで，マクロセルを多段で使用する際の遅延時間の短縮が可能です．

表3 Arria V シリーズのファミリ・タイプ

タイプ	説　明
GZ	最大36個の12.5Gbpsバックプレーン対応トランシーバを内蔵し，業界最高の帯域幅性能を実現
GT	最大20個のSFF8431準拠10.3125bpsトランシーバを必要とするアプリケーションに最適で，低消費電力
GX	最大32個の6.5536Gbpsバックプレーン対応トランシーバを必要とするアプリケーションに最適で，最も低消費電力
ST	ARMベースHPSおよびSFF8431準拠10.3125Gbpsトランシーバを内蔵したSoC FPGA
SX	ARMベースHPSおよび6.5536Gbpsバックプレーン対応トランシーバを内蔵したSoC FPGA

表2 Stratix V シリーズのファミリ・タイプ

タイプ	説　明
GT	40G/100G/400Gアプリケーションなど，超広帯域幅および超高性能を必要とする28Gbpsトランシーバを使用するアプリケーション向けに最適化
GX	バックプレーンおよびチップ間とチップ・モジュール間を最大14.1Gbpsでサポートするトランシーバ内蔵．高性能，広帯域幅アプリケーションに最適化
GS	バックプレーンおよびチップ間とチップ・モジュール間を最大14.1Gbpsでサポートするトランシーバ内蔵．多数の可変精度ディジタル信号処理(DSP)を必要とする高性能アプリケーションに最適化
E	最高性能のロジック・ファブリックを952Kロジック・エレメント以上集積し，ASICのプロトタイピング用に最適化

表4 Cyclone V シリーズのファミリ・タイプ

タイプ	説　明
GT	業界で，5.0Gbpsトランシーバ・アプリケーションを実現する最も低コスト低消費電力のFPGA
ST	Cyclone V GT FPGAにARM Cortex-A9 MPCoreプロセッサ・システム搭載したFPGA
GX	614M～3.125Gbpsのトランシーバ・アプリケーションの実現に最適化された最小コストと消費電力のFPGA
SX	Cyclone V GX FPGAにARM Cortex-A9 MPCoreプロセッサ・システム搭載したFPGA
E	ロジックとDSP多様の広範囲なアプリケーションを実現できる，最小のシステム・コストと消費電力に最適化されたFPGA
SE	Cyclone V E FPGAにARM Cortex-A9 MPCoreプロセッサ・システム搭載したFPGA

表5 MAX3000Aファミリの概要
実際に使用できるI/O数はパッケージによって異なる.

特 徴	EPM3032A	EPM3064A	EPM3128A	EPM3256A	EPM3512A
ユーザブル・ゲート数	600	1,250	2,500	5,000	10,000
マクロセル数	32	64	128	256	512
最大ユーザI/O数	34	66	96	158	208

表6 MAX V CPLDファミリの概要

特 徴	5M40Z	5M80Z	5M160Z	5M240Z	5M570Z	5M1270Z	5M2210Z
LE数	40	80	160	240	570	1,270	2,210
標準等価マクロセル数	32	64	128	192	440	980	1,700
最大ユーザI/O数	54	79	79	114	159	271	271

● MAX Vファミリ

表6にMAX Vファミリのラインナップを示します. MAX VファミリはLUT方式でコンフィグレーションROMを内蔵したCPLDなので，論理規模がLE数で表されています．等価マクロセル数で比較するとMAX3000Aファミリよりも大規模で最大ユーザI/O数が多いものが提供されています．

図6にMAX Vファミリの論理機能の基本単位であるロジック・エレメントの構成を示します．MAX Vのロジック・エレメントは，4入力LUTをベースにしており，初代のStratixシリーズと似ています．

図7にMAX Vファミリのブロック図を示します．MAX3000Aと同様LABがありますが，こちらは10個のロジック・エレメントを1LABにまとめており，LAB内の専用パスもMAX3000Aとは異なる方式を採用しています．

5. Altera社のARMコア内蔵FPGAシリーズ

● SoC FPGA

デバイス紹介の最後に，SoC FPGAの概要を紹介します．2011年に発表されたSoC FPGAは，800MHzで動作するARM社のCortex-A9 MPCoreのデュアルコアを搭載しており，Arria V (ST，SX) とCyclone

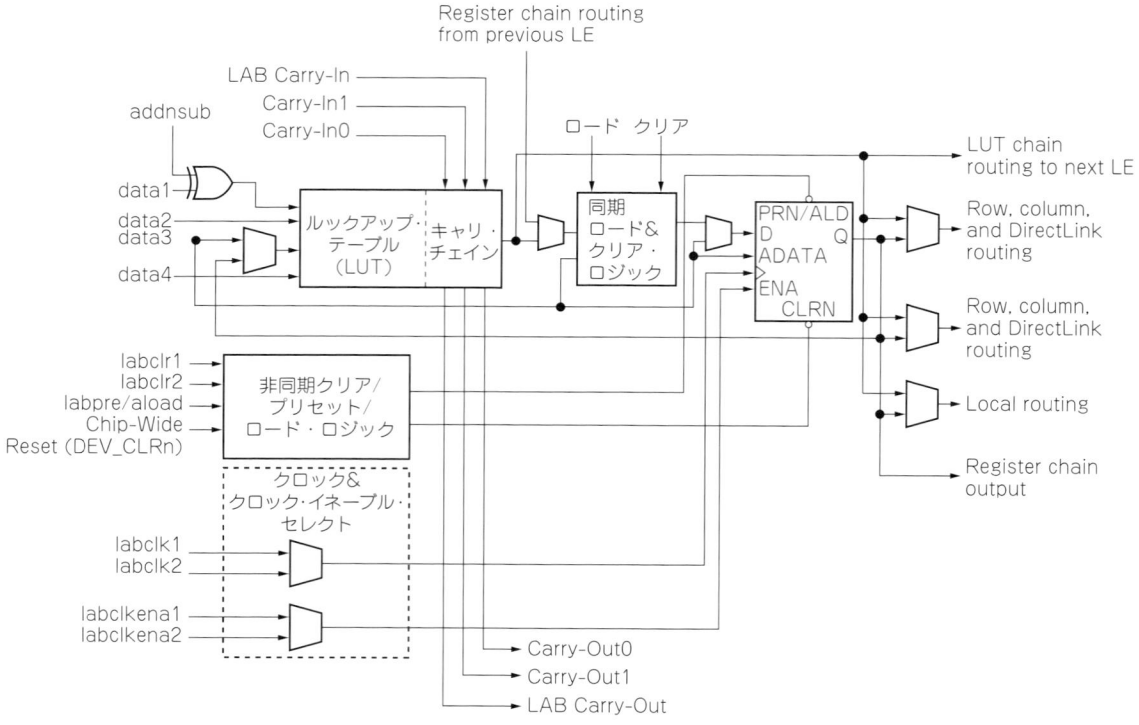

図6 MAX Vのロジック・エレメント

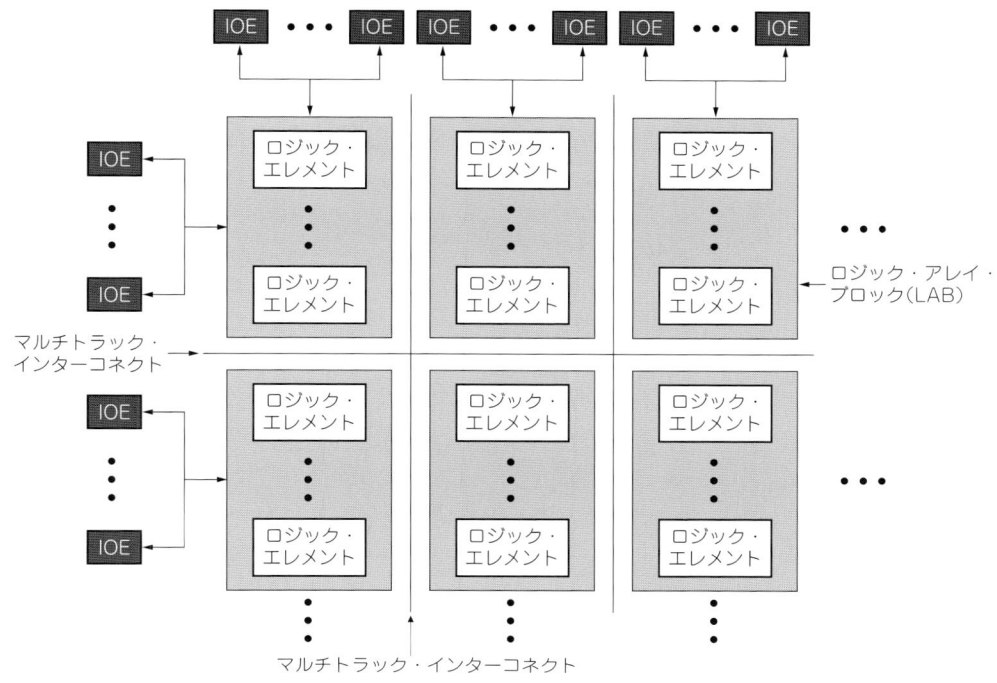

図7 MAX Vのブロック図

V（SE, SX, ST）の2シリーズ発表しています．ハイエンドFPGAのStratixシリーズではなく，ミッドレンジおよび低コスト・シリーズに搭載してきた点は注目に値すると思います．

キャッシュやMMU（Memory Management Unit）を備えたデュアルコアCPUの使用にはOS（Operating System）が不可欠ですし，ソフトウェア・デバッグにもツールのサポートが必須でしょう．筆者の個人的な

コラム　プログラマブル・デバイスの方向性

　小規模なロジック・デバイスとして産声を上げたプログラマブル・デバイスですが，半導体製造プロセスの進化とともに，現在ではCPUやさまざまなハード・マクロIPを組み合わせたプログラマブルなSoCへと変化してきました．確かに論理規模も大きくかつ高速動作が可能となり，ハードウェア設計は大変楽になりました．

　ここで本文冒頭の変遷には論理規模を含めませんでしたが，低コストFPGAのCyclone Vシリーズで論理規模が一番小さいものでも25K等価ロジック・エレメント（LE）です．一方CPLDのMAX Vシリーズの論理規模が一番大きいものは約2.2Kロジック・エレメントで，その間を埋めるデバイスが見当たりません．販売代理店に問い合わせすると「大は小を兼ねるのでCycloneを使ってほしい」と分かりきった回答が返ってきます．しかし半分も使わないことがあらかじめ分かっているのに，そんな大規模なデバイスを購入しなければならないのでしょうか．

　この"すき間"を埋めるものは，大規模化すると極端にデバイス単価が上がるCPLDではなく，もっと小規模なFPGAではないかと筆者は考えます．

　FPGA/CPLDがサポートしない論理規模のゾーンをそのままにしていると，そこを埋める他のデバイスが出てきます．それを放置しておくとFPGAがゲートアレイ市場を浸食していった1990年代後半と同じ現象が，今度は逆の立場で起きるような雰囲気を感じます．

　ミニマム・オーダ1個から使える＝開発資金力が少なくASICは造れないメーカでも使用できるというのが，プログラマブル・デバイスの大きな魅力です．そのようなメーカはコスト意識が強く，必要な論理規模にできるだけ近いデバイスを探し求めています．よって小規模論理をサポートするデバイスも出し続けてほしいと強く願っています．

表7 サブスクリプション・エディションとウェブ・エディションの比較(抜粋)

カテゴリ	機能	ウェブ・エディション	サブスクリプション・エディション
概要	入手方法	ダウンロード,またはDVD	
	サポートOS	Windows:XP(32ビット),7(32ビット) Linux:SUSE Linux Enterprise 11 (32ビット) Red Hat Enterprise Linux 5 (32ビット) CentOS 5 (32ビット) CentOS 6およびREHL 6 (32ビット)	Windows:XP(32/64ビット),7(32/64ビット) Linux:SUSE Linux Enterprise 11 (32/64ビット) Red Hat Enterprise Linux 5 (32/64ビット) CentOS 5 (32/64ビット) CentOS 6およびREHL 6 (32ビット)
デバイスサポート	CPLD	MAXシリーズ:全て	MAXシリーズ:全て
	低コストFPGA	Cyclone V FPGA:全て(最高集積度品除く) Cyclone IV E/GX FPGA:全て Cyclone III/III LS FPGA:全て Cyclone II FPGA:全て Cyclone FPGA:なし	Cyclone V FPGA:全て Cyclone IV E/GX FPGA:全て Cyclone III/III LS FPGA:全て Cyclone II FPGA:全て Cyclone FPGA:全て
	ミッドレンジFPGA	Arria GX FPGA:なし Arria II GX FPGA:EP2AGX45 Arria V GX FPGA:なし	Arria GX FPGA:全て Arria II GX FPGA:全て Arria V GX FPGA:全て
	ハイエンドFPGA	Stratixシリーズ:なし	Stratixシリーズ:全て
	SoC FPGA	なし	Cyclone V SoC FPGA:5C5XFC6D6
	ASIC	HardCopy:なし	HardCopy:全て
デザイン・エントリ	QsysおよびSOPC Builder	Yes	
	回路図,言語サポート	回路図エントリ,Verilog HDL,VHDL,SystemVerilog対応	
デザイン環境	Tclスクリプト,コマンドライン	Yes	
実装/最適化機能	インクリメンタル・コンパイルとチーム・ベースデザイン	No	Yes
	LogicLockインクリメンタル・デザイン機能	No	Yes
	マルチプロセッサ・サポート	No	Yes
	ラピッド・リコンパイル機能	No	Yes
	フィジカル・シンセシス最適化	Yes	

意見ではありますが,もう少し低い性能でよいアプリケーション向けに,ARM Cortex-Mシリーズを搭載したCycloneシリーズが欲しいと思っています.

6. Altera社の開発ツール

Altera社製デバイスの開発ツールはQuartus IIで,有償のサブスクリプション・エディションと,無償のウェブ・エディションがあります.ウェブ・エディションは,
- サポート・デバイスが少ない(Stratix:全シリーズ,SoC FPGA,Arria V GXシリーズなどがサポートなし)
- インクリメンタル・コンパイル,LocigLock,ラピッド・リコンパイルなどの機能がサポートなし
- テクニカル・サポートなし

などの制約がありますが,コンパイルなど基本機能は同一です(表7).

また昔ウェブ・エディションは対応OSがWindowsしかありませんでしたが,最近ではLinuxもサポートしているので,上記制約に影響を受けない方はウェブ・エディションで十分でしょう.

*   *   *

Altera社製FPGAのFPGA/CPLDについて紹介しました.次回以降は実際の使用例と使用上のポイントについて説明していく予定です.

◆参考文献◆
(1) Altera Corporation:Stratix V Device Handbook Volume 1,December 2012
(2) Altera Corporation:MAX3000A Programmable Logic Device Family Data Sheet ver. 3.5,June 2006
(3) Altera Corporation:MAX V Device Handbook,May 2011
(4) Altera Corporation:アルテラQuartusII開発ソフトウェアv12.1 サブスクリプション・エディションとウェブ・エディションの比較,November 2012

あさい・たけし (株)ネクスト・ディメンション

定番&最新FPGAの研究〜Xilinx編〜
デバイスの特徴と開発ツールの概要

丹下 昌彦 Masahiko Tange

最新デバイスはフシリーズ

FPGA業界の2強の一つがXilinx社です．Xilinx社はFPGAを製品化した世界初のベンダであり，製品ラインナップも豊富です．Xilinx社製デバイスに不慣れな人向けに，ここでは同社から発売されているFPGAファミリのラインナップと各シリーズの特徴，そして開発ツールについて概要を解説します．

1. Xilinx社とFPGA

● 世界発のFPGAを開発

Xilinx社は1985年，世界初のFPGA (Field Programmable Gate Array) XC2064を製品化しました（**写真1**）．XC2064は64個の構成可能論理ブロック（CLB）で構成され，それぞれのCLBには3入力ルックアップ・テーブル（LUT）を持っていました．プログラム可能な論理素子をルックアップ・テーブルで実現する方法は，最新のFPGAでも基本的な構成として用いられています．これ以降，プログラマブル・ロジックの世界は急速に発展してきました．

● FPGAの特徴

FPGAにも欠点があります．ASICと比較すると，
- 消費電力が大きい
- 動作速度が遅い
- 単価が高い

などの課題があります．しかしこれらの問題は飛躍的に改善が進み，ASICの欠点である
- 開発費が高い
- 開発期間が長い
- 回路設計の誤りの修正が困難
  （メタル修正や造り直し）

などを上回るメリットがあるため，次第にASICに取って代わるデバイスになりつつあります．

そして現在の同社製FPGAには，基本的な構成可能論理ブロック（CLB）以外にも，信号処理，高速I/O，クロック制御，メモリ・コントローラなどの機能を内蔵し最新のASIC（特定の用途向け専用LSI）に匹敵する集積度と，速度を実現しています．

そして現在の同社製FPGAには，次のような特徴的な機能を備えています．

● DSP＝信号処理ブロック

乗算器は信号処理には必須な機能ですが，これを汎用ロジックで組むと膨大な回路になってしまい，その結果，速度的にも不利となるため，乗算器は専用の機能ブロックとして搭載されています．DSPブロックはこれをさらに発展させ，このブロックだけで加減算・乗算などの演算に加え，積和算などの信号処理機能を実現させることが可能です．これによってフィルタ処理などの演算速度が飛躍的に向上しています．

● トランシーバ＝高速シリアル通信

PCI Expressやシリアル ATA，DVI・HDMIなど現在主流となっているバスやインターフェースは，高速シリアル転送が使われています．これらの高速シリアル・インターフェースを容易に取り扱えるトランシーバを搭載した製品があります．

写真1　世界初のFPGA XC2064（Xilinx社提供）

こうした高速シリアル通信を扱うためには，送信時にはシリアライザ・プリエンファシス，受信時には受信イコライザ・クロック再生のためのPLL・デシリアライザなどの高度な設計技術が要求されますが，FPGAにこれらを内蔵することによりFPGAは信号処理だけではなく入出力処理もチップ上で行うことが可能になりシステムをコンパクト・高性能にすることができます．

● プロセッサ＝ソフトウェア処理

FPGAは原理的にはプログラマブルで，任意のロジックを実現できます．しかし，マン-マシン・インターフェースなど速度をそれほど要求しないが，膨大な遷移処理を含む処理はソフトウェアを使用した方が楽です．これはソフトウェアは機能が増えてもプログラムを搭載するメモリ容量が増えるだけなのに対して，ハードウェア処理はゲート数の増大につながり，メモリの方が圧倒的にコストが安いという理由からです．そのため，処理の一部をソフトウェアで実現する方法を取り入れることで複雑な遷移処理と高速の信号処理性能を併せ持つことが可能になります．

Xilinx社ではソフト・マクロCPUとしてMicroBlazeを，ハード・マクロCPUとしてデュアルコアのARMプロセッサを内蔵したZynqシリーズが用意されています．

● ロジック設計を支えるその他専用ブロック

現在リリースされているほぼ全てのFPGAには，次の機能が搭載されています．

・Block RAM（デュアルポート・メモリ）

18Kビットもしくは36Kビットのデュアルポート・メモリを内蔵しています．複数を組み合わせて任意のサイズのメモリを構成できるほか，二つのポート間で異なるビット幅構成として使用するFIFOとして使用するなど，設計上便利な使い方が可能です．

・クロック・マネージメント

高速のディジタル信号を扱う上では，クロック・スキューやクロック・ジッタが大きな問題となります．Xilinx社製FPGAには，クロック・スキューを補正したクロックの生成や，ジッタの吸収などの処理を行えるクロック・マネージメント機能があります．

クロック・マネージメント機能は，このほかクロックの逓倍，分周，スペクトラム拡散クロックの生成など，高速ディジタル信号を扱う上で便利な機能を持っています．

・SelectIO（高機能I/Oピン機能）

高速ディジタル信号を外部のデバイスなどとやりとるするために必要な多彩な機能がほぼ全てのI/Oピンに備わっています．規格によってはインピーダンス整合などもデバイス内部で行えるので，外付け部品が少なくシンプルな回路設計が可能です．また，DDR（Double Data Rate）動作などのタイミングを容易に使用できる機能も備わっています．

・メモリ・コントローラ

Spartan-6独自の機能ですが，DDR/DDR2/Mobile DDR SDRAMなどのメモリを制御するための機能が専用ブロックとして搭載されています．メモリ制御には複雑で細かいタイミング制御が必要ですが，専用ハードウェアを搭載することにより容易に高速メモリを使用できます．

2. デバイス・セレクション・ガイド

FPGAは数年おきに新製品が発表されています．当然，新しいデバイスの方が性能は向上しており，容量も大きく高速です．しかし，開発しようとしている機器に対して必ずしも最新のFPGAが最良の選択とはいえない場合があります．どのデバイスを使うのが良いのかはいろいろな要素があるため難しく，一概にいえるものではありませんが，ここでは選択時に参考となる，各デバイスの特徴を解説したいと思います．

Xilinx社製FPGAの進化が分かる例の一つに，ロジック・セルの構造があります．図1に示すように，Spartan-3世代では4入力LUTだったものが6入力LUTになり，より複雑なロジックを構成可能になったことが分かります．

● Spartan-3　もはや過去のデバイス

Spartan-3シリーズには，Spartan-3，3E，3A，3AN，3A DSPのように数種類のバリエーションがあります．Spartan-3はすでに一部のデバイスが製造中止を発表しています．そのため，今後新規の設計で使うメ

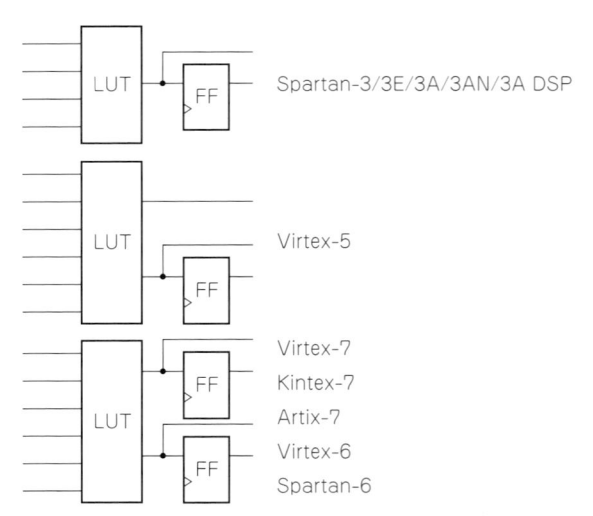

図1　デバイス・アーキテクチャ比較
製品によりロジック・セルの構成が異なるので比較の際は注意が必要．新しいデバイスの方が一つのロジック・セルで複雑な機能を構成できる．

リットはありません．低価格帯のSpartanシリーズでは最初に乗算器を内蔵し，本格的な信号処理が行えるようになったFPGAです．なお，ここに取り上げたFPGAの中ではSpartan-3（E/A/AN/DSPを含む）だけがCLBの構成が4ビット入力となっており，ほかのデバイスと容量などを比較する際には注意が必要です（ほかのFPGAは全て6ビット入力）．

Spartan-3シリーズは90nmプロセスで製造されており，コア電圧は1.2Vです．Spartan-3EはSpartan-3に対してロジック規模を拡大し，信号処理や組み込み機器向けになっています．Spartan-3Aはさらに多様なI/Oに対応したものです．

Spratan-3ANはXilinx社製FPGAの中で唯一，フラッシュROMを内蔵し，SRAMタイプのFPGAでは珍しく，外部のコンフィグレーション用メモリが不要です．コンフィグレーション用メモリを内蔵していることで，セキュリティ性やコピー対策に強いという特徴があります．しかし現在の同社製FPGAでは，安価なSPIフラッシュをコンフィグレーション用に使用できるので，価格や入手性を考えるとSpartan-3Aを使用するメリットはあまりありません．

Spartan-3A DSPは信号処理用の構成になっており，乗算器の代わりにDSPスライスを搭載しています．しかし現在では，全てのSpartan-6でDSPスライスが使用できるので，DSP用途でSpartan-3A DSPを用いるメリットはありません．

● Virtex-5　一通りそろった高性能デバイス

現在では新製品のVirtex-6/7が製品化されているため，徐々に世帯交代が進んでいますが，まだ主流のデバイスです．Xilinx社製FPGAの代表的な機能はほとんどこのデバイスで実現されました．

DSPスライス，PLL，GTP，プロセッサ，Ethernet MAC，システム・モニタなどのほとんどの機能を備えたデバイスがラインアップされています．Virtex-5シリーズは65nmプロセスで製造されており，コア電圧は1.0Vです．

Spartanシリーズに比べ，高機能・高速アプリケーションにも対応できる能力を持っています．設計上の制約も少なく，使いやすい高性能デバイスということができます．

Virtex-5には，LX，LXT，SXT，FXT，TXTのバリエーションがあります．LXは汎用ロジック向け，LXTは汎用ロジックにGTPを内蔵，SXTは信号処理向け，FXTはプロセッサ内蔵，TXTは高性能シリアルI/O内蔵という構成になっています．

FXTだけはほかとは異なり，PowerPCプロセッサを内蔵しており，高性能のソフトウェア処理を行うことができます．後に述べるZynq7000シリーズのARMプロセッサ内蔵が今後の主流になると思われま

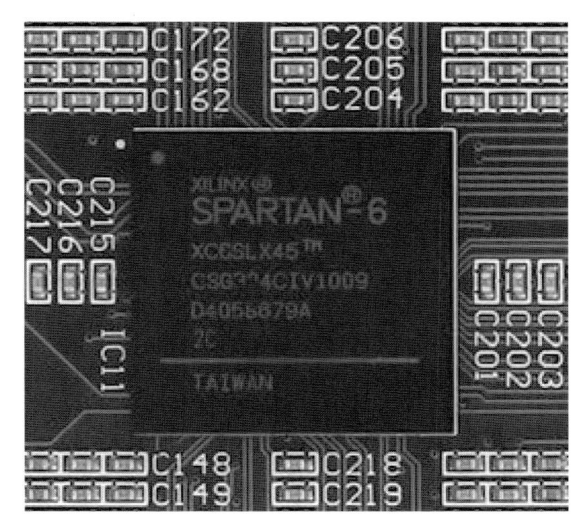

写真2　Spartan-6

すが，PowerPCプロセッサは制御用途の組み込みで多く使われているため，そのソフトウェア資産を生かすことができます．

● Spartan-6　性能・コストなどバランスの取れた使いやすいデバイス

現在Xilinx社製FPGAでは最も多く使われているシリーズです（**写真2**）．参考となる情報も多く，ツール類も枯れているためトラブルが少なく，使いやすいデバイスといえます．機能的には，最新の同社製FPGAの特徴である，DSPスライス，GTPトランシーバなどを持っており（GTPトランシーバはSpartan-6 LXTシリーズのみ）高機能システムの構築が可能です．

Spartan-6シリーズは45nmプロセスで製造されており，コア電圧は1.2Vまたは1.0V（-1Lデバイス：低消費電力版のみ）です．Spartan-6にはLX（汎用ロジック向け）とLXT（GTP内蔵）のバリエーションがあります．

Spartan-6にのみ搭載される機能として，MCB（メモリ・コントローラ）があります（Zynqシリーズもメモリ・コントローラを内蔵しているが，プロセッサ側機能として実装されるため，FPGA単体では使用できない）．ビット単価が安く大容量のメモリとして一般にDRAMが使用されますが，DRAMの制御にはリフレッシュも必要で，タイミング制御も難しく回路の設計は容易ではありません．しかも制御回路の規模は比較的大きく，ロジック消費量も少なくありません．そのため小容量のFPGAではDRAMの使用は困難だったのですが，Spartan-6にはハード・マクロでコントローラ回路を内蔵しています．

MCBを使用することによりDDR/DDR2/DDR3などのメモリを容易に使用できます（DDRではないSDRAM

2．デバイス・セレクション・ガイド

はMCBでは制御できないので注意）．

● Virtex-6　Virtex-5の高性能版

　高性能デバイスであるVirtex-5の後継で，当然ほとんどの機能を持っています．あらゆる面で高機能化されており，高い実力を持っています．

　ただし，このデバイスに限って3.3VのI/Oをサポートしていません．現在FPGAと組み合わせるほかのLSIは3.3Vを前提としているものが未だに数多くあります．そのためレベル・シフタなどが必要な場合があります．

　最近ではI/O電圧を自由に選べるデバイスも増えてきているので，これらを上手く組み合わせ，3.3VのI/O数を最小限にできれば，Virtex-5に比べて高速で消費電力も少ないため使いやすいデバイスということができます．

　なお，このデバイスにはプロセッサを内蔵したラインナップはありません．

● Virtex-7/Kintex-7/Artix-7　最新デバイス

　これら7シリーズFPGAでは，ASMBL（Advanced Silicon Modular Block）と呼ばれる共通のアーキテクチャを用いています．そのため同じ高性能品と低コスト品のデバイス間の設計移行が容易であるというメリットがあります．

- Virtex-7：超高性能ロジックと超高速I/O（最大28Gbps）
- Kintex-7：高性能ロジックと高速I/O
- Artix-7：低コスト量産アプリケーション向け

という位置付けになっています．

　Virtex-6とは異なり，再び3.3VのI/Oが使用可能になりましたが，全ピンが3.3V対応ではありません．7シリーズでは，HR（High Range，1.2 ～ 3.3V），HP（High Performance，1.2 ～ 1.8V）の2種類に分かれているので設計時には注意が必要です．

● Zynq-7000　ARMコア内蔵FPGA

　プロセッサとして最大800MHz動作のARM Coretex-A9 MPCoreを内蔵し，倍精度浮動小数点ユニットやDDRメモリ・コントローラ，USBコントローラなど必要な機能はほとんど内蔵しています．FPGA部分はKintex-7やArtix-7と同じですが，Zynq-7000エクステンシブル・プロセシング・プラットホームとして別の位置付けになっています（**写真3**）．

　Zynq-7000シリーズは現在4種類があり，Z-7010/Z-7020がArtix-7，Z-7030/Z-7045がKintex-7のFPGAに該当します．Z-7010/Z-7020はどちらかというとコストとプロセッサ機能を重視していると思われ，FPGAの規模は小さめです．Z-7030/Z-7045はFPGAの性能も上で，規模も大きくなっています．

3. Xilinx社製FPGA開発ツール

● 開発ツールとFPGA

　FPGAを有効に動かすためには，適切にコンフィグレーション・データを書き込む必要があります．FPGAの内部は，CLBと呼ばれるLUTとフリップフロップからなるブロック，メモリ，演算器およびその間を自由に配線できる配線領域で構成されています．当然これらの数は有限で，いかに効率良くこれらを組み合わせるかで，同じデバイスでも実現できる機能が決まってきます．

　このコンフィグレーションに必要なデータを作成するためのツールが開発ツール（設計ツール，デザイン・ツールなどとも呼ばれる）が，FPGAを使用する上では必要不可欠です．効率良くFPGAを使うためには，必要な機能をどうやって組み立てるかを考えることも重要ですが，その結果をFPGA内部の配線に反映させるための設計ツールによるところも重要です．

　FPGAの内部の配線を全て手で行うことも可能（実際そのようなツールも存在し，デバッグや最終的な調整で使用することもある）ですが，あまりにも効率が悪く現実的ではありません．一般的にはVerilog HDLやVHDLといった言語で記述し，これを論理合成，テクノロジ・マッピング，配置配線という作業を経てコンフィグレーション・データとしてFPGAに書き込みます．

　このほかに，シミュレータと呼ばれる設計検証のためのツールや，コンフィグレーション・データをFPGAに書き込む，もしくはコンフィグレーション・データを格納するためのROMに書き込むツールもそろっています．

　これらのツールは，Xilinx社またはサードパーティからもリリースされています．

● ISE

　ISEはXilinx社が以前からリリースしているFPGA設計ツールです．言語入力や回路図入力などのデザイ

写真3　Zynq-7000

表1 ISEツール機能一覧

エディション	ISE WebPACK	ISE Logic Edition ISE Embedded Edition ISE DSP Edition ISE System Edition
対応デバイス (一部デバイス・CPLDは省略)	Virtex-5 (XC5VLX30/50, XC5VLX20T/50T, XC5VFX30T) Virtex-6 (XC6VLX75T) Virtex-7 (対応なし) Kintex-7 (XC7K70T/160T) Artix-7 (XC7A100T/200T) Zynq (XCZ7010/7020/7030) Spartan-3 (XC3S1500以下のデバイス) Spartan-3E/3A/3AN (全て) Spartan-3A DSP (XC3SD1800A) Spartan-6 (XC6SLX (T) 75以下のデバイス)	すべて
ISE シミュレータ	○ (制限あり)	○
ChipScope Pro	―	○
EDK	Zynq-7010/7020/7030のみ	Logic EditionとDSP Editionは Zynq-7010/7020/7030のみ
SDK	○	○
iMPACT	○	○
System Generator for DSP	―	DSP Edition/System Editionのみ

ン・エントリや論理合成，マップ，配置配線，シミュレーション，デバイス書き込みまで一通りの機能をサポートしています．ISEにはいくつか種類があり，**表1**に示すように使用できる機能に違いがあります．

● ISEシミュレータ

ISEに標準で搭載されるシミュレータで，ビヘイビア・モデル（論理の検証のみでタイミングを無視）からポストルート（配置配線後のタイミングを含む）の検証まで行えます．ナードパーティ製のものにはもっと速度の速いもの（ModelSimなど）がありますが，機能的には十分な機能を持っています．

無償のWebPACKでも使用できますが，テスト・ベンチの記述が50,000行までという制限があります．

● ChipScope Pro

あらかじめ信号名を指定しておくと，FPGA上で動作中のその信号波形で観測することができます．実際に動作している状態なので，ほかのデバイスとやりとりしている信号をそのまま観測でき，インターフェース部分の開発/デバッグには非常に有効です．トリガ機能なども充実しているので，特にインターフェースの誤動作などの解析に効果を発揮します（**図2**）．

実際には，FPGA内部のブロック・メモリに観測したい信号を書き込んでいくことで機能を実現している（ロジック・アナライザを組み込んでいるのと同等）ため，配置配線後のFPGAにある程度の空きがないと使えません．

なおこのツールは基本的には有償ですが，Micro Board（Avnet社）やZedBoard（Digilent社）などのようにデバイス限定のライセンスが添付されている評価ボードもあります．

● EDK (Embedded Development Kit)

FPGAにはプロセッサを内蔵したもの（Virtex-5 FXやZynqなど）があります．また，MicroBlazeを使えば全てのFPGAにプロセッサを組み込むことができます．

これらのプロセッサのペリフェラル（GPIO，UART，I²C，メモリ・コントローラなど）をプロセッサ・バスとともに組み込むツールがEDKです．EDKを使うとCPUバスを意識せずに各ペリフェラルを接続でき，アドレス空間も設定できます（**図3**）．

EDKはほとんどのデバイスでは有償のものでないと使えませんが，例外的に小規模のZynq（7010/7020/7030）は無償のWebPACKで使用可能です．

● SDK (Software Development Kit)

少し前までは，EDKの中にソフトウェアを開発するツールが含まれ，ソース・コードの編集やコンパイル，デバッグまで行えました．しかしISE 13からは，SDKは独立したツールとなりました．SDKは無償なので，ハードウェアを変更する必要のないソフトウェア・エンジニアは，無償のツールで作業できるようになりました．

SDKでは，EDKで作成されたハードウェア情報をもとにドライバ（Board Suppot Package：BSP）を自動的に作成できるので，簡単なアプリケーションを作成するには便利です．ハードウェアを意識せず，ドライバを呼び出すだけでEDKで設定したペリフェラルの操作が可能です．

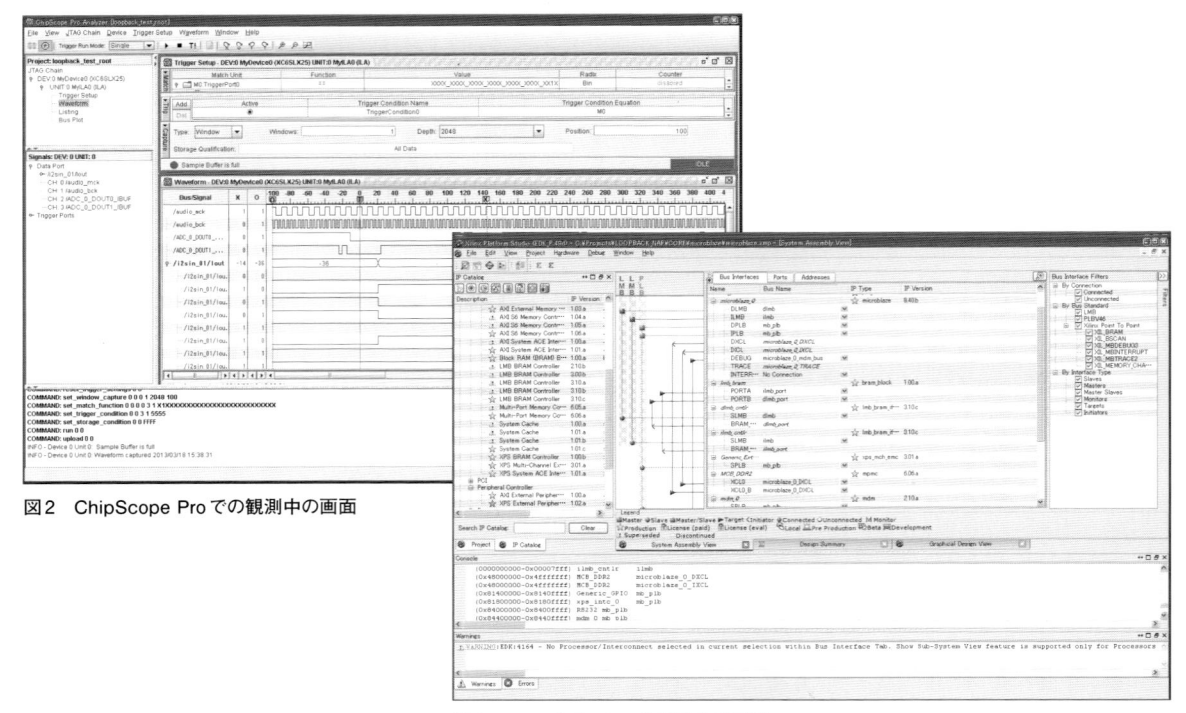

図2　ChipScope Proでの観測中の画面

図3　EDKでプロセッサ設計中の画面

● iMPACT

　iMPACTはFPGAもしくはコンフィグレーション・メモリにコンフィグレーション・データを書き込むためのツールです．iMPACTを使うと，JTAGによるFPGAへの直接書き込みやフラッシュROMへの書き込みや読み出しなどが可能です．

　最近では，SPIフラッシュROMを使用することが多くなりましたが，FPGAに接続されたSPIフラッシュROMにFPGA経由でデータを書き込む機能もあります．

　iMPACTは全てのISEに付属していますが，工場などでROMの書き込み機能だけが欲しい場合には，無償でダウンロードできるLab Toolというものもあります．これには開発用のツールはありませんがコンパクトです．

● CORE Generator

　EthernetやPCIバス・コントローラといった高機能な汎用コントローラから，FIFOやブロックRAMなどの比較的低レベルな汎用単機能モジュールまで，各種コアを生成するツールです．コアごとの各種設定（FIFOならバス幅や深さ）をGUI上で行えます（図4）．

● System Generator for DSP

　信号処理系の設計や検証では，MATLAB/Simulink（MathWorks社）を使用する例が多くなっています．

MATLAB/Simulinkのブロック線図で書かれたアルゴリズムを元に，FPGAのDSP機能を用いたデザインに自動的に生成できるのがSystem Generator for DSPです．

　信号処理設計ではアルゴリズム設計が中心になりますが，FPGAでそのアルゴリズムを実装するには高度なFPGA設計技術が必要です．System Generator for DSPを使用すると設計者はアルゴリズム設計に専念でき，設計効率が飛躍的に向上します．

● PlanAhead

　PlanAheadはもともと，ISEにピン配置やタイミング制約などを与える（制約ファイルを作成する）ツールとして付属していました．現在では，PlanAheadがISEに代わるFPGA設計の統合ツールとしてリリースされています．PlanAheadのバックグラウンドで論理合成や配置配線などを行っているソフトウェアはISEと同じものが使用されています．

● Vivado

　Xilinx社が新しくリリースした開発ツールです．現在のバージョンで対応しているデバイスは7シリーズのみで，これまでのSpartanやVirtex-5/6，Zynqには対応していません．7シリーズ（Zynqを含む）以降のデバイス設計ではVivadoが主流になるようです（図5）．

　このツールでは，論理合成・配置配線などのソフト

図5　Vivadoの画面

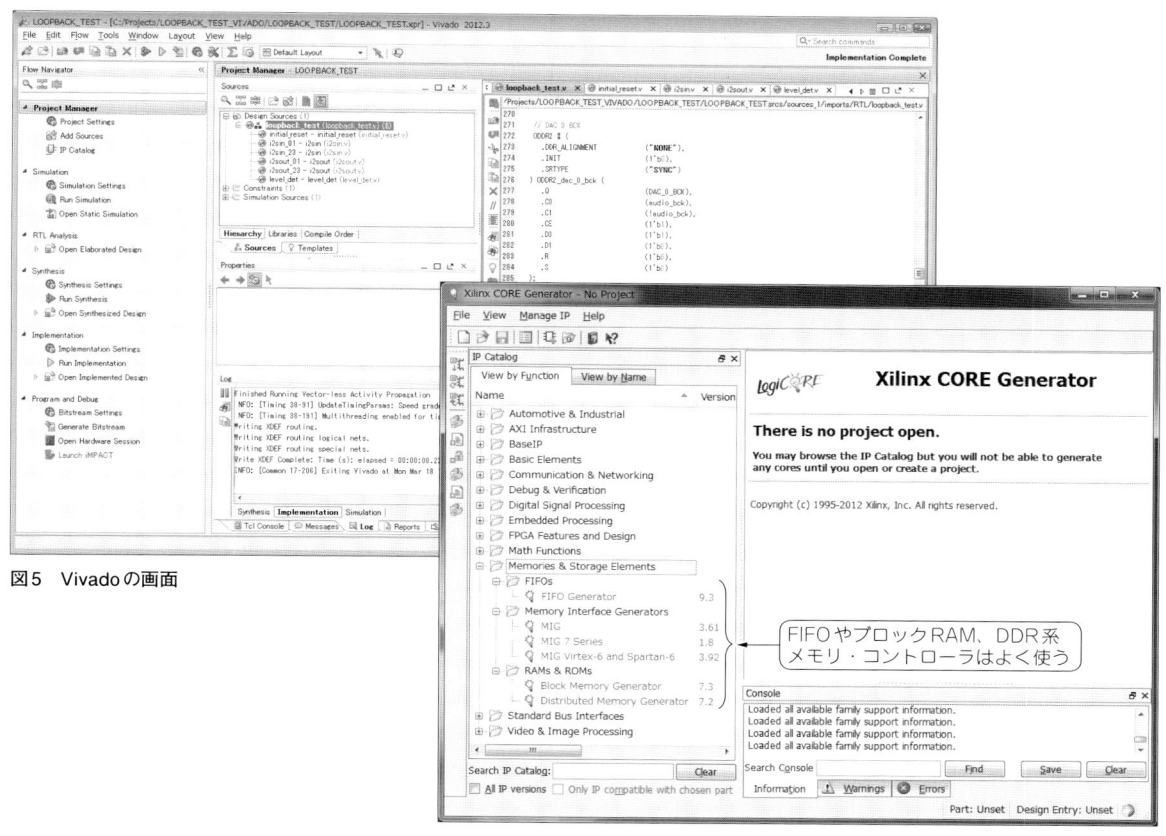

図4　CORE Generator

FIFOやブロックRAM，DDR系メモリ・コントローラはよく使う

ウェアが一新されており，実行速度もかなり速くなっているようです．ただし，制約ファイルの書式などが変わっているため，プロジェクトをVivadoに移行するには多少の手作業が必要です．

ツールの外観はPlanAheadに似ており，操作方法もほぼ同じです．

● Synplify（Synopsys社）

米国のEDAツール・ベンダであるSynopsys社が販売している論理合成ツールです．このツールで行うのは，論理合成までで，その後の配置配線などはXilinx社のツールで行います．このツールのメリットは，効率の良い論理合成が行えることで，ISEに比べると2〜3割のゲート数削減が可能な場合もあるようです．かなり高価なツールですが，大規模で複雑な論理回路を合成する際には特に効果を発揮できるようです．

● 開発ツールのインストール

ISEやVivadoどちらも，WebPACKや各種Editionが用意されていますが，現在では数Gバイトのアーカイブをダウンロードし，図6のようにインストール時に種類を選択する形になります．そしてインストール後にライセンスを取得して設定します．

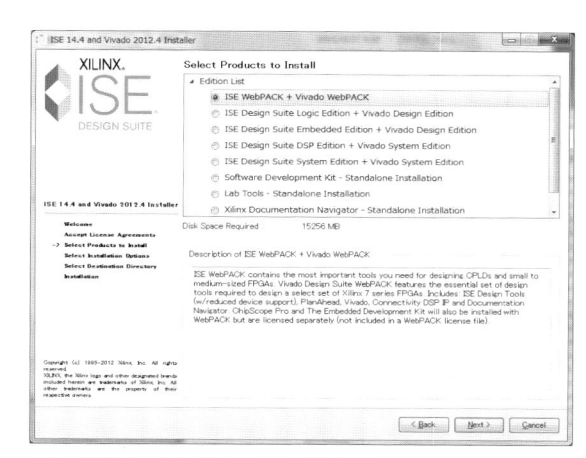

図6　開発ツールのインストール選択画面

たんげ・まさひこ　（株）エアフォルク

3．Xilinx社製FPGA開発ツール　　97

無償で使えてよりどりみどり！ オープン・ソースIPコアの研究

WISHBONEバスとPWMコントローラの接続

横溝 憲治　Kenji Yokomizo

大規模化するシステムを効率良く開発するには，IP（Intellectual Property）コアの活用も重要です．IPコアにはFPGAベンダの提供するものや，製品として販売されている高機能なものもありますが，オープン・ソースとして提供されているIPコアがあります．その代表的なものにOpenCoresがあります．本記事ではNiosIIやMicroBlazeにOpenCores提供の各種IPコアを接続する方法について解説します．

この連載ではオープン・ソースのOpenCoresのIPコア（以下IP）を自作回路に接続してFPGAで実際に動かしてみます．今回はIPのダウンロード方法と，IPを接続するために使用するバス・ブリッジ回路について，そしてIPとしてはPWMを紹介します．

1. OpenCoresとIPコアの入手方法

● OpenCoresとは

OpenCoresはオープン・ソースのIPの開発と普及のために作られたコミュニティで，ユーザ登録すれば誰でも参加可能です．OpenCoresのサイト（http://opencores.org/）には，**表1**に示すように多くのプロジェクトがあり，さまざまIPの開発と公開が行われています．IPのソースのほとんどがVerilog HDLかまたはVHDLで書かれています．またIP以外にフリーのEDAの普及活動も行っています．

● IP入手方法

OpenCoresからIPのソースをダウンロードするには，登録ユーザでのログインが必要です．ユーザ登録はOpenCoresのサイトで"Register"をクリックして情報を入力します．登録が完了するとメールでパスワードが送られてきます．登録ユーザになるとソースのダウンロードだけではなく，進行中のプロジェクトに参加したり，新しいプロジェクトを立ち上げたりもできます．

IPの設計データはOpenCoresのサイトのプロジェクト・ページからダウンロードできます．**図1**にダウンロード手順を示します．OpenCoresのサイトでログインし，ProjectsのBrowse all Projectsをクリック[**図1(a)**]するとプロジェクトのカテゴリが表示されます[**図1(b)**]．カテゴリをクリックするとプロジェクトのリストが表示されます[**図1(c)**]．各プロジェクトのFiles欄に緑の丸が付いていればダウンロードできる設計データが用意されています．Statistics欄のStatsをクリックするとダウンロードの実績が表示されます．Status欄のdoneは設計完了，wbcはWISHBONEバス対応，OCCPはOpenCoresの公認プロジェクトです．公認プロジェクトはドキュメントも整備されていて完成度の高い設計になっています．License欄には適用されるライセンスが表示されています．

ダウンロードしたいプロジェクト名をクリックするとそのIPのプロジェクト・ページが表示されます[**図1(d)**]．Latest version:の後のdownloadをクリックすると，IPのソースを含んだ最新の設計データをダウンロードできます．また，バージョン管理ツールSVNで管理されているので，SVNを使って設計データを入手することもできます．

● アーカイブの内容

ダウンロードした設計データ（プロジェクト名_latest.tar.gz）を解凍すると，プロジェクト名/trunk/rtlの下にIPのソース・コードがあります[**図1(e)**]．ソースの利用に際しては適用されているライセンスに従ってください．また，プロジェクト名/trunk/docの下にドキュメントが入っているので，初めに読むことをお勧めします．

表1　代表的なOpenCoresのIP

名称	言語	ライセンス
Ethernet 10GE MAC	Verilog HDL	LGPL
Ethernet MAC 10/100Mbps	Verilog HDL	LGPL
I²Cコントローラ	Verilog HDL	BSD
SD cardコントローラ	Verilog HDL	LGPL
UART	VHDL,Verilog HDL	BSD
CORDICコア	VHDL	GPL
AES	Verilog HDL	その他
Read Solomon Decoder	Verilog HDL	GPL
8/16/32ビットSDRAMコントローラ	Verilog HDL	GPL
Amber ARM-compatibleコア	Verilog HDL	LGPL
OpenRiSC 1000コア	Verilog HDL	LGPL
VGA/LCDコントローラ	Verilog HDL	GPL

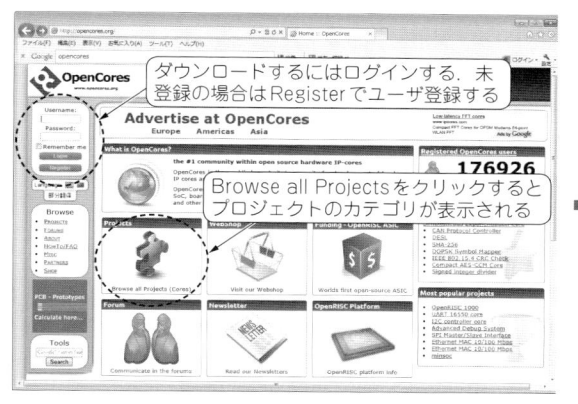

(a) OpenCoresのページ

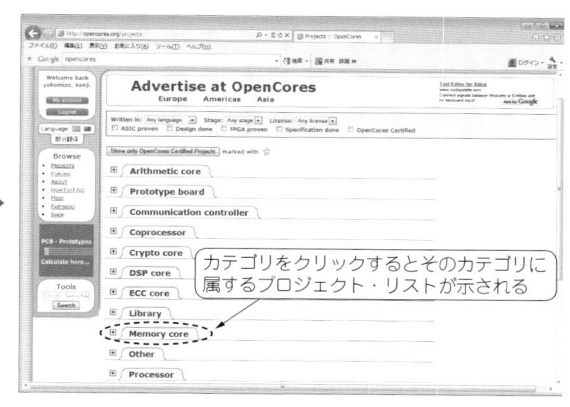

(b) カテゴリの選択

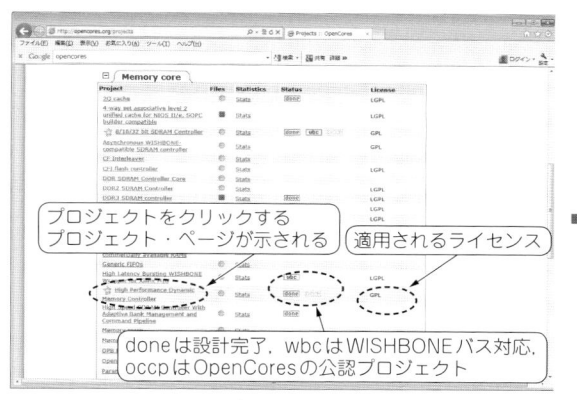

(c) プロジェクトの選択

(d) プロジェクトのページ

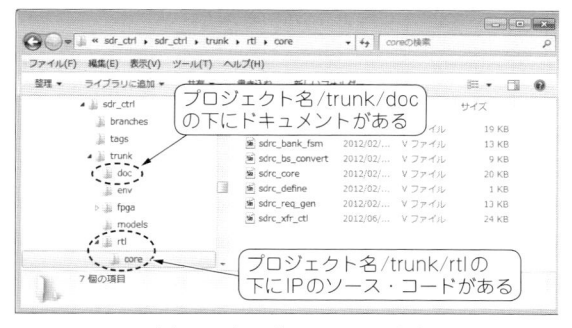

(e) アーカイブ・ファイルの内容

図1 設計データのダウンロードの手順

2. WISHBONEバスの概要

OpenCoresではIPの接続方法としてWISHBONEバスを用意しています．登録されているIPの1/3程度はWISHBONEバスのインターフェースを持っています．自分の設計回路もWISHBONEバスに対応させれば，これらのIPと接続可能になります．

● WISHBONEバス

表2にWISHBONEバスの信号一覧を示します．接続形態にはいくつかの規定がありますが，もっとも一般的なのは図2に示す共有バス型の接続でしょう．複数のIPをバス経由で接続接続できます．マスタが複数ある場合はアービタを設けて，アクセスの主導権を持つマスタを決める必要があります．

● WISHBONEバスのバスの動き

もっとも標準的なバスの動きとして，図3(a)にシングル書き込み波形を，図3(b)にシングル読み出しの波形を示します．信各号はCLK_Iの立ち上がりに同期して変化します．サイクル中はCYC_OとSTB_Oが1になり，ADR_Oに有効なアドレス，SEL_Oに有効なバイト・イネーブルが出力されます．書き込みではWE_Oが1なり，DAT_Oに有効な書き込みデータが出力されます．書き込みが完了するとスレーブ側からACK_Iを1にします．読み出しではCYC_OとSTB_Oが1でWE_が0になります．スレーブ側で有効な読み出しデータをDAT_Iへ出力する時にACK_Iも1にします．マスタ側ではACK_Iが1になるとDAT_Iの値を取り込みます．

表2　WISHBONEバスの信号一覧

機能名	マスタ信号名	スレーブ信号名	方向[注1]	内容
クロック	CLK_I	CLK_I	どちらも入力	クロック入力
リセット	RST_I	RST_I	どちらも入力	リセット入力，1でリセット
書き込みデータ	DAT_O	DAT_I	M→S	マスタは出力，スレーブは入力
読み出しデータ	DAT_I	DAT_O	S→M	スレーブは出力，マスタは入力
サイクル	CYC_O	CYC_I	M→S	バス・サイクル実行中
ストローブ	STB_O	STB_I	M→S	1でアドレス，および書込み時にデータ有効
書き込みイネーブル	WE_O	WE_I	M→S	1で書き込みサイクル，0で読み出しサイクル
アドレス	ADR_O	ADR_I	M→S	STB_O=1の時にアドレス有効
バイト・イネーブル	SEL_O	SEL_I	M→S	STB_O=1の時に有効
アクノリッジ	ACK_I	ACK_O	S→M	1でスレーブ側でアクセス完了
エラー	ERR_I	ERR_O	S→M	1でスレーブ側でエラー発生
リトライ	RTY_I	RTY_O	S→M	1でスレーブ側からリトライ要求

注1：M→Sはマスタ出力でスレーブ入力，S→Mはスレーブ出力でマスタ入力

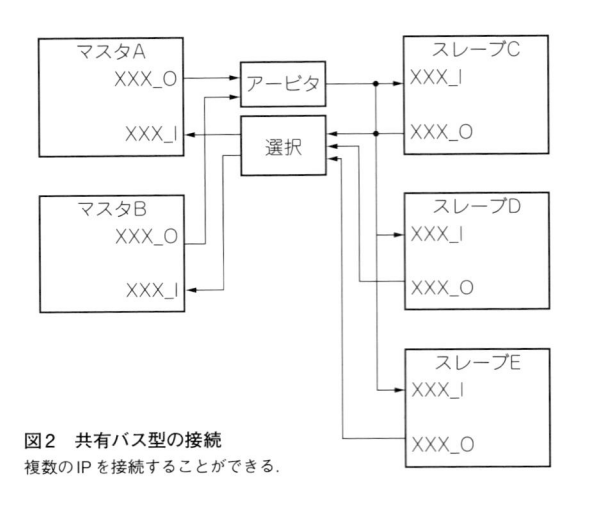

図2　共有バス型の接続
複数のIPを接続することができる．

このアクセス以外にもパイプランドやブロック転送などのアクセスが定義されています．詳しくはOpenCoresでダウンロードできるWISHBONEバス仕様書（wbspec_b4.pdf）を参照してください．

● IPに接続する回路の準備

IPの接続先はOpenCoresで提供されるプロセッサOpenRISCを使いたいところですが，ソフトウェア開発環境を自分で構築する必要があり，これは慣れていないと大変な作業になります．そこで今回はソフトウェア開発環境が提供されているAltera社のNios IIまたは，Xilinx社のFPGA用プロセッサMicroBlaze MCSと接続してみます．プロセッサとIPは直接接続できないので，WISHBONEバス・ブリッジを作成してIP接続します．

プロセッサからWISHBONEバス・ブリッジはプロセッサ向けの専用回路になります．WISHBONEバス・ブリッジから先のIPは共通仕様で設計して，プロセッサが変わっても流用できるようにします．

WISHBONEバス・ブリッジおよびOpenCoresのIP以外については，本誌の"MicroBlaze MCSで始めるお手軽ハード＆ソフト開発"で作った回路を参考にしてください．Nios IIの使い方についてはp.121からの記事，MicroBlaze MCSの使い方についてはp.134からの記事を参照してください．

● WISHBONEバス・ブリッジ設計

WISHBONEバス・ブリッジではプロセッサのバス・アクセスをWISHBONEバスへ変換します．

表3は，Nios IIおよびMicroBlaze MCSのI/OバスとWISHBONEバスのシングル・アクセスの比較です．シングル・アクセスに限定すれば制御信号の論理を変換してアクセス可能です．

バス・ブリッチでは各CPUのバス制御信号から，論理回路でWISHBONEバスの制御信号を作っています．そして，アドレス，バイト・イネーブル，データもWISHBONEバスに出力する前に保持しています．WISHBONEバスのデータ幅は最大64ビットですが，このブリッジでは32ビットにしています．また，シングル転送にのみ対応しています．

● バス・ブリッジとIPの接続

WISHBONEバス・ブリッジとIPは共有バス型で接続します．図4がWISHBONEバス・ブリッジとIPの接続図です．WISHBONEバス・ブリッジがマスタでIPがスレーブになります．IPが複数の場合はマスタ側から出力される制御信号をIP別に生成し，スレーブ側から出力されるリード・データと応答信号はアドレスに従って選択されてマスタ側に渡されます．

3. PWMコントローラの接続事例

● OpenCoresのPWM用IP

今回はOpenCoresのPWM（Pulse Width Modulation）

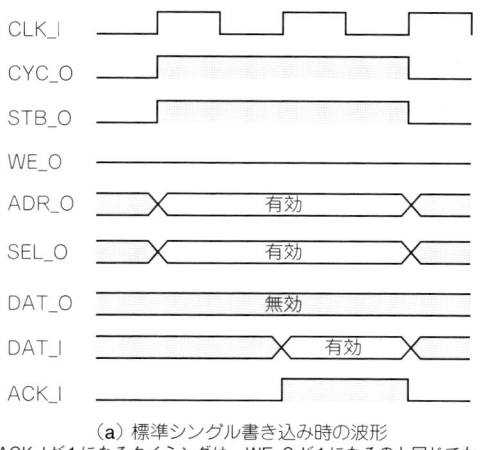

(a) 標準シングル書き込み時の波形
ACK_Iが1になるタイミングは，WE_Oが1になるのと同じでもよく，また遅れてもよい．

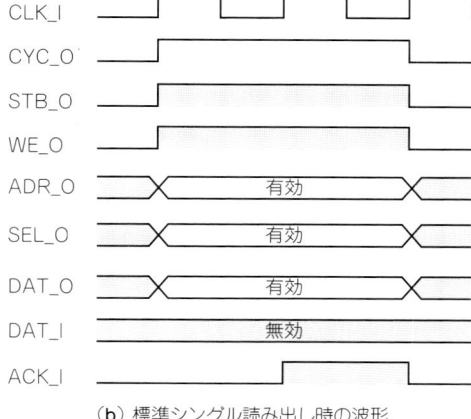

(b) 標準シングル読み出し時の波形
読み出しデータの出力とACK_Iが1になるタイミングは，STB_Oが1になるのと同じでもよく，また遅れてもよい．

図3 WISHBONEバスの動き

表3 各CPUバスとWISHBONEバスのシングル・アクセスの比較

アクセス	Nios II Avalon バス	MicroBlaze MCS I/O バス	WISHBONE バス
同期	クロック同期	クロック同期	クロック同期
アドレスの通知	read=1 または write=1	IO_Addr_Strobe=1 で IO_Address が有効	CYC_O=1 かつ STB_O=1 で ADR_O で有効
バイト・イネーブルの通知	read=1 または write=1 で byteenable が有効	IO_Addr_Strobe=1 で IO_Byte_Enable が有効	STB_O=1 で SEL_O が有効
書き込み指示	write=1	IO_Write_Strobe=1 で書き込み指示	CYC_O=1 かつ STB_O=1 かつ WE_O=1 で書き込み指示
書き込みデータ	write=1 で writedata が有効	32ビット幅，IO_Write_Strobe=1 で IO_Write_Data が有効	最大64ビット幅，CYC_O=1 かつ STB_O=1 かつ WE_O=1 で DAT_O が有効
読み出し指示	read=1	IO_Read_Strobe=1 で読み出し指示	CYC_O=1 かつ STB_O=1 かつ WE_O=0 で読み出し指示
読み出しデータ	read=1 で wait 経過後に readdata が有効	32ビット幅，IO_Ready=1 で IO_Read_Data が有効	最大64ビット幅，ACK_I=1 で DAT_I 有効
完了通知	read=1→0 または write=1→0 でマスタ側から完了	IO_Ready=1 で完了	CYC_O=1 かつ ACK_I=1 で完了

のIPを使ってみます．PWMは周期的にON, OFFを繰り返す信号を発生する回路です．電圧を変えずに，ONの期間とOFF期間の比率（デューティ）を変えることで，モータの回転速度やLEDの明るさを変えます．

IPの設計データは，OpenCoresサイトのProjectsのotherカテゴリにあるPWMのプロジェクト・ページからダウンロードします．ダウンロードしたデータを解凍すると，trunk/rtlの下にVerilog HDLのソース・コード，trunk/docの下にドキュメント，/trunk/testbenchの下にシミュレーション用データが入っています．ドキュメントを読み，IPの入出力信号やレジスタの設定内容など理解します．必要であればRTLソースを解析したり，付属しているシミュレーション・データを使ってIPの動作を理解

してください．

● PWMの接続
今回はPWMを二つ実装してみます．リスト1はPWMのインスタンスと接続のHDL記述です．PWMのアドレスはパラメータで定義してあります．次にWISHBONEバス・ブリッジ（iobus2wb），PWM0，PWM1の順でインスタンスしてあります．その次はインターコネクト部でアクセス対象をアドレス・デコードし，アクセス対象のIPへの制御信号のみを発生させます．アドレス信号は下位4ビットのみ接続します．PWMのソースを読むとアドレスが16ビット幅で全ビットがデコードされています．アドレスをそのまま16ビット接続すると0x0000〜0xFFFFのアドレス空間がこのモジュール用として必要になります．レ

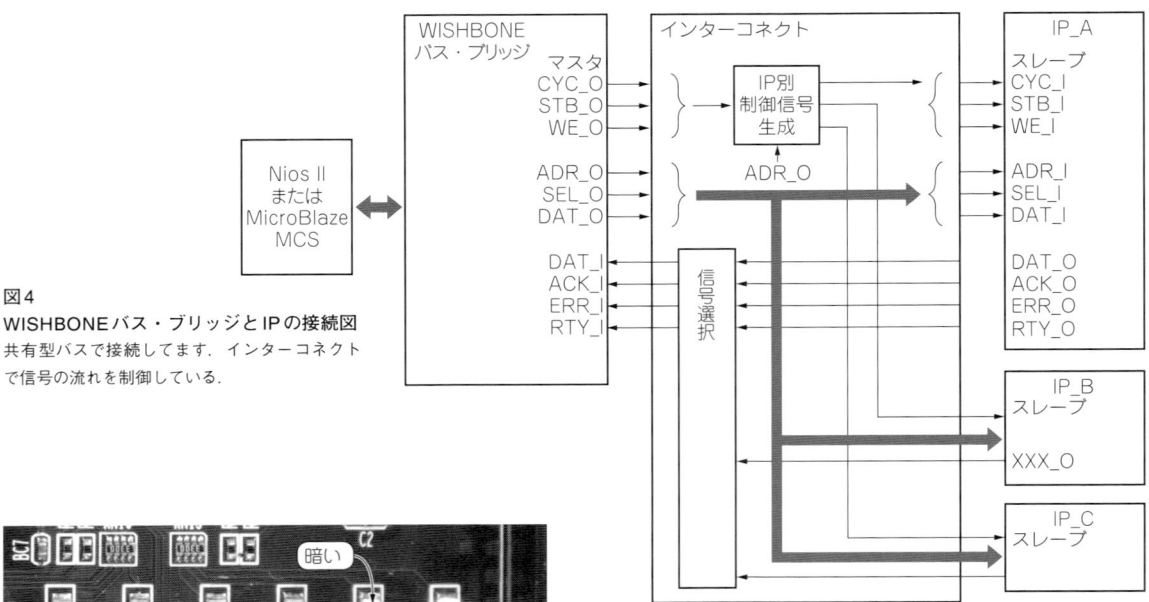

図4 WISHBONEバス・ブリッジとIPの接続図
共有型バスで接続してます．インターコネクトで信号の流れを制御している．

(a) DE0

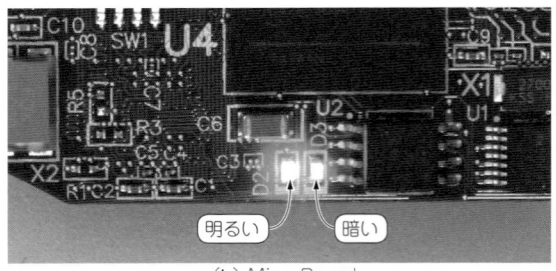

(b) MicroBoard

写真1　実機による動作確認

ジスタの識別に必要を下位4ビットのみを入力することによって0x0～0xFのアドレス空間を使うようにします．PWMから出力する読み出しデータとACK信号はアドレスに応じて選択してブリッジに渡します．WB_ERRとWB_RTYをPWMで使用していなので0に固定します．

● ソフトウェアの作成

次のPWMを制御するソフトウェアを作成します．PWMの設定レジスタの値を書き換えることで制御します．レジスタの詳細はダウンロードデータのpwm/trunk/doc/PWM_UM.pdfを参照してください．**リスト2**は制御用のCソース・コードです．まずIPのベース・アドレスと設定レジスタを定義しています．main関数の中で設定レジスタへ値を代入することでIPの設定を行います．PWM用クロックはメイン・クロックから分周数は100に設定．PWMの周期はPWM用クロックで100，デューティはPWM0では"H"レベル期間がPWM用クロックで50クロック，PWM1は5クロックに指定します．最後にctrlレジスタでPWMの開始を指示します．Cソース・コードが完成したらビルドを行い，実行ファイルを作成します．

● 実機による動作確認

いよいよ実機での動作確認です．評価ボードはTerasic社のDE0とAvnet社のMicroBoardを使用しました．完成したFPGAコンフィグレーション・ファイルを，ターゲット・ボードへダウンロードしてください．片方のLEDは明るく，もう片方のLEDが暗く点灯していれば正常動作しています（**写真1**）．

*　　　*　　　*

次回はシリアル通信のSPIおよびI^2Cを動かしてみます．

よこみぞ・けんじ　設計コンサルタント

リスト1　PWMの接続（Verilog HDL）

```verilog
~省略~
  parameter p_wb_addr_low  = 32'hD0000000;
  parameter p_wb_addr_hi   = 32'hEFFFFFFF;
  parameter p_wb_pwm0_low  = p_wb_addr_low + 0;
  parameter p_wb_pwm0_hi   = p_wb_addr_low + 15;
  parameter p_wb_pwm1_low  = p_wb_addr_low + 16;
  parameter p_wb_pwm1_hi   = p_wb_addr_low + 31;
~省略~
iobus2wb
#(p_wb_addr_low, p_wb_addr_hi)
iobus2wb(
   .Clk(Clk),   // input Clk
   .Reset(Reset), // input Reset
~省略 IOバス信号接続~
~省略 WISHBONEバス・マスタ信号接続~
               );

  PWM PWM_0(
~省略 WISHBONEバス・スレーブ信号接続~
               );
  PWM PWM_1(
~省略 WISHBONEバス・スレーブ信号接続~
//WihsBoneBus インターコネクト
  assign wb_pwm0_sel = ((WB_ADR>=p_wb_pwm0_low)&&(WB_ADR<=p_wb_pwm0_hi))? 1'b1:1'b0;
  assign cyc_i_pwm0 = (wb_pwm0_sel==1'b1)?WB_CYC:1'b0;
  assign stb_i_pwm0 = (wb_pwm0_sel==1'b1)?WB_STB:1'b0;
  assign adr_i_pwm0 = {12'h000,WB_ADR[3:0]};
  assign we_i_pwm0  = (wb_pwm0_sel==1'b1)?WB_WE:1'b0;

  assign wb_pwm1_sel = ((WB_ADR>=p_wb_pwm1_low)&&(WB_ADR<=p_wb_pwm1_hi))? 1'b1:1'b0;
  assign cyc_i_pwm1 = (wb_pwm1_sel==1'b1)?WB_CYC:1'b0;
  assign stb_i_pwm1 = (wb_pwm1_sel==1'b1)?WB_STB:1'b0;
  assign adr_i_pwm1 = {12'h000,WB_ADR[3:0]};
  assign we_i_pwm1  = (wb_pwm1_sel==1'b1)?WB_WE:1'b0;
  assign WB_DAT_O = (wb_pwm0_sel==1'b1)?{dat_o_pwm0,dat_o_pwm0}:
                    (wb_pwm1_sel==1'b1)?{dat_o_pwm1,dat_o_pwm1}:
                                         32'h00000000;
  assign WB_ACK  = (wb_pwm0_sel==1'b1)?ack_o_pwm0:
                    (wb_pwm1_sel==1'b1)?ack_o_pwm1:
                                         WB_STB;
  assign WB_ERR  = 1'b0;
  assign WB_RTY  = 1'b0;
```

リスト2　制御用のCソースコード

```c
#ifdef __nios__
~中略~
   // BASEADDR
   #define PWM0_BASEADDR    0x50000000
~中略~
#elif __microblaze__
~中略~
#endif
//レジスタ定義
#define PWM0_CTRL (*(volatile unsigned short int *) (PWM0_BASEADDR + 0x0))
~中略~
#define PWM1_DC   (*(volatile unsigned short int *) (PWM1_BASEADDR + 0x6))

int main()
{
    //PWM0 100uS Duty Hi:50% Low:50%
    PWM0_DIV    =    100; //PWM0用クロックの分周数指定
    PWM0_PERIOD =    100; //PWM0の周期設定
    PWM0_DC     =     50; //PWM0のDuty設定
    //PWM1 100uS Duty Hi:5% Low:95%
    PWM1_DIV    =    100; //PWM用クロックの分周数指定
    PWM1_PERIOD =    100; //PWMの周期設定
    PWM1_DC     =      5; //Duty設定
    //PWM start
    PWM0_CTRL = 0x1e; //PWM0 開始
    PWM1_CTRL = 0x1e; //PWM1 開始
    while(1);
}
```

カメレオンIC PSoC3/5の研究
PSoCの使いどころとPSoC3/5の概要

浅井 剛 Takeshi Asai

IC1個でもここまでやれる

Cypress Semiconductor社から登場したPSoC(「ピーソック」と発音する)は「再配置可能なアナログおよびディジタル周辺機能やメモリ，CPUを一つのチップに集約したプログラマブル組み込みSoC」とうたわれています．再配置可能なプログラマブル・ディジタル部をFPGAと考えれば，PSoC5はARM Cortex-M3コアを内蔵したFPGAと捉えることもできます．

1. PSoCの使いどころとラインナップ

● 組み込み機器におけるマイコンの選び方

まず組み込み機器の開発手順から，ユーザが使いたいマイコンをどのように選んでいるのかを説明しよう．

組み込み機器開発がスタートすると，機能設計段階で主要部品の選定を行います．主要部品選定とは外部仕様を実現するためにキー・デバイスを決める作業で，この段階での検討の深さが開発の成否を分けるといっても過言ではありません．それともう一つ主要部品選定には，早期に購入手配をかけることでハードウェアの製造開始までに必要な部品を全てそろえるという重要な意味があります(図1)．

設計者は，工程に合わせた納期を記した部品の購入手配伝票を購買担当部署へ送れば間違いなく製品が入荷すると思いがちですが，購入数や生産タイミングなどさまざまな要因で納入可能日は変化します．入手性を確認せず設計者が最適な部品を見つけても，いざ購入しようとした段階で初めて納期が非常に長いことが判明し，開発工程に合わないため部品選定のやり直しもよくある話です．主要部品選定には入手性も判定材料に加える必要があります．

しかし外部仕様から実現手段をブレークダウンしている段階で全ての主要部品を確定させるのは難しく，その受け代として柔軟性の高いFPGAやCPLDが採用されているわけです．もちろんCPU上で実行されるソフトウェアは最大の受け代で，可能な限り高速なCPUを搭載し，性能上問題がない限りはソフトウェアで実現しようとする傾向が強くなっています．

● マイコン＋プログラマブル・デバイス機能
　＝PSoC

組み込み機器の主要部品の筆頭は何といってもマイコンに代表される半導体です．システム全体の部品数を減らすためには，組み込みたい機能が一つでも多く搭載されている製品を見つけることがポイントとなります．しかし汎用マイコンは販売価格を下げるために，使用頻度の高いハードウェアが必要最小限しか含まれていません．例えばI^2CやSPIのシリアル通信で接続するEEPROMを搭載したいが，選択したマイコンにそのインターフェース回路が搭載されていない場合，アクセス速度を犠牲にして汎用I/Oポートとソフトウェアで動作を模擬するか，外付け部品を追加するしかありません．

そのような汎用マイコンに対して，プログラマブル・デバイス機能を内蔵し，内蔵I/Oの拡張や，ユーザ・アプリケーション用のハードウェアを組み込むことを可能にしたデバイスが，Cypress Semiconductor

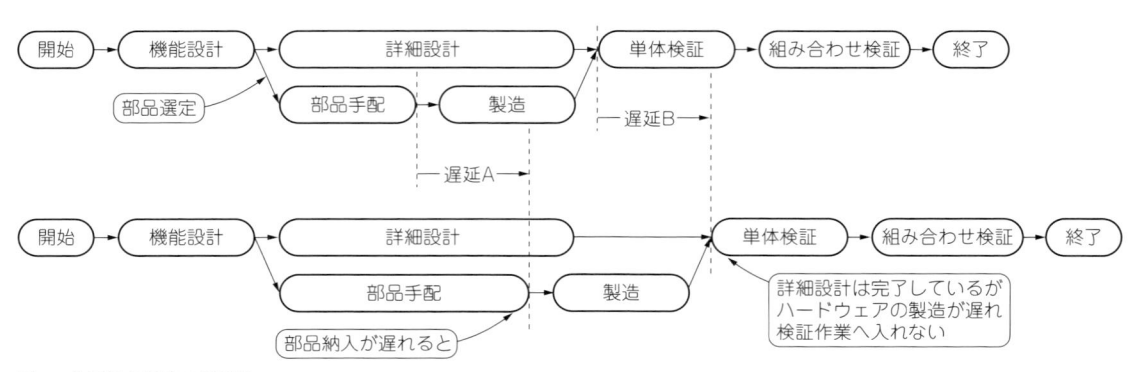

図1 主要部品選定の重要性
部品納入の遅れがそのまま開発工程全体の遅延となる（遅延Aの長さ＝遅延Bの長さ）．

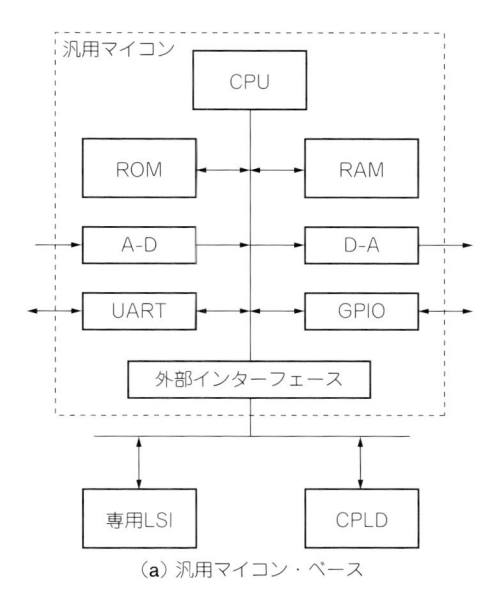

図2　汎用マイコンとPSoCによるシステム構成の比較
（a）汎用マイコン・ベース
（b）PSoCベース

社（以下Cypress社）のPSoC（Programmable System-on-Chip）です（図2）.

PSoCへ組み込める論理規模はそれほど多くないので，ユーザ・アプリケーション機能の一部をハードウェアで実現しなければならないような，小型のシステムに向いていると思います．

● PSoCファミリ

Cypress社というと高速SRAMやタッチセンサ・コントローラ，およびUSBコントローラのベンダとしてご存じの方が多いのではないでしょうか．同社ではPSoCを「再配置可能なアナログおよびディジタル周辺機能，メモリ，マイクロコントローラを一つのチップに集約する世界で唯一のプログラマブル組み込みSoC」だと表現しています．

表1に執筆時点で発表されているPSoCシリーズのラインナップを示します．従来PSoCといえばPSoC 1の事を示していましたがPSoC 3およびPSoC 5の発表に伴いPSoC 1と呼ぶようになりました．

表を見て分かるように，PSoC 3とPSoC 5は，CPUコアとメモリ容量が異なるだけで，それ以外の内蔵機能は同じです．またPSoC 3とPSoC 5は，アナログ部の性能が同じ仕様ということから，この2シリーズは同じプロセスで製造されていることが分かります．

● PSoC 3のブロック図

図3にPSoC 3シリーズのブロック・ダイヤグラムを示します．PSoC 3シリーズは，CPUとして8051を搭載したCPUシステム，フラッシュROMやSRAMなどを搭載したメモリ・システム，クロックや電源管理を搭載したシステム・ワイド・リソース，そしてプログラマブルなディジタル・システムおよびアナログ・システムで構成されています．またハードウェアとファームウェアの双方についてプログラミング，テ

表1　PSoCシリーズのラインナップ

シリーズ名		PSoC 1	PSoC 3	PSoC 5LP
CPU		M8C （24MHz）	8051 （67MHz）	ARM Cortex-M3 （80MHz）
フラッシュROM		4K～32K	8K～64K	32K～256K
SRAM（バイト）		256～2K	2K～8K	8K～64K
I/O		最大64	最大72	最大72
動作電圧（V）		1.71～5.25	0.5～5.5	
ΔΣ A-Dコンバータ	分解能（ビット）	最大14	最大20	
	精度	@±1.53% Vref	@±0.1% Vref	
SAR ADC（ビット）		―	―	最大12
プログラム・ロジック		4～16 Digital Block	16～24 UDB	
接続		FS USB, I²C, SPI, UART	FS USB, I²C, SPI, UART, CAN, LIN, I²S	
開発ツール		PSoC Designer	PSoC Creator	

1. PSoCの使いどころとラインナップ

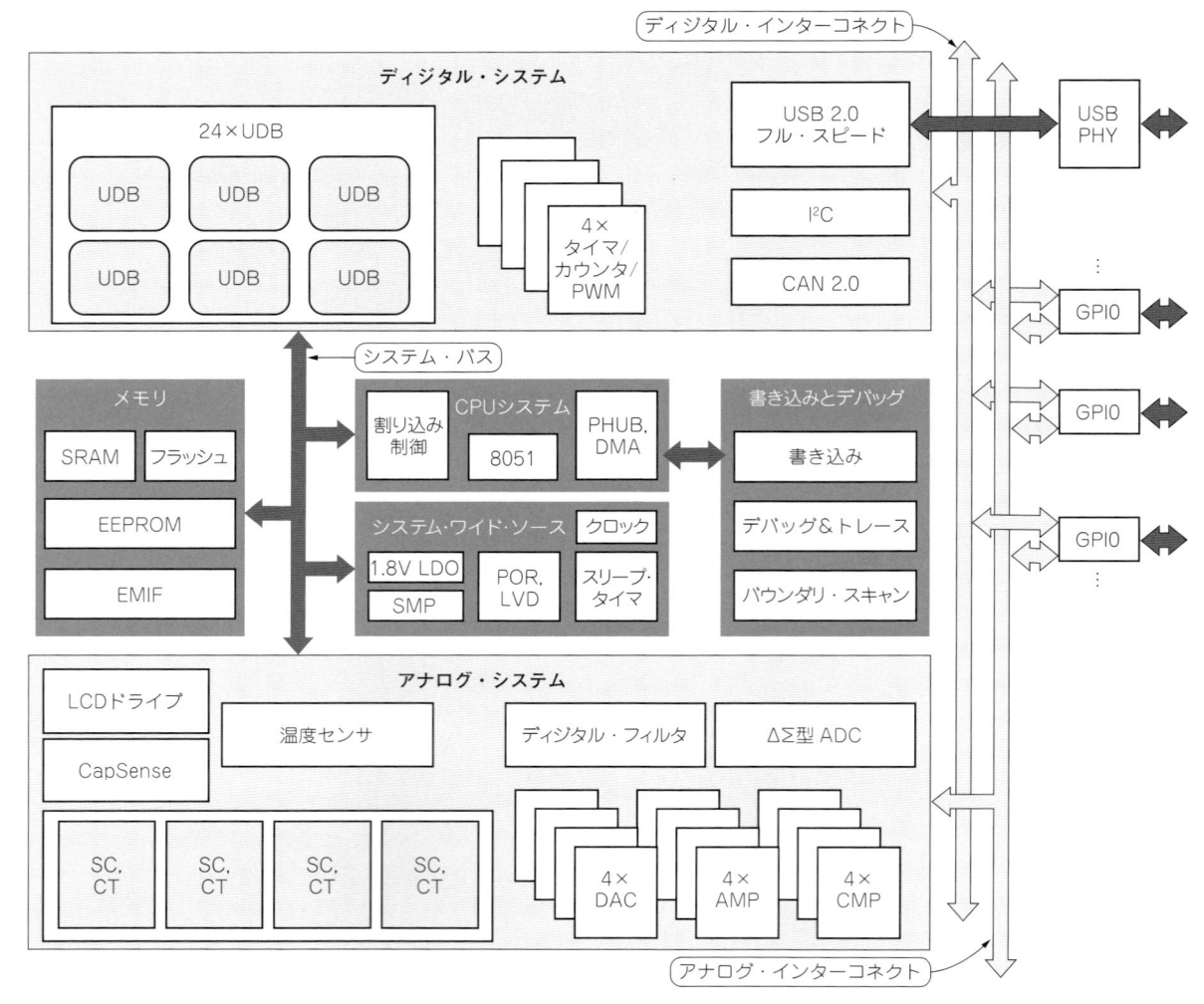

図3 PSoC3（CY8C38ファミリ）のブロック・ダイヤグラム
ディジタル・システムにあるCAN 2.0はCY8C32ファミリでは非搭載（UDB：Universal Digital Block，EMIF：External Memory Interface，PHUB：Peripheral Hub，SC：Switched Capacitor，CT：Continuous Timer，DAC：Digital Analog Converter，ADC：Analog Digital Converter，CMP：Comparator，SMP：Swiched Mode Pump，LVD：Low-Voltage Detect，POR：Power ON Reset，AMP：Amp，LDO：Low Drop Out）．

スト，デバッグ，およびトレースを行えるインターフェースも搭載しています．

また電源関連を除いた全ての端子にディジタルおよびアナログの機能を自由に割り当てられるようよう，各ブロックの外周をディジタルとアナログのインターコネクトが取り囲んでいます．

以下プログラマブル・デバイスとしての特徴である，ディジタル・システムおよびアナログ・システムについて説明します．

2. PSoC 3/5のディジタル・システム

● ディジタル・システムの概要

次にPSoC 3/5のディジタル・システム部分について説明します．

ディジタル・システム（**図3**中のディジタル・システム部を参照）は，UDB（Universal Digital Block）アレイのほかにも，4個の16ビット・タイマ/カウンタ/PWMブロック，I²Cによるスレーブ/マスタおよびマルチマスタ，USB（フルスピード），およびCAN 2.0b（CY8C32ファミリには非搭載）のブロックがあらかじめハードウェアとして搭載されています．周囲との接続は，システム・バスと接続されているほか，USBがPHYを介して固定端子に接続されている以外は，前述のディジタル・インターコネクトを介して各端子へ自由に接続が可能です．

図4にUDBのブロック・ダイヤグラムを示します．UDBは2個のPLD，データパスほか，いくつかの制

図4 UDBのブロック・ダイヤグラム

図5 PLD部の構成

図6 ANDアレイの機能図

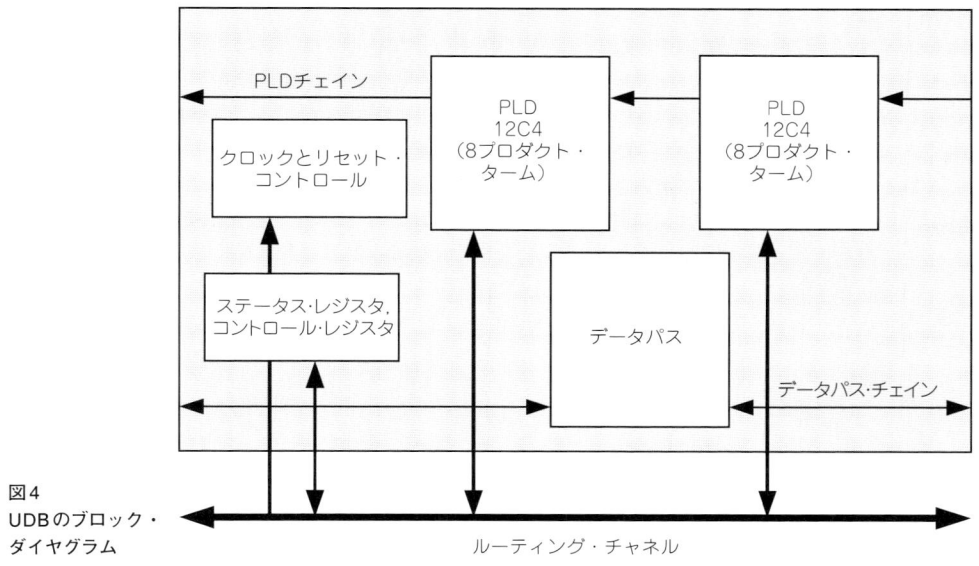

御ブロックで構成されています．UDB内にあるレジスタやRAMはシステム・バスに接続されており，ソフトウェアでアクセス可能となっています．

● PLD部のANDアレイとORアレイの構成

以下，PLD部とデータパス部についてもう少し説明します．

図5にPLD部の構成を示します．PLD部は12入力8出力のANDアレイと，8入力4出力のORアレイおよびマクロセルから構成されています．

図6にANDアレイの機能図を示します．実際の回路はデバイス・ベンダによって異なるので，あくまでも機能説明として見てください．図中の点線で囲まれた部分が，**図5**のANDアレイ中の"TC"に対応します．ANDアレイは12入力ANDへ入力する信号を設定し，入力（IN0～IN11）の内必要な入力は正転/反転を，不必要な入力はAND演算を成立させるために"1"を出力します．よって各セレクタ（図中のSEL）に対して2ビットの制御信号が必要になります．

図7にORアレイの機能図を示します．図中の点線で囲まれた部分が，**図5**のORアレイ中の"C"に対応します．ORアレイは8入力ORへ入力するANDアレイの出力を設定し，ANDアレイ出力（PT0～PT7）の内必要なものはそのまま，不必要なものはOR演算を成立させるために"0"を出力します．よって各セレクタ（図中のSEL）に対して1ビットの制御信号が必要になります．

● PLDマクロセルの構成

図8にPLDマクロセルのアーキテクチャを示します．図中左側中央にある"sum"にORアレイの出力が接続されています．マクロセルの出力（out）は，正転／反転回路（制御ビットはXORFB）を通って，組み合わせ論理として，もしくはD-FFを介して出力されます（制御ビットはBYP）．そのほかリセット／プリセットの設定や，キャリ出力のイネーブルの制御を行えます．

以上，PLD部の詳細を説明してきましたが，一つのPLDの設定には

- ANDアレイ
  12［入力］×8［出力］×2［制御ビット］＝24バイト
- ORアレイ
  8［入力］×4［出力］×1［制御ビット］＝4バイト
- マクロセル
  7［制御ビット］≒1バイト

と，合計29バイト（実際は32バイト・バウンダリ）の制御情報が必要になります．

このように制御情報の詳細を説明したのは，FPGAやCPLDは専用のコンフィグレーション回路を備えユーザには見えませんが，PSoCはユーザがカスタマイズ可能なすべての制御情報（PSoC 3では1402種類）がCPUのメモリマップ上に存在し，ソフトウェアによってアクセスできるという特徴があるからです．

● データパス部の構成

図9にデータパス部の構成を示します．データパス部は，8ビットのシングル・サイクルALU（Arithmetic Logical Unit）と，関連する比較および条件生成論理が含まれており，タイマ，カウンタ，積分器，PWM（Pulse Width Modulation），PRS（Pseudo Random Sequence），CRC（Cyclic Redundancy Check），シフタ，デッドバンドジェネレータ，そのほか多数の組み込み機能を実現するために最適化されています．

演算やシーケンスを伴う複雑な動作をするので，詳細は次回以降必要に応じて説明したいと思います．

● UDBアレイと使用例

図10に16個のUDBからなるアレイの例とその使用例と示します．UDBアレイには，それぞれ96本の線からなる複数の水平および垂直配線チャネルが含まれています．UDBへの線の接続は，水平／垂直方向

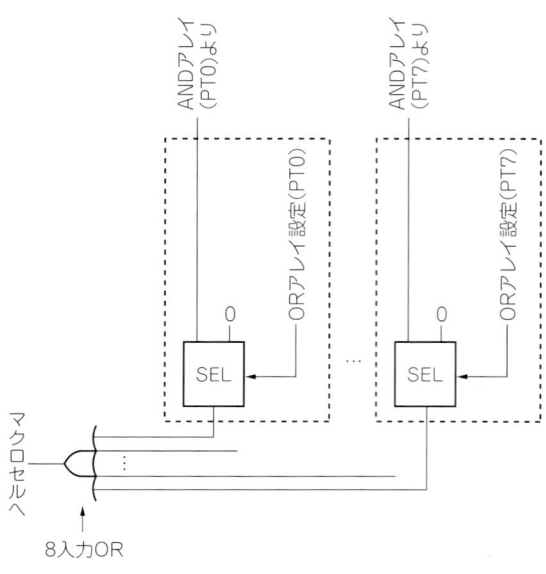

図7 ORアレイの機能図

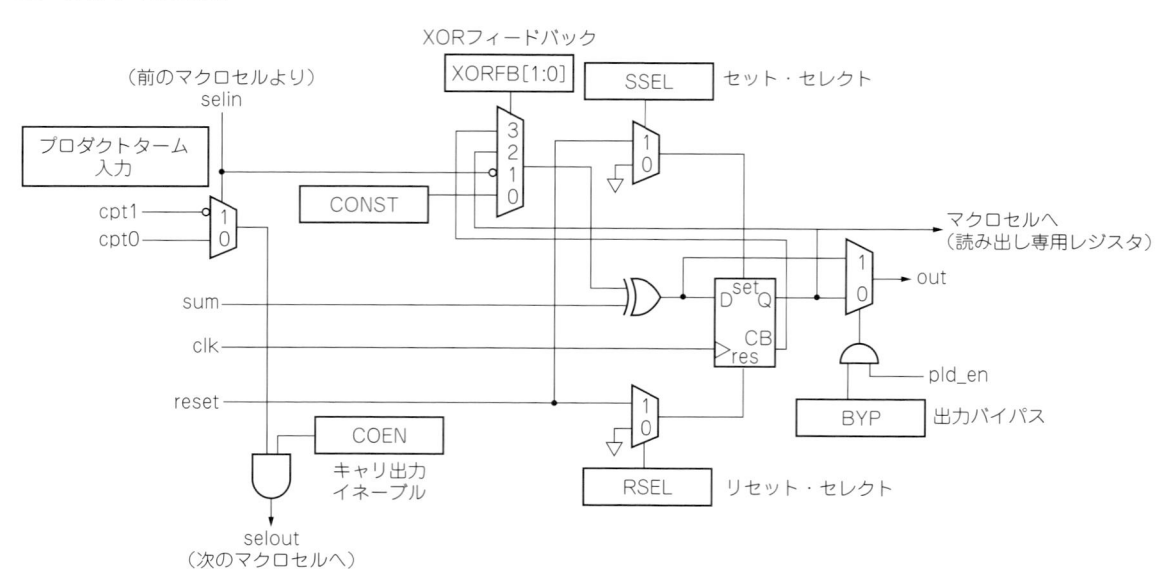

図8 PLDマクロセル（MC1～4）のアーキテクチャ

図9 データパス部の構成

(a) 16個のUDBアレイの構造

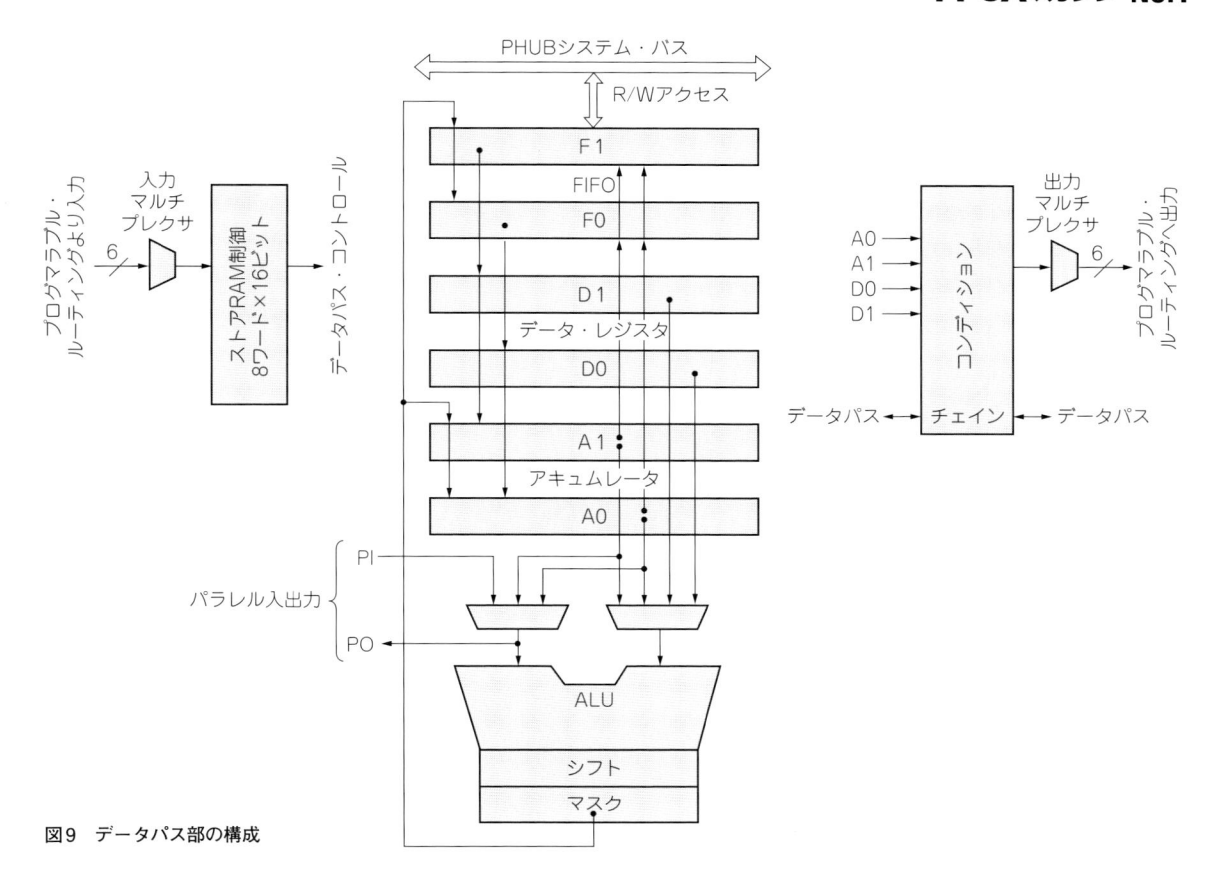

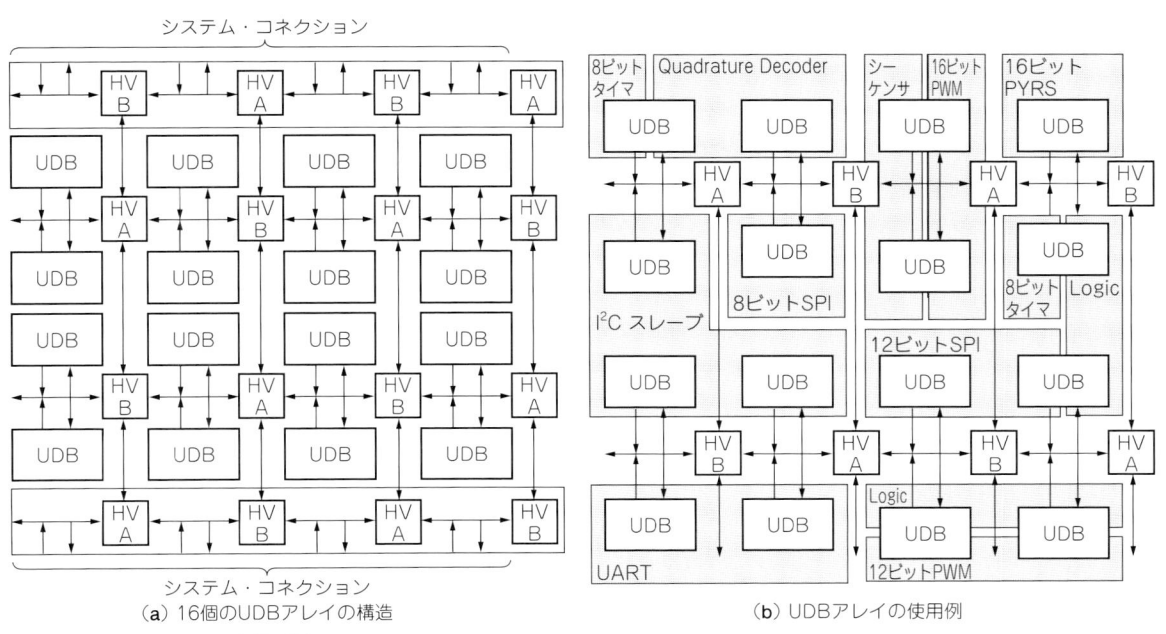

(b) UDBアレイの使用例

図10 16個のUDBアレイと使用例

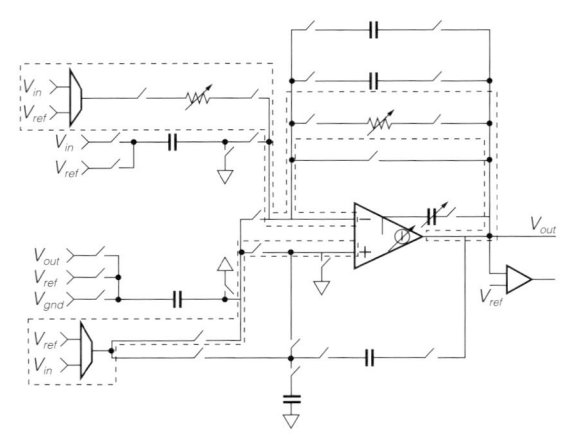

図11 SC/CTブロックの構成
点線部はPGAとして動作する際に使用するパス．

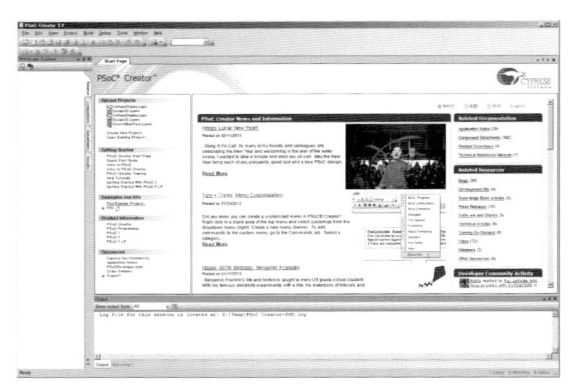

図12 PSoC Creatorの起動画面

のインターセクションおよびアレイの最上部と最下部にあるDSI配線インターフェースを使用して行われます．さらにこの配線は，垂直および水平の配線に沿って線ごとにセグメント化でき，配線の柔軟性と可用性がさらに高くなります．

図10(b)の使用例で特徴的なのは，左上隅にある8ビット・タイマでしょうか．8ビット・タイマの使用リソースが少ないため，同じUDB中の未使用リソースを別な機能に割り付けています．右端半ばの8ビット・タイマおよび右下隅の12ビットPWMも同様です．

なおUDBの使用率が高くなるにつれて，理想的な配置・配線からずれてくるため，最高動作周波数が下がる傾向はFPGAやCPLDと同じです．

3. PSoC 3/5のアナログ・システム

PSoC 3/5のアナログ・システム（図3中のアナログ・システムを参照）は，最大20ビットの分解能を備えたΔΣ A-Dコンバータ，電圧または電流を出力する最大4個の8ビットD-Aコンバータ，最大4個のコンパレータ，OPアンプやPGA（Programmable Gain Amplifier）などにコンフィグレーション可能なSC（Switched Capacitor）/CT（Continuous Time）ブロック，高電流出力バッファとしても使用できる最大4個のOPアンプ，静電容量式タッチ・センサを可能にするCapSenseほかで構成されています．

以下他社のミックスド・シグナル製品にはない特徴的なSC/CTブロックについてもう少し詳しく説明します．

図11にSC/CTブロックの構成を示します．SC/CTブロックは下記に示す8種類のモードにコンフィグレーションすることができます．

コラム1　PSoCの部品名（Part Number）の怪？

PSoC3のデータシートに記載されているオーダ情報の章を見て不思議なことに気が付きました．PSoC3はCY8C3******-xxxという命名規則（*の数は5個）で，ハイフン(-)後にある3文字の数字に関しては，関連付けられた意味がない（No meaning is associated with these three characters）と記されています．しかしオーダ情報には******の部分が全く同じでハイフン以降が異なる部品番号で併記されているものが複数あるのです．

そこで仕様を比べてみると，QFNのピン数の違い（48ピンと68ピン）の分類やUSB I/Oの有無の分類に，ハイフン以降の3文字を使用していることが分かりました．またPSoC 3にはCY8C32/CY8C34/CY8C36/CY8C38と四つのアーキテクチャ・ファミリがあり，それぞれにUDBを16/20/24個搭載した製品がありますが，その識別も同じようにハイフン以降を使用しています．

確かに「関連した意味づけ」ではありませんが，******で分類できない部分をハイフン以降で対応しようとするやり方は，ユーザが混乱する原因になると思います．

全てを調べてはいないので他にもあるかどうかは分かりませんが，番号が離れているのでとりあえず識別はできそうです．

読者の皆さんも，入手する際はハイフン以降の三つ目の数字までよく確認してください．

- Naked Opamp Mode
- Trans Impedance Amplifier
- Continuous Time Mixer
- Discrete Time Mixer NRZ S/H
- Unity Gain Buffer
- First-Order Modulator
- Programmable Gain Amplifier
- Track and Hold Amplifier

ディジタル・システム同様，スイッチや抵抗値等の設定は全て制御レジスタとしてソフトウェアからアクセスが可能です．

それ以外のモードも，同じように図11中のスイッチをON/OFFさせることでコンフィグレーションできます．詳細はPSoCのArchitecture TRMを参照してください．

4. PSoC 3/5シリーズの開発ツール "PSoC Creator"

PSoC 3およびPSoC 5は，PSoC Creator（図12）というツールを使用して開発を行います（PSoC 1はPSoC Designer）．FPGAに搭載されたCPUのソフトウェア開発には，EclipseベースのソフトウェアプロフェッショIDE（Integrated Development Environment）が別途提供されているのが一般的ですが，PSoC Creatorは，これ一つでハードウェアおよびソフトウェアの開発・デバッグを行えます．

PSoC Creatorは無償で，Cypress社のサイトからダウンロードできます．CコンパイラはKeil社ものがビルトインされており，別途ライセンスキー申請が必要ですがこちらも無償で使用できます．

ツールの使い勝手は，実際の設計例を使用して次号以降で報告します．

写真1 開発キット PSoc 3 Development Kit
99ドルと安価で販売されている．

＊　　＊　　＊

Cypress社のPSoCについて解説しました．PSoCはディジタル/アナログ双方に動作検証済みのハードウェア・ライブラリが豊富に提供されており，ユーザの論理設計工数を最小限に抑えてユーザ・オリエンテな SoCを構築できる大変面白いデバイスです．

次回はPSoC 3 Development Kit（CY8CKIT-030，写真1）を使用した実際の設計例を紹介したいと思います．

◆参考文献◆
(1) Cypress Semiconductor；PSoC 3:CY8C38 Family Data Sheet，September 2012
(2) Cypress Semiconductor；PSoC 3 Architecture Technical Reference Manual，September 2012
(3) Cypress Semiconductor；PSoC 3 Registers Technical Reference Manual，June 2012
(4) 日本サイプレス（株）；PSoCプログラマブル・デバイスその価値と応用— ET2012講演資料，November 2012

あさい・たけし　（株）ネクスト・ディメンション

コラム2　ARM Cortex-Mシリーズで充実するPSoC

原稿執筆時点で発売されているのはPSoC 1とPSoC 3，PSoC 5LPの3種類ですが，Cypress社のPSoC Platform製品ロードマップには，CPUにCortex-M0を搭載したPSoC 4（2013出荷予定）と，Cortex-M4を搭載したPSoC 7（2014出荷予定）という記載があります（図A）．まだ詳細は不明ですが，PSoC 3やPSoC 5LPと同様，ピン互換のパッケージまで提供されれば，設計の最終段階で最適なコスト・パフォーマンスのデバイスを選択できることになります．

設計変更を伴わないデバイス変更という大変嬉しい選択肢を，ユーザに対して提供してくれるCypress社のPSoCシリーズを，皆さんも注目していきましょう！

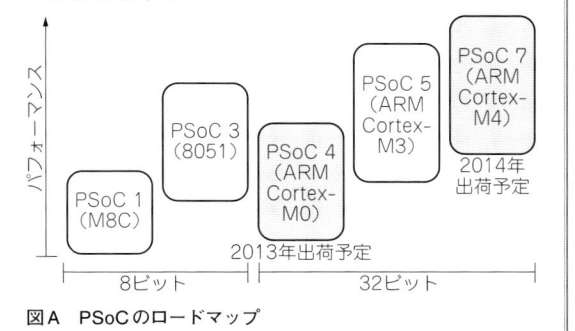

図A PSoCのロードマップ

ARM Cortex-M3 コア搭載でアナログにも強い！

SmartFusionで作るMyワンチップ・マイコン
ARM系CPUコア搭載FPGAの使い分けとSmartFusionの概要

浅井 剛 Takeshi Asai

FPGAにARM系ハード・マクロCPUを搭載したデバイスが登場しています．Altera社やXilinx社はARM Cortex-A9 MPCoreプロセッサを内蔵しているのに対し，Microsemi社はARM Cortex-M3プロセッサを搭載しています．搭載CPUコアの違いは何を狙ったものなのか，ここではSmartFusionシリーズについて紹介しながら，Cortex-M3プロセッサ搭載FPGAが切りひらく世界について解説してみます．

1. マイコン・システム構成の変遷

● 個別汎用チップからSoCへ…

まずはじめにマイコン・システム構成の変遷について説明します（図1参照）．

(a) 初期

マイコンが発表された当初（1970年代前半）は，CPU（Central Processing Unit）やUART（Universal Asynchronous Receiver Transmitter）に代表されるシリアルI/O，およびパラレルI/Oなどの汎用的な周辺機能（チップセット）がそれぞれ個別のチップ（大半が40ピンのDIP）で提供されていました．ユーザはまず，これらのチップと必要な容量のメモリ（ROM/RAM）を用意し，メモリ・マップに従って自分で設計したアドレス・デコーダをTTL（Transistor Transistor Logic）やPAL（Programmable Array Logic）で構成していました．またチップセットは使用せず，アプリケーションに依存した専用ハードウェアも含め全てTTLやPALでシステムを構成することもありました．

当時は基板上の実装密度も低く，複数枚のボードで一つのマイコン・システムが構成されているのが普通でした．そのような背景からS-100バス（IEEE 696）やマルチバス（IEEE 765），VMEバス（IEEE 1014）のような標準バスが策定されました．ボード・メーカからはこれらのバス仕様に準拠したCPUボード，メモリ・ボード，汎用I/Oボードなどが数多く市販されていたので，ユーザは汎用的な部分は購入で済ませ，専用ハードウェア部のボードのみを開発するというアプローチをとるのが主流でした．

筆者は1980年代半ばの頃，マルチバスで10枚近いボードを使ったシステムを設計した経験があります．CPUボードやメモリ・ボードをそれぞれ実績豊富なメーカからバラバラに購入しましたが問題なく動作し，標準バスの恩恵を受けた1人です．

(b) 1チップ・マイコン・ベース

1970年代後半には半導体の製造プロセスの微細化によって集積度が高まり，それまで個別チップであったマイコン・システムを構築する上で必需性のある機能を，一つのパッケージ集約できるようになりました．ここからシステムの小型化が始まったのですが，その一翼を担ったのが1チップ・マイコンです．それまでのマイコン・システムの設計では，まず使用するCPUのバス仕様を理解しなければなりませんでしたが，CPUを動作させる基本機能が全て一つのパッケージに収まっているので，電源，クロックおよびリセットさえきちんと与えればとりあえずマイコンは動作するようになり，ハードウェア設計は大変楽になりました．1チップ・マイコンに搭載されていないユーザ固有の機能でハードウェア化が必要なものは，ASIC（Application Specific Integrated Circuit）やFPGA（Field Programmable Gate Array）で実現します．

ちょうどこの頃，国内外の半導体ベンダから8ビットCPUを搭載した1チップ・マイコンが数多く市販されたことにより，マイコンは計算機の域を超え制御システムでも使われ始めるようになりました（組み込み機器の始まり）．

(c) ASSPベース

集積度向上とともにCPUも8→16→32ビットと進化し，動作速度も数百MHzから1GHzを超える製品が出るようになり，ソフトウェアだけでもある程度の性能を実現することが可能になっています．しかし処理仕様が固まっているものに関してはハードウェアで実現した方が，性能を上げられるだけでなく，CPUの負荷低減にもなりシステム設計に余裕ができます．このようにある特定用途向けの専用ハードウェアのうち共通性の高い機能も搭載して市販されている製品をASSP（Application Specific Standard Product）と呼びます．原価面で厳しいASSPベースのシステムでは，搭載されていないユーザ固有の機能でハードウェア化が必要なものはASICで実現するのが主流ですが，最近では追加機能対応などで製品ごとに開発し直すことが増えたため低価格のFPGAを搭載するケースも増えています．

図1 マイコン・システム構成の変遷

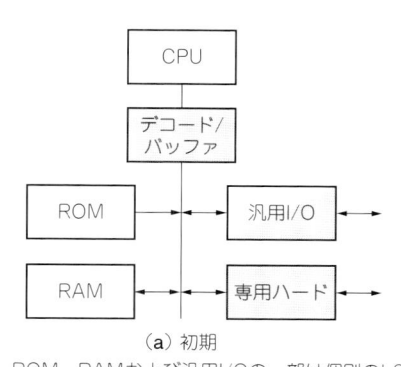

(a) 初期
CPU，ROM，RAMおよび汎用I/Oの一部は個別のLSI
それ以外はTTLやPALなどで構成

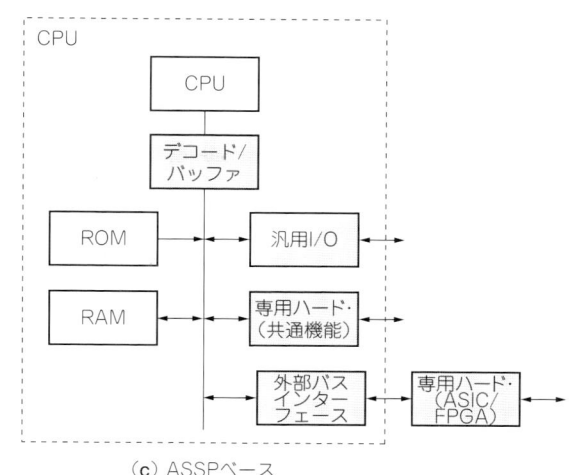

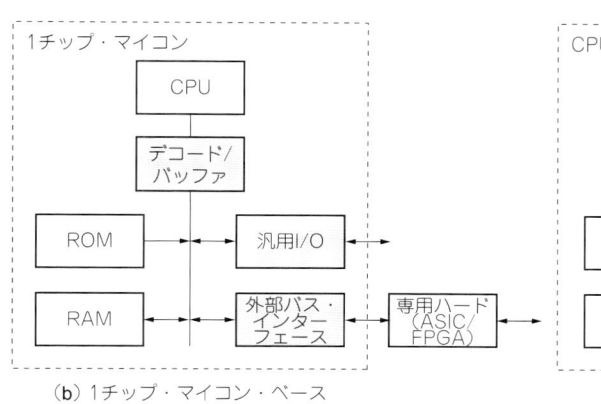

(b) 1チップ・マイコン・ベース
CPU，ROM，RAMおよび汎用I/Oは1チップ化され
アプリケーション固有の専用ハードはASIC/FPGA構成

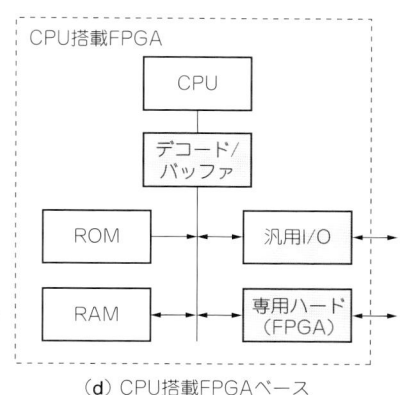

(c) ASSPベース
専用ハードで共通性が高い部分までを1チップ化
残りの専用ハードはASIC/FPGAで構成

(d) CPU搭載FPGAベース
チップ内のFPGA部に専用ハードを全て組み込む
これが本当のSoC

　ASSPをベースにすることでユーザは自社固有部分の開発に集中でき，開発工数・期間共に大幅に短縮させることが可能になりました．しかしASSPはセカンド・ソースがないため，一度採用するとハードウェアにおける性能面のアップデートが，デバイス・ベンダのリリース計画に縛られてしまうという制約だけでなく，不測の事態による工場の生産停止などによってデバイス供給が停止してしまうと，搭載製品の生産ができなくなるというリスクがあります．

　一方ASSPはデバイス・ベンダ側の費用負担で開発を行うのが一般的で，プロセス微細化に伴って高騰化が進み最近では数億といわれている半導体の開発費を回収しさらに利益を出するために，携帯電話やデジタル・カメラなどに代表される大量生産・販売を行うコンシューマ向け製品をターゲットとしています．またユーザも，生産計画分に加え前述のリスクを回避するための必要量を在庫として保有できる大手メーカが中心となります．

　実は汎用の1チップ・マイコンとASSPの切り分けははっきりしていません．出荷当初はASSPでも，ほかのアプリケーションへの適用拡大に応じて汎用品として位置づけが変更になったりします．要はデバイス・ベンダの判断（売り方）に依存するのがASSPです．

(d) CPU搭載FPGA

　ここまで説明してきた中で，機能部品が全て個別だった初期を除き，マイコンが搭載されたパッケージの外部にはASICやFPGAで実現されたユーザ固有の専用ハードウェアが必要でした．1チップ・マイコンやASSPは，汎用性を持たせて幅広く販売するために搭載する機能を絞り込んでいるため，ユーザ固有の専用ハードウェアは搭載対象となりません．より小型化・高性能化を進めたい製品開発側にとっての理想解

1．マイコン・システム構成の変遷　113

は，CPUからユーザ固有の専用ハードウェアまでを1チップに納めたASICなのですが，汎用品であるASSPでさえ開発費の回収のため複数社へ販売しているという状況で，その費用を1社内で賄うことは現実的ではありません．しかしこのCPU搭載FPGAならば，自社製品向けに必要なハードウェアを1チップに全て組み込むことが可能になります．

● ARM系ハード・マクロCPUコア搭載FPGA登場

図1に示す流れを受けて，FPGAにソフト・マクロCPUを実装したり，さらにはハード・マクロでCPUを内蔵したFPGAが登場してきました．これらFPGAで使われるCPUアーキテクチャには，当初はいろいろなものがありましたが，昨今では業界標準アーキテクチャとしてARMアーキテクチャを採用するものが増えてきました．

表1に，ARM系ハード・マクロCPUコア搭載FPGAを示します．Altera社とXilinx社が搭載しているのは共にCortex-A9 MPCoreで，動作周波数を含めた仕様はほぼ同じです．一方Microsemi社のSmart Fusionシリーズは，Cortex-M3プロセッサを搭載しています．

以前からARMを知っている方にとっては，ARM7やARM9というプロセッサの方がおなじみかもしれません．CortexはARM社が2005年に発表した新しいシリーズで，Cortex-A，Cortex-R，そしてCortex-Mの3シリーズで構成されています．それぞれ特徴がありますが，一口で言えばCortex-M→Cortex-R→Cortex-Aの順で，より大規模で高性能なシステムに向いています．

性能で選ぶなら，CPUコアはCortex-Aシリーズがあれば足りるのに，なぜ性能の低いCortex-Mシリーズが存在するのでしょうか．それにはキャッシュが関係してきます．

● キャッシュの弊害

図2にキャッシュの有無によるマイコン・システムの違いを示します．図2(a)はキャッシュを搭載せず，プログラムやデータは全てパッケージ内にある内部ROMおよび内部RAMを使用します．図2(b)はパッケージ内部にメモリはなくキャッシュのみを搭載し，プログラムやデータは外部メモリを使用します．

(a) 全て内部メモリ

内部メモリはCPUの動作速度に対応しているのが

表1 ARM系ハード・マクロ搭載FPGA
I/Oピンは共有されているので，全ての機能を同時に使用できない場合がある．

ベンダ名		Altera社	Xilinx社	Microsemi社
デバイス・シリーズ名		Cyclone V SoC FPGA, Arria V SoC FPGA	Zynq-7000 All Programmable SoC	SmartFusion, SmartFusion2
CPUコア		ARM Cortex-A9 MPCore		ARM Cortex-M3
最高動作周波数(Hz)		800M		100M (SmartFusion) 166M (SmartFusion2)
キャッシュ (バイト)	L1	命令：32K，データ：32K		命令：8K (SmartFusion2)
	L2	512K (ECC付き)	512K	－
メモリ管理	MMU	内蔵		－
	MPU	－		内蔵

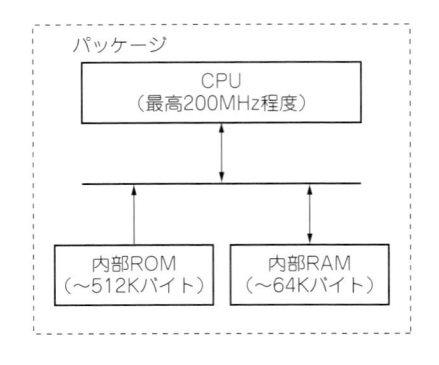

図2 キャッシュの有無によるマイコン・システムの違い

(a) 全て内部メモリ
内部メモリはCPUの動作速度に対応している

パッケージ
- CPU（最高200MHz程度）
- 内部ROM（～512Kバイト）
- 内部RAM（～64Kバイト）

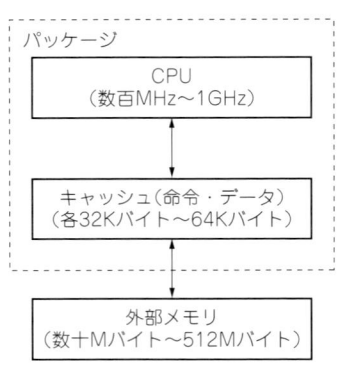

(b) キャッシュ＋外部メモリ
外部メモリ-キャッシュ間でバースト転送

パッケージ
- CPU（数百MHz～1GHz）
- キャッシュ（命令・データ）（各32Kバイト～64Kバイト）

外部メモリ（数十Mバイト～512Mバイト）

大きな特徴です．アクセスに関してウェイト・サイクルを必要としないのでCPUの持つ性能を十分に発揮できますし，またプログラムの実行速度も推定が可能になります．

しかし主にフラッシュ・メモリで構成される内部ROMは，論理ゲートやRAMと比べて微細化が難しく，同じシリコン上で実現するには若干世代の古いプロセスを採用せざるを得ません．またプログラムや定数データを格納するので大容量が必要なためアクセス速度もRAMに比べて遅くなります．

これらの要因からCPUの動作速度は200MHzあたりが上限になります．一部ベンダに内部ROMを搭載しながらこれ以上の動作速度を仕様として掲げている製品がありますが，内部ROMのアクセスに数クロックが必要なものが多いので，CPUの動作周波数通りに高速動作はできません．事前にデータシートなどで仕様を確認することが重要です．

(b) キャッシュ＋外部メモリ

パッケージ内にあるキャッシュはCPUがウェイトなしで動作するRAMに特別な機能を追加したもので，メモリ空間上には存在しません．CPUの命令が連続したアドレス上に配置され順番に実行されるという特徴を利用し，ある番地の命令を読み込もうとしたときに，次以降の命令もCPUのアクセスを待たずに外部メモリからキャッシュへ転送してしまい，次の命令読み込みを高速に行えるようにするものです（命令キャッシュ）．

読み込む命令やデータがキャッシュ上にあればウェイトなしで実行できるのですが，キャッシュにない場合は，クロック数的に非常に長い時間待たされることになります．

● 実現するシステムや用途により使い分けが必要

プログラムの実行速度が読めないと，厳しい割り込み応答性能を求められるリアルタイム制御に使うことが難しくなります．つまりARM Cortex-M3コアを搭載したSmartFusionは，リアルタイム制御にも適した組み込みシステム制御の用途を狙っていることがわかります．

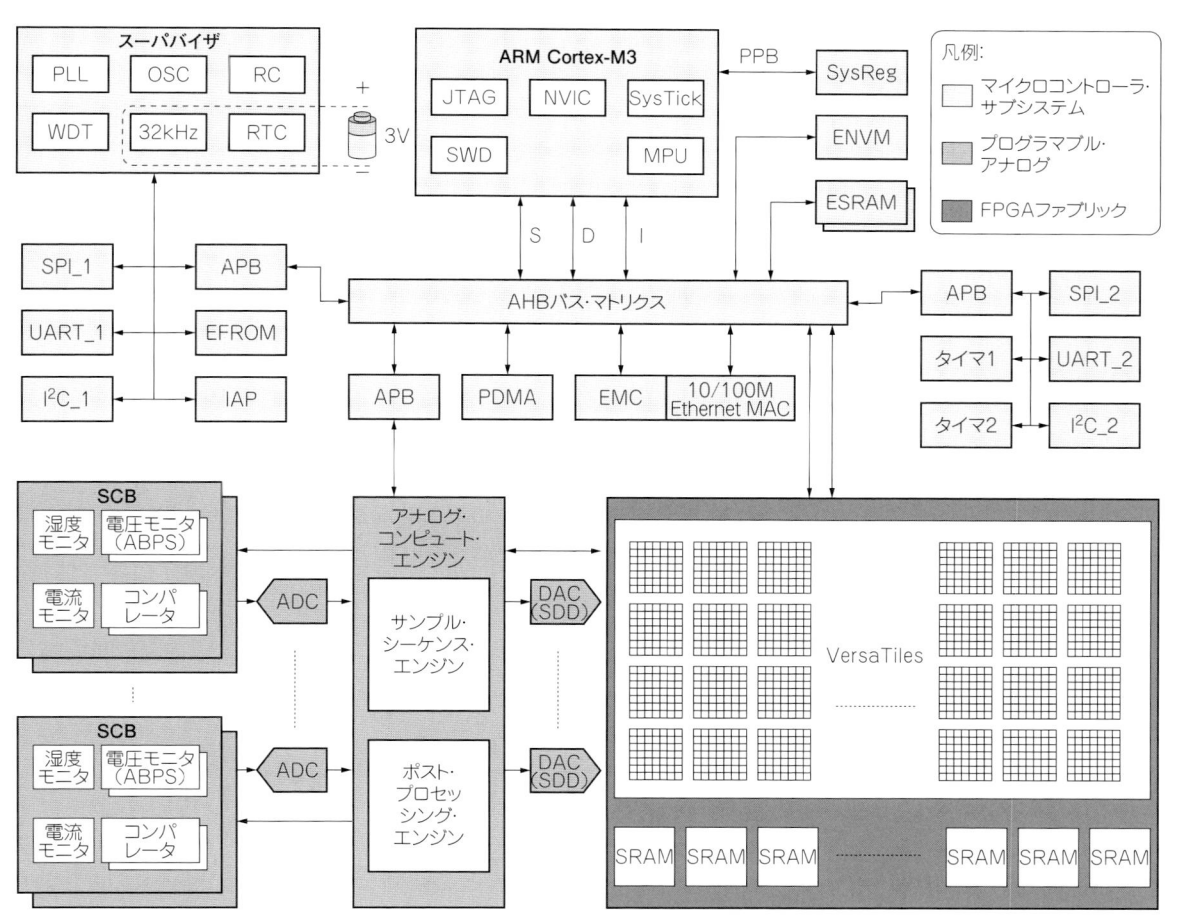

図3 SmartFusionのブロック・ダイヤグラム

1. マイコン・システム構成の変遷

表2 SmartFusionの概要

SmartFusionデバイス		A2F060			A2F200				A2F500			
		TQ144	CS288	FG256	PQ208	CS288	FG256	FG484	PQ208	CS288	FG256	FG484
FPGAファブリック	システム・ゲート	60,000			200,000				500,000			
	Tile (Dフリップフロップ)	1,536			4,608				11,520			
	RAMブロック数(4,608ビット)	8			8				24			
マイクロコントローラ・サブシステム(MSS)	フラッシュROM (Kバイト)	128			256				512			
	SRAM (Kバイト)	16			64				64			
	メモリ保護ユニット(MPU)搭載のCortex-M3	対応			対応				対応			
	10/100M Ethernet MAC	—			対応				対応			
	外部メモリ用コントローラ(EMC) アドレス・バス(ビット)	—	26		26				26			
	外部メモリ用コントローラ(EMC) データ・バス(ビット)		16		16				16			
	DMA (チャネル数)	8			8				8			
	I²C	2			2				2			
	SPI	1	2		1	2			1	2		
	16550 UART	2			2				2			
	32ビット・タイマ	2			2				2			
	PLL数	1			1				1	2	1	2
	32kHz低消費電力オシレータ	1			1				2			
	100MHzオンチップRCオシレータ	1			1				1			
	メイン・オシレータ(1.5~20 MHz)	1			1				1			
プログラマブル・アナログ	A-Dコンバータ(8/10/12ビットSAR)	1			2				2			3
	D-A-コンバータ(12ビットΣΔ)	1			2				2			3
	シグナル・コンディショニング・ブロック(SCB)	1			4				4			5
	コンパレータ	2			8				8			10
	電流モニタ	1			4				4			5
	温度モニタ	1			4				4			5
	バイポーラ高電圧モニタ	2			8				8			10
直接アナログ入力		11			8				8			12
共有アナログ入力の合計数		4			16				16			20
アナログ入力の合計数		15			24				24			32
アナログ出力の合計数		1		1	2				1	2		3
MSSのI/O数		21	28	26	22	31	25	41	22	31	25	41
FPGAのI/O数		33	68	66	66	78	66	94	66	78	66	128
I/O数の合計		70	112	108	113	135	117	161	113	135	117	204

逆にAltera社やXilinx社のデバイスは，リアルタイム性には多少目をつぶるとしても，大容量メモリを搭載しLinuxなどの高機能OSを走らせる用途を考えているというわけです．

2. SmartFusionの概要

● Microsemi社のSmartFusion

図3にMicrosemi社が開発・販売しているSmartFusionのブロック・ダイヤグラムを示します．SmartFusionは，Cortex-M3を含めたMSS（Microcontroller Subsystem），FPGAファブリック，およびプログラマブル・アナログという三つのブロックから構成されています．この内FPGAファブリックは，同社の汎用FPGAであるProASIC3とプロセス（130nm, 7層メタル）が同じであり，実績のあるFPGAに新しいアーキテクチャを搭載したデバイスと見ることができます．

表2にSmartFusionのプロダクト・テーブルを示します．CPUコアは全てのデバイスで共通ですが，例

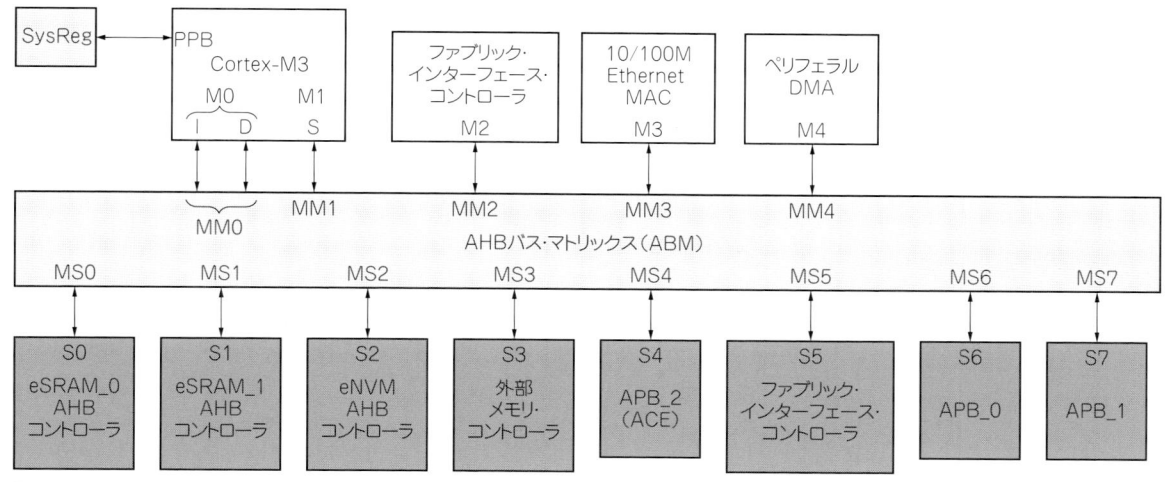

図4 AHBバス・マトリックス上のマスタとスレーブ

えば10/100MのEthernet MACはA2F200以上でサポートなど，FPGAファブリックの論理規模に合わせて，搭載されるプログラマブル・アナログも含め周辺モジュールも増えていきます．また三つ全てのシリーズにQFPパッケージ（144または208）が提供されているのは，プリント基板の層数を減らせるので嬉しいところです．

● マイクロコントローラ・サブシステム（MSS）

まずはマイクロコントローラ・サブシステム（MSS）について少し詳しく説明します．

従来ハード・マクロCPUを搭載したFPGAは，CPUコア，メモリ・コントローラや割り込みコントローラなど，目標とするCPUの性能を達成するために必要最小限のハードウェアのみをハード・マクロとして搭載し，周辺モジュールなどはバス・ブリッジを介してFPGA部に実装していました．アプリケーションによっては使用しない可能性のあるハードウェアをハード・マクロとして搭載するのではなく，必要なものだけを組み込めるというFPGAの特徴を前面に出すという意味で当然といえます．

しかし実際の設計を振り返ってみると，UART（Universal Asynchronous Receiver Transmitter），SPI（Serial Peripheral Interface）やI²C（Inter-Integrated Circuit）などのシリアル通信は，毎回組み込んでいたのではないでしょうか．これらの周辺モジュールは論理規模も小さいとはいえそれなりにFPGAファブリックを消費します．一方論理規模が小さいということは，ハード・マクロ化してもチップ・サイズに与える影響が小さいので，高速動作を必要としない周辺モジュールでも使用頻度が高いものは，ハード・マクロとして搭載した方が，より多くのFPGAファブリックをユーザ論理として使用できることになります．

図4にSmartFusionのシステム・バスと，それに接続されているモジュールを示します．SmartFusionのシステム・バスは，AHB（ARM High Performance Bus）バス・マトリックス（ABM）を採用しています．このABMはフルなクロスバーではなく，カスタマイズされたサブセットとなっています．一つのマスタが一つのスレーブをアクセスしている時，他のマスタは同一スレーブでなければ，同時にアクセスすることができます．スレーブのアクセスが競合した場合のアビトレーションは数種類用意されており，ユーザ設定が可能です．また図4のABM中に書かれているMMx（x：0〜4）がマスタ，MSx（x：0〜7）がスレーブのデバイスで，最大で5個のマスタ，8個のスレーブを接続することができます．このABMは100MHzでの動作が保証され，最大で16Gbpsのスループットを達成しています．

SmartFusionでは，ABMに高速アクセスが可能なeNVM（Embedded NonVolatile Memory）や，eSRAM（Embedded Static Random Access Memory）などが直接接続されています．さらにAHB-APBブリッジを3個搭載し，ディジタル系に二つ，アナログ系に一つを割り当てています．ディジタル系には低速なシリアル通信やタイマ類，1024ビットと小容量のEFROM（Embeddeed FlashROM）などが接続されています．

● FPGAファブリック

SmartFusionのFPGAファブリックは，既存のProASIC3と同じですが，ABMとFPGAファブリックがファブリック・インターフェース・コントローラ

2. SmartFusionの概要　117

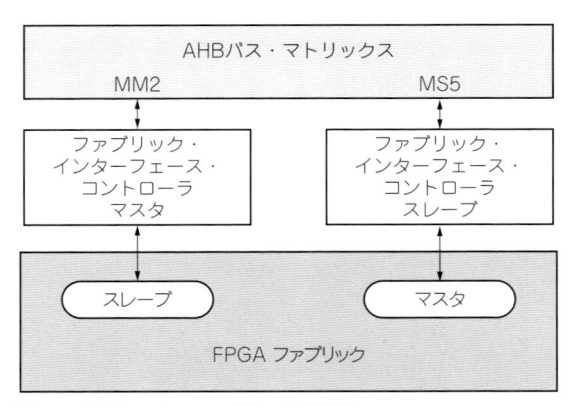

図5 MSSとFPGAファブリックの接続

表3 アナログ部のFusionとSmartFusionの違い

機能	Fusion	SmartFusion
A-Dコンバータ	8/10/12ビット	←
プリスケーラ	ユニポーラ	バイポーラ
電流モニタ	あり	改良型
温度モニタ	内部/外部	外部のみ
ゲート・ドライバ	あり	なし
コンパレータ	なし	最大10個
D-Aコンバータ	なし	最大3個
サンプル・シーケシング・エンジン	なし	あり
ポスト・プロセッシング・エンジン	なし	あり

というモジュールを介して接続されています．このファブリック・インターフェース・コントローラにはマスタ/スレーブの2種類があります(**図5**)．つまりFPGAファブリック上に設計したバス・マスタから，Cortex-M3プロセッサと同様に，AHBバス・マトリックスやAPB上に配置されたスレーブ・モジュールをアクセスできるということです．

FPGAファブリック上の論理をMSS側からスレーブ・モジュールとしてしかアクセスできない場合，DMAコントローラを介してデータ転送できる場合もありますが，動作パラメータの設定や起動・停止などはCortex-M3プロセッサから行わなければなりません．一方FPGAファブリック側からバス・マスタとしてアクセスが可能な場合，自由にMSS側のスレーブ・モジュールをアクセスすることができるので，Cortex-M3プロセッサの負荷低減に大きな効果を期待できます．極端な例ですが，Cortex-M3プロセッサは一切関与せずに，あるスレーブ・モジュールの制御の全てをFPGAファブリック側から行うことが可能かもしれません．

● プログラマブル・アナログ

表3にMicrosemi社のプログラマブルなアナログ機能を備えたFPGAであるFusionシリーズと，SmartFusionシリーズでのアナログ部の違いを示します．A-Dコンバータ(ADC)の仕様が同じなのと，Fusionで使用されることが少なかったというゲート・ドライバを削除したという以外は，ほぼ全ての点で改良が施されています．

特筆すべきは，
(1) プリスケーラがバイポーラ化され±の範囲の信号を直接入力できるようになった
(2) D-Aコンバータ(DAC)が追加された
(3) ADC，DACの制御(分解能，サンプル時間，割り込みなど)を行うサンプル・シーケシング・エンジンが追加された
(4) ADCで取得したデータの後処理を行うポスト・プロセッシング・エンジンが追加された
です．

特に(3)と(4)はアナログ・コンピュート・エンジン(ACE)と呼び，アナログ部の初期化やADC，DAC，およびシグナル・コンディショニング・ブロック(SCB)と呼ばれる各ブロックの処理をCPUから解放することができます．

サンプル・シーケンス・エンジンとポスト・プロセッシング・エンジンがそれぞれ持つ機能を**表4**に示します．特にADCでサンプリングしたディジタル・データをフィルタ処理できるポスト・プロセッシング・エンジンには興味を引かれます．筆者の情報収集力不足かもしれませんが，ADCを搭載しフィルタなどの後処理までハード・マクロで搭載している汎用製品は記憶にありません．

＊　　＊　　＊

マイコン・システムの変遷からハード・マクロCPU搭載FPGAの特徴とその例としてMicrosemi社のSmartFusionを紹介しました．搭載しているFPGA部の論理規模にもよりますが，CPU搭載FPGAはユーザ固有の専用ハードウェアまでも含めて1チップに収めたSoCがミニマム・オーダ1個から入手できる唯一の選択肢です．

次回は**写真1**に示すSmartFusion評価キットを使って，実際の使用感をレポートしたいと思います．

◆参考文献◆
(1) ARM；Cortex-A9 MPCore Technical Reference Manual，June 2012

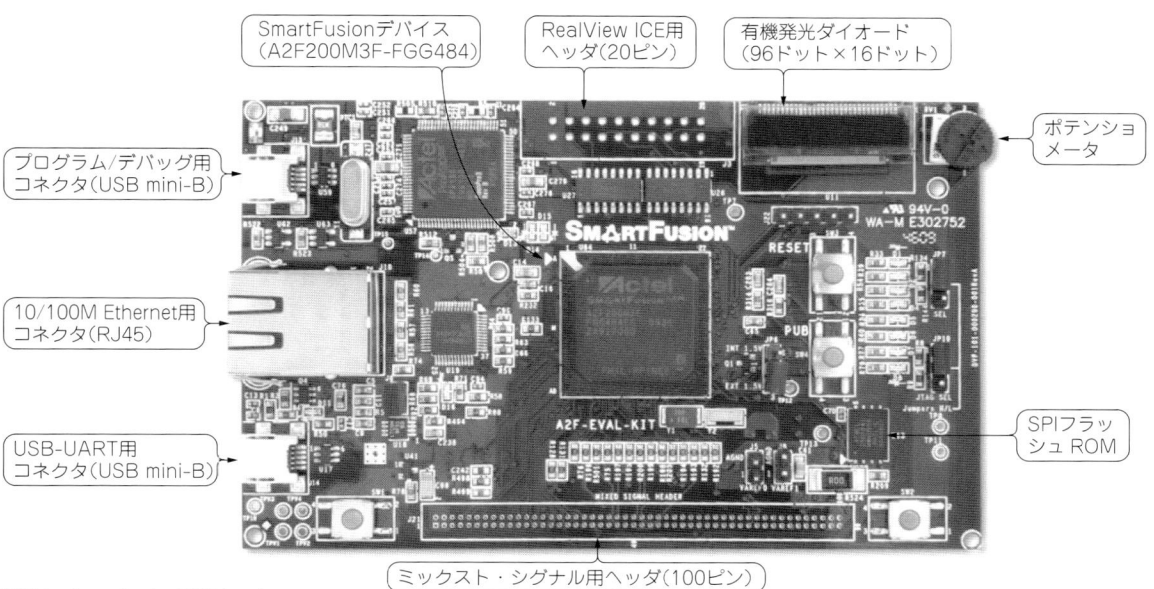

写真1　SmartFusion評価キット

ラベル（時計回りに）:
- SmartFusionデバイス（A2F200M3F-FGG484）
- RealView ICE用ヘッダ（20ピン）
- 有機発光ダイオード（96ドット×16ドット）
- ポテンショメータ
- SPIフラッシュROM
- ミックスト・シグナル用ヘッダ（100ピン）
- USB-UART用コネクタ（USB mini-B）
- 10/100M Ethernet用コネクタ（RJ45）
- プログラム/デバッグ用コネクタ（USB mini-B）

(2) ARM；Cortex-R5 Technical Reference Manual, September 2011
(3) ARM；Cortex-M3 Technical Reference Manual, July 2010
(4) Altera；Cyclone V Device Handbook, November 2012
(5) Altera；Arria V Device Handbook, November 2012
(6) Xilinx；Zynq-7000 All Programmable SoC 概　要, August 2012
(7) Microsemi；SmartFusion Customizable System-on-Chip DataSheet, September 2012
(8) Microsemi；SmartFusion Microcontroller Subsystem User's Guide, September 2012
(9) 浅井　剛；Cortex-M3プロセッサ搭載FPGA "SmartFusion", Interface 2010年11月号, CQ出版社

あさい・たけし　（株）ネクスト・ディメンション

表4　アナログ・コンピュート・エンジンの機能

ブロック名	機　能
サンプル・シーケシング・エンジン	ADCの分解能，サンプル時間，サンプル当たりのクロック設定を調整
	1〜3個のADCでの変換を同時に開始
	1〜3個のDACを同時にアップデート
	周期的なシーケシング
	ADCごとにリピータブルで独立したシーケシング
	FPGAファブリックからのトリガ
	ネストされたループ，遅延
	チャネルごとにマスク可能な割り込み
	シーケンスの終わりでのマスク可能な割り込み
ポスト・プロセッシング・エンジン	直線変換
	ディジタル・ローパス・フィルタリング
	スレッショルド比較
	ステート・フィルタリング

2. SmartFusionの概要

コラム　Microsemi社のSmartFusion2登場！

Microsemi社は，2012年10月にSmartFusion2を発表しました（**図A**）．SmartFusionとの違いは，
- FPGA部のアーキテクチャがTileと呼ばれるマルチプレクサ・ベースから4入力LUTベースへ
- ARM Cortex-M3プロセッサの最大動作周波数が100MHzから166MHzへ
- DDRメモリをサポート
- Ethernet MACが10/100Mからトリプルスピード（10/100/1000M）へ
- CANやUSBインターフェースを搭載
- PCI Express エンドポイント（×1, ×2, ×4）対応
- プログラマブル・アナログは未搭載

など，同じシリーズ名で呼んでよいのかと思うほど大きな変化を遂げています．SmartFuion2の情報は，http://www.actel.com/products/smartfusion2/ を参照してください．

SmartFusion2については評価キットを使用できる状況になった時点で，本誌上でレポートする予定です．ご期待ください．

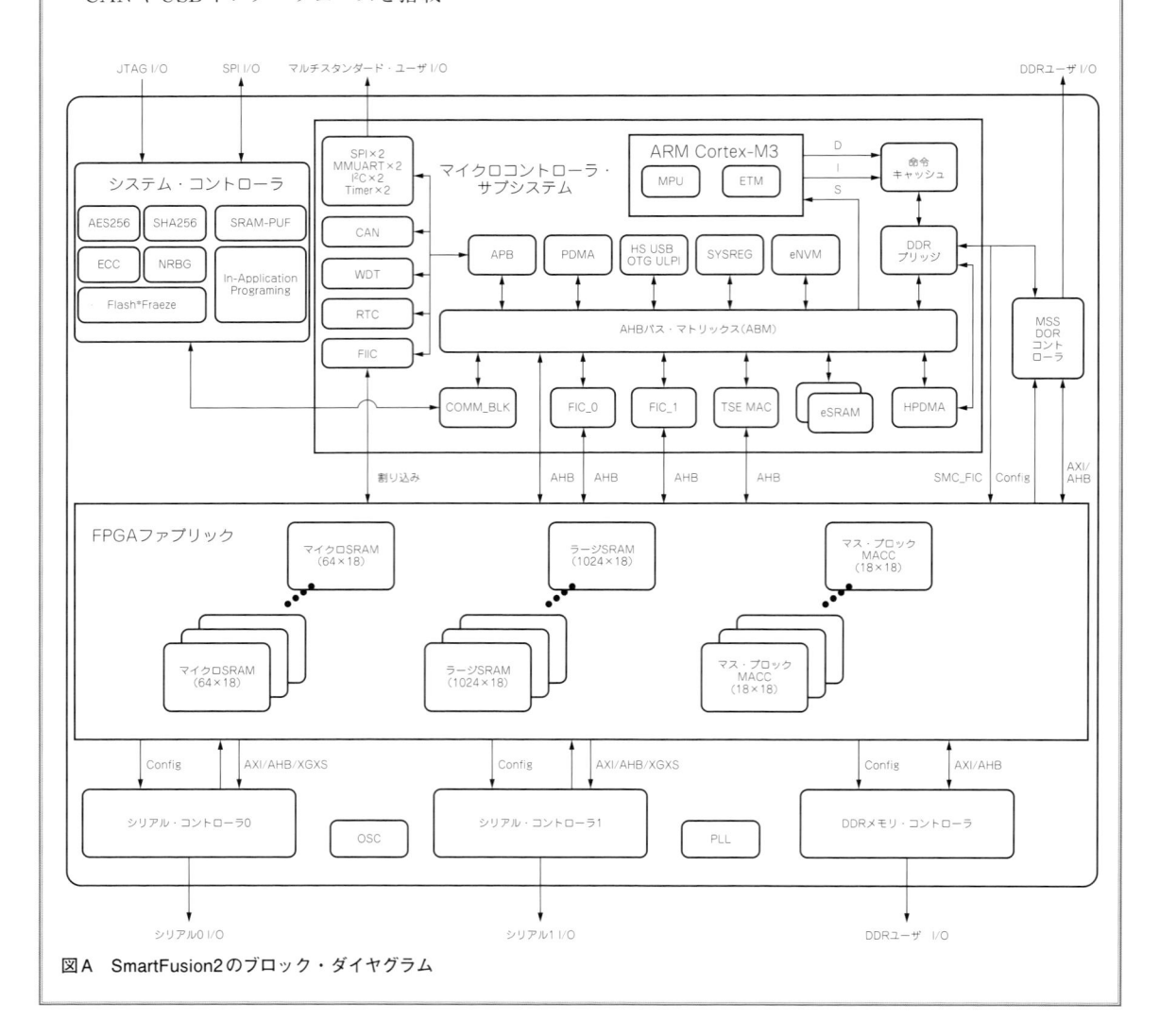

図A SmartFusion2のブロック・ダイヤグラム

FPGAスタータ・キットDE0で初体験！無償ソフトCPUコアNios II /e入門

Nios IIのアーキテクチャと「Hello World」チュートリアル

長船 俊　Syun Osahune

> ここでは、FPGAをもっと簡単に使う手法として、これまでのHDL記述による開発ではなく、CPUコアに機能ブロックを組み合わせたカスタム・マイコンとしての使い方を取り上げます．一言でいえば、FPGAに内蔵できるNios IIというCPUを活用して「FPGAをNios IIマイコンとして使おう」というものです．
> ここでは最小構成のNios IIマイコンの使い方について紹介します．

ターゲットとするFPGA評価ボードとしては、おそらく昨今の入門用ボードとしては最も入手しやすいと思われる、Altera社製FPGA Cyclone IIIを搭載したFPGA評価ボードDE0（Terasic社、**写真1**）を使用します．

1. Nios IIのアーキテクチャ

Nios IIはAltera社が提供するFPGA用のCPUコアです．32ビット固定の命令長、3レジスタ・オペランド、ロードストア・アーキテクチャなど、基本的な部分はMIPSの流れを汲む、32ビットのRISCプロセッサです．動作クロックは実装するFPGAによって差がありますが、Cyclone IIIでも100MHz以上で動作させることが可能です．

また、コンパイラやデバッガ、システム・ライブラリを自動生成するツール・チェーンを統合した開発環境が整備されており、パフォーマンスの点でも使い勝手の点でも汎用マイコンとほぼ同等といって差し支えないでしょう．

● 汎用レジスタ

Nios IIは32本の32ビット汎用整数レジスタと6本のコントロール・レジスタを持ちます．汎用レジスタは演算命令のオペランドとして使うことができます．コントロール・レジスタはプロセッサの実行モードの切り替えや割り込みの制御を行うレジスタです．32本の汎用レジスタのうち、r0は常にゼロを示すゼロ・レジスタ、r31はコール命令で呼ばれた際の戻りアドレスを格納するポインタとしてハードウェア上で暗黙的に使用されるため、32本全てが計算用に使えるわけではありません．

● 外部メモリ・バス

Nios IIは命令バスとデータ・バスを別々に持つ、ハーバード・アーキテクチャの32ビット・プロセッサコアです．命令バス、データ・バス共に32ビット幅のメモリ・バスを持ちますが、命令長の都合で命令バスのアドレス空間は256Mバイトに制限されています．またデータ・バスもプログラミング・モデル上では4Gバイトのアドレス空間となっていますが、物理アドレスとしては前半2Gバイトがキャッシュ領域、後半2Gバイトが非キャッシュ領域に割り当てられているため、物理アドレスは2Gバイトとなります（**図1**）．

● 最大256個のカスタム命令

Nios IIでは本体の命令セットのほかに、最大256個のユーザ定義のカスタム命令をサポートしています．カスタム命令ロジックはNios IIコア内部のALU（Arithmetic Logic Unit）に直接接続されるため、アーキテクチャ上はネイティブの命令と全く同じように扱うことができます（**図2**）．

また、Nios IIではオプションとしてIEEE 754の単精度浮動小数命令をサポートしていますが、これは標準で用意されているカスタム命令セットとして実装されます．

● 例外と割り込み

Nios IIの例外処理はベクタ・テーブルを使わないシンプルな例外処理になっています．どの例外が発生しても、プロセッサは生成時に設定した例外アドレスにジャンプします．

また、例外処理には外部割り込みも含まれています．Nios IIの割り込みコントローラは32の外部ハードウェア割り込みをサポートしています．

写真1 Cyclone III搭載FPGA評価ボードDE0（Terasic社）

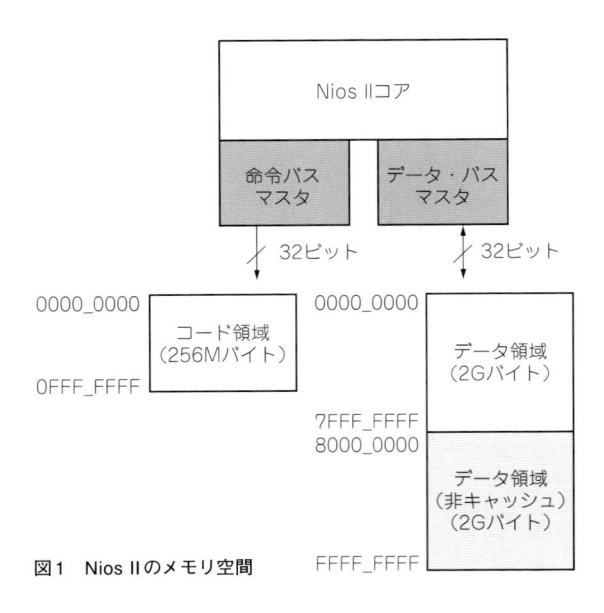

図1 Nios IIのメモリ空間

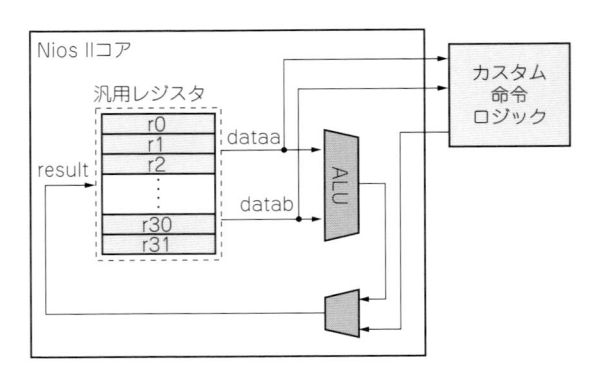

図2 Nios IIのカスタム命令

これらの例外処理および優先度は，全てソフトウェアで処理されます．例外や割り込みを処理するローレベル・ハンドラの部分も，システム・ライブラリ生成時に自動的に生成されるため，普通に使う分にはユーザが特に意識する必要はありません．

● 3種類のコア

Nios IIでは/fコア，/sコア，/eコアという命令互換ながら処理性能の異なる3種類のコアが提供されます．

3種類のコアとオプション設定により，目的とするシステムのトレードオフに沿って機能の追加・削減が可能です．例えば，実効速度の向上のためにキャッシュの容量を増やしたり，また逆にメモリ・マクロの節約のためにキャッシュを減らしたりと，回路規模や性能に合わせたトレードオフの検討が可能になり，アプリケーションに最適なものを選択できます．

• ハイパフォーマンス/fコア

/fコアは3種類のうち最もパフォーマンスの高いコアです．6段のパイプライン処理と動的予測分岐を持ち，命令キャッシュ，データ・キャッシュ，乗算命令が実装されます．乗算命令やシフト命令は1サイクルで実行され，オプションで除算命令やMMU（Memory Management Unit）を実装することもできる演算性能の高いコアです．

• 標準的/sコア

/sコアはNios IIの中では標準的なコアで，実装リソースとパフォーマンスのバランスが取れています．5段のパイプライン処理を持ち，命令キャッシュと，マルチサイクルの乗算命令が実装されます．乗算やシフトなどは3サイクルで実行され，ロジック・リソースを削りつつ演算性能を引き上げる実装となっています．またオプションで除算命令も実装することができます．

• 無償で使える/eコア

/eコアは最もシンプルで実装リソースの小さなコアです．ほかのコアのようなパイプライン処理やキャッシュは実装されておらず，同一クロックでのパフォーマンスは1/5～1/6程度です．また乗算命令や除算命令は実装されません．これらの演算命令についてはソフトウェア・ライブラリによるエミュレーション実行になるため，演算処理を頻繁に行うようなアプリケーションではパフォーマンスの差はもっと大きくなります．

これらのコアのうち，/eコアはWeb Editionで無償で使うことができます．/fコアと/sコアはライセンス購入が必要で，Web Editionなどのライセンスのない環境で論理合成を行うと，制限付きの評価版になってしまうので，プロジェクト・ファイルを再コンパイルする場合は注意してください．

● Nios IIシステムの開発フロー

Nios IIの開発環境は，FPGAにインプリメントするハードウェア側と，コードのコンパイルやデバッグを行うソフトウェア側の二つに分けられます．Nios IIを含めたIPコアのビルドとFPGAへのインプリメントを行うハードウェア側のツールがQuartus IIとQsysです．そして，出来上がったFPGA（に内蔵されているNios II）へのソフトウェア・プログラミングを行うのがNios II SBT（Software Build Tools）です．QsysやNios II SBTはQuartus IIと一緒にインストールされるため，個別にダウンロードする必要はありません．

Nios IIシステムを作る場合の大まかな開発フローは，Qsysでコンポーネントを組み合わせる→Quartus IIでFPGAへインプリメント→Nios II SBTでソフトウェア作成，という流れになります（図3）．

ハードウェア側のデザインに関しては，GUIツール

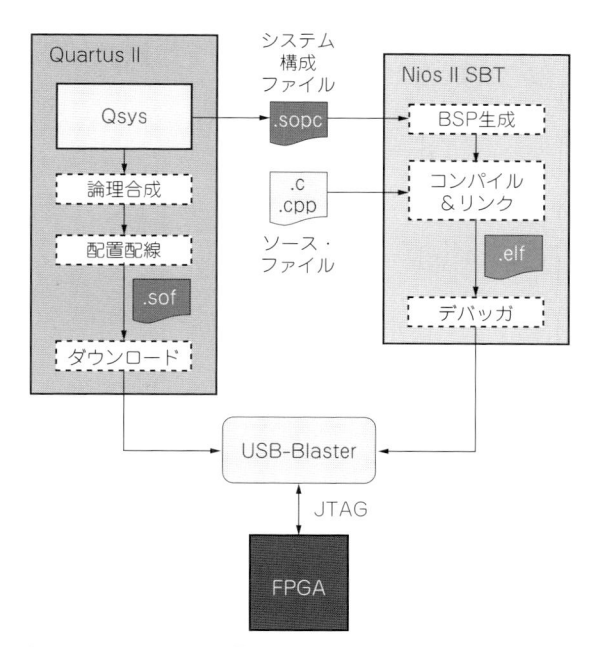

図3 Nios IIシステムの開発フロー

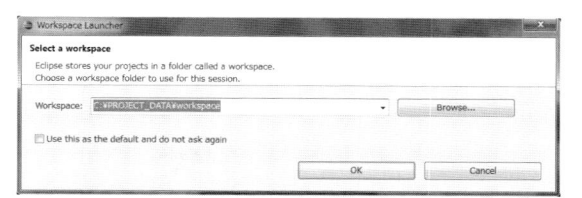

図4 Eclipseのワークスペース選択

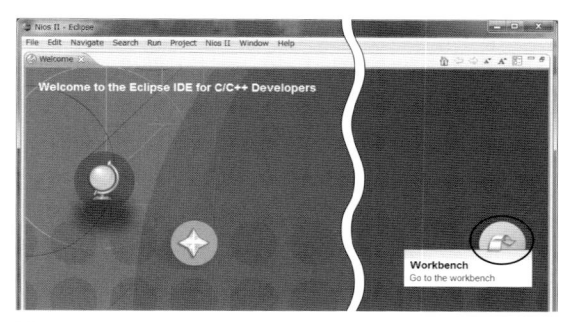

図5 EclipseのWelcome画面

上でコンポーネントの選択や接続，設定を行うだけでもかなりの自由度で設計をすることができます．これまでFPGAを使う場合には付き物だったVHDLやVerilog HDLといったHDLを触らなくとも，オリジナルのSoCを構成することができるのです．

2. Nios IIで「Hello World」を動かす！

Nios IIを使ったコンポーネントを作成するにはQsysやQuartus IIなどハードウェア側のツールの操作が必要ですが，今回は誌面の都合で説明しません．まずはあらかじめ用意したNios IIマイコンのコンフィグレーションを用いて，開発環境のインストールからHello Worldまでの流れを説明していきます．

それではNios II SBTを使って，C言語の入門中の入門である「Hello World!」を表示してみましょう．今回使うNios IIのプロジェクト・ファイルは，Nios II/eコアと32Kバイトの内蔵メモリ，標準入出力用のJTAG-UART，タイマ，システムID，GPIOのみのシンプルなものです．

● Nios II SBTの起動

まずはスタート・メニューまたはデスクトップから「Nios II 12.1sp1 Software Build Tools for Eclipse」を起動します．

最初にEclipseのワークスペースの場所を選択するダイアログが出ます．ワークスペースはプロジェクト管理の土台の部分で，ウィンドウや構成情報などが保存されます．デフォルトではユーザ領域に新しく作成

するようになっています．他のEclipseのワークスペースと統合してしまうと思わぬトラブルの原因になることがあるため，既に別のEclipseベースの開発環境がある場合は，別の場所に新しく作った方がよいでしょう（図4）．

最初の起動ではWelcome画面が表示されます（図5）．右端のWordbenchアイコンをクリックして次に進みます．起動途中でアップデートの画面が出ることがありますが，Nios II SBTの場合はAltera社がQuartus II環境に合わせてパッケージしているので，ユーザ側でのアップデートは不要です．"Don't update now"を選択してFinishをクリックします．

● アプリケーションの作成

起動した状態ではまだ何もありません．ここからアプリケーション（今回はHello world!）とBSP（Board Support Package）を生成します．左側のProject Explorerウィンドウを右クリックして，「New」→「Nios II Application and BSP from Template」を選択します［図6（a）］．

次にSOPC Infomation File nameで，先にダウンロードしたサンプル・デザインの.sopcファイルを選択します．Project name:にはプロジェクト名を入力します．今回はde0_helloとしました．下のTemplatesリストの中から，Hello Worldを選択してFinishをクリックします［図6（b）］．

すると図6（c）のようにProject Exlorerに生成されたアプリケーションとBSPが追加されます．

● ライブラリの設定

ここでde0_hello_bspプロジェクトを選択して，

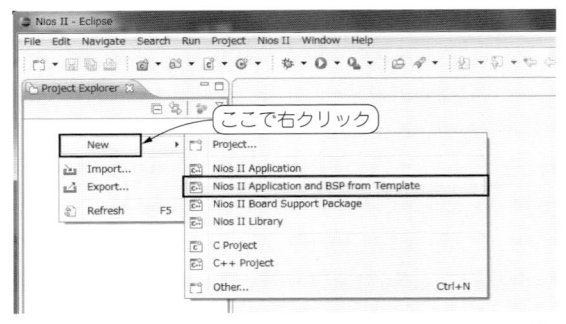

(a) New→Nios II Application and BSP from Template 選択

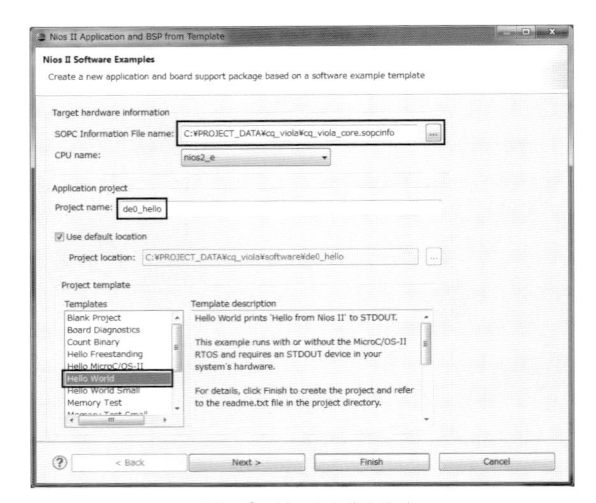

(b) プロジェクト名を入力

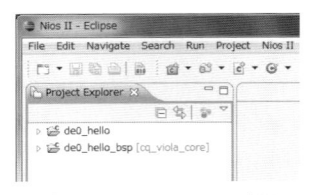

(c) アプリケーションとBSPが追加される

図6 テンプレートの作成

　Nios IIメニューから「BSP Editor」を起動します[**図7**(**a**)]．BSP Editorでは，HALライブラリのコンパイル・オプションや，ハードウェア・リソースをどのようにマッピングするかを細かく設定できます．

　このままBSPを生成してもよいのですが，今回のサンプル・デザインではメモリが内蔵の32Kバイトしかありません．ペリフェラルの構成にもよりますが，Nios II HALは標準ではだいたい30K～40Kバイトのメモリを必要とします．このままではメモリに収まらないので，ライブラリの機能を制限してコンパクトにします．

　BSPエディタのMainタブを開き，左側のウィンドウの「Settings」→「Common」→「hal」を選択します．次に右側のウィンドウのenable_small_c_libraryとenable_reduced_device_driversにチェックを入れ，Generateをクリックします[**図7**(**b**)]．

　InfomationウィンドウにFinished generate BSP files.と表示されれば完了です．ExitをクリックしてBSP Editorを終了します．これで今回のハードウェア用のBSPが生成されました．

● アプリケーションのビルド

　続いてアプリケーションのビルドを行います．

コラム　ハードウェア層を抽象化するレイヤHAL API

　Nios IIのシステムは，ユーザが自由にカスタマイズ可能というメリットがある反面，その利点がゆえにハードウェア構成が統一できないという問題が発生します．

　例えば市販のマイコンでは，同じ型番のチップなら同じペリフェラルが同じメモリ・マップに配置されています．ですから型番が決まれば，少なくともデバイスの動作に齟齬が出ることはありません．

　ところがNios IIではそこをユーザがカスタマイズできるうえ，後から変更することもできます．統一できないということは，毎回，多かれ少なかれ移植作業が発生することになります．このようなシステムでは，アプリケーションで直接ハードウェアを操作すると開発効率が著しく悪くなります．

　ハードウェア構成に一切変更がない，という保証があるなら別ですが，Nios IIのシステムの場合はカスタマイズできることが最大のメリットですから，ハードウェア構成が変わることを前提にした作り方をしなければなりません．

　そこでNios IIではハードウェア層を抽象化するレイヤ（Hardware Abstraction Layer）を規定し，ハードウェアへのアクセスはこのHAL APIを経由させることで抽象度の高いコーディングができるようになっています．

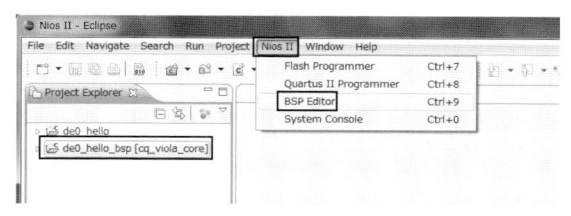

(a) メニューNios II→BSP Editor 選択

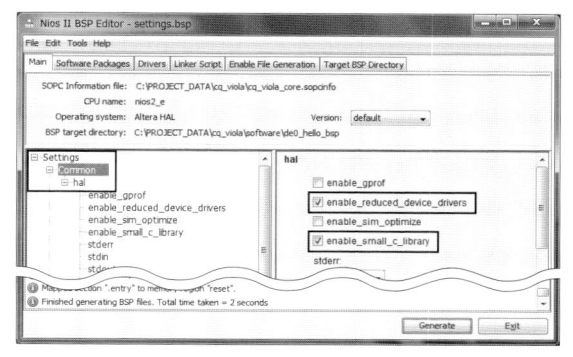

(b) Nios II HALの設定をしてGenerate

図7 省メモリNios II HALの作成

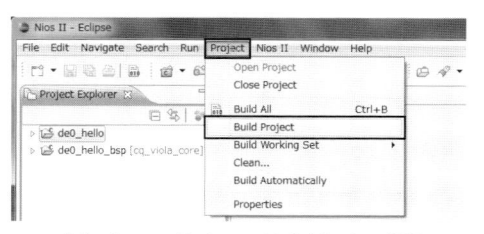

(a) メニューProject→Build Project 選択

(b) ビルド完了

図8 アプリケーションのビルド

Project Explorer ウィンドウから de0_hello プロジェクトを選択して，Project メニューから「Build Project」をクリック［図8(a)］すると，アプリケーションのビルドが始まります．図8(b)に示すように Console に Build Finished と表示されれば完了です．表示されているメッセージを見ると，コード領域＋初期化データで9064バイトを使用し，空きメモリが22Kバイトあることが分かります．

● FPGAのコンフィグレーション

今の状態ではFPGAはまだ空っぽのままなので，まずはFPGAのコンフィグレーションを行わないといけません．PCと評価ボードDE0をUSBケーブルでつなぎ，DE0の電源を入れます．Nios IIメニューから「Quartus II Programmer」を起動します（図9）．

Quartus II Programmer はFPGA やコンフィグレーション・メモリへデータをダウンロードするツールです．ここに，今回のプログラムで使用しているFPGAコンフィグレーション・ファイル（cq_viola_v1.sof）をドラッグ＆ドロップします．そして左のStartをクリックするとコンフィグレーションが始まります．右上のProgressが100％（Successful）になれば完了です（図10）．これでDE0がNios IIマイコン・ボードになりました．

Nios IIの大きな特徴として，FPGAのJTAGに統

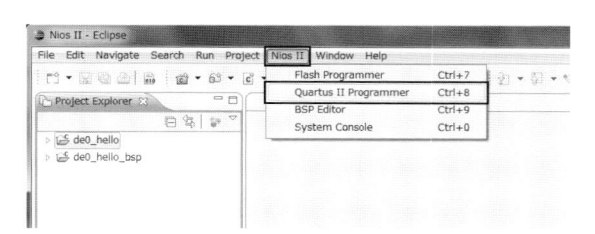

図9 Quartus II Programmerの起動

合されたデバッグ・モジュールを持つことが挙げられます．デバッガはEclipseに統合され，FPGAのコンフィグレーション・データのダウンロードに使用するJTAGとUSB-Blasterを，そのままNios IIのJTAGデバッガとして利用できるのです．

● プログラムの実行

では続いて，Nios IIプログラムの実行をしてみましょう．Project Explorerのde0_helloプロジェクトを右クリックして，出てくるメニューから「Run As」→「Nios II Hardware」を選択します［図11(a)］．しかし実行設定されてないので，コンフィグレーション・ダイアログが開きます［図11(b)］．まだDE0のNios IIとの接続ができてないのでTarget Connectionタブにエラー・アイコンが出ています．

Target Connection タブを選択して，右上のRefresh Connectionsをクリックします．これで接続

2. Nios IIで「Hello World」を動かす！　125

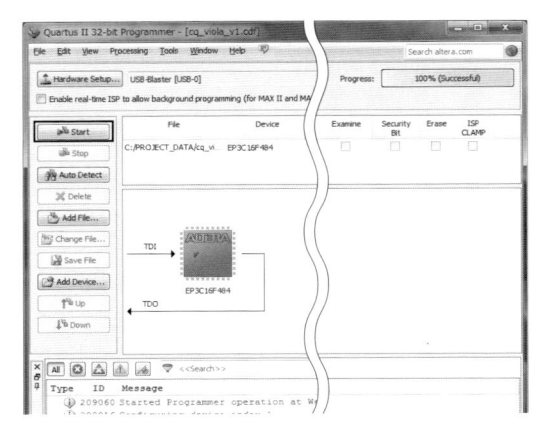

図10 FPGAコンフィグレーション・ファイルのダウンロード

されているUSB-BlasterとFPGA，その中にNios II gdbが入ってるかどうかを自動的に検索して，実行環境の設定が行われます［**図11(c)**］．

このRun Configurationsはプロジェクト・ビルドの中に保存されるため，プロジェクトのクリーンを行うと設定も消えてしまいます．その場合は再度コンフィグレーション・ダイアログを開いて実行設定を行う必要があります．

また，実行中にケーブルが抜けるなどでJTAGの接続が途切れてしまうと，場合によってはRefresh Connectionsをしても再接続できない状態になります．

たいていの場合はNios II SBTの再起動すれば直るのですが，たまにおかしな設定が残ったままになることがあります．再起動しても接続できない場合は，左のウィンドウのde0_hello Nios II Hardware configurationをいったん削除して，再度「Run As」→「Nios II Hardware」を選択します．

設定が完了すると下のRunが押せるようになるので，クリックしてプログラムの転送と実行を行います．今回のように標準入出力としてJTAG-UARTを使っている場合，プログラム実行と同時にNios IIからの標準入出力用のコンソールウィンドウが開きます．

Nios II Console(JTAG-UARTのターミナル)がタブに追加され，コンソールに「Hello from Nios II!」が表示されます(**図12**)．

*　　*

今回テンプレートで生成されたソース・コードを見ると，本当にC言語の入門本の一番最初に出てくるような，ごく一般的なものです．このように，組み込みマイコンでありながらC/C++の標準ライブラリがそのままきちんと使えるということは，アプリケーショ

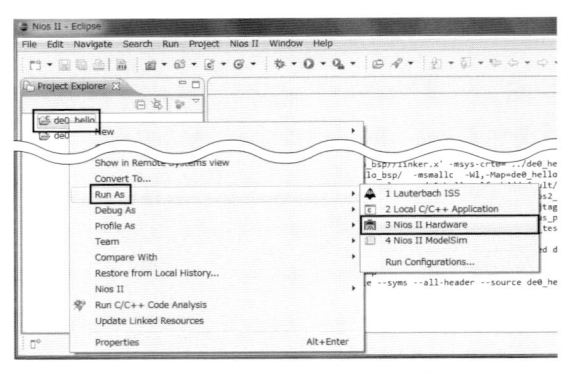

(a) Run As→Nios II Hardwareを選択

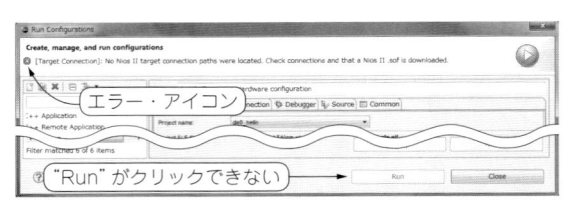

(b) Nios IIと非接続状態

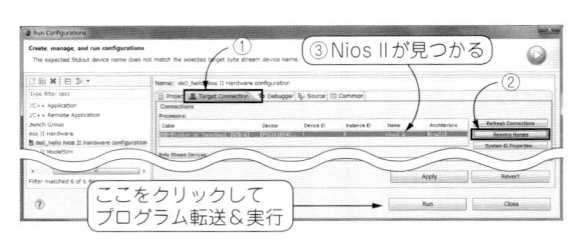

(c) Nios IIと接続状態

図11 プログラムの実行

図12「Hello from Nios II!」と表示

ン作成にとって大きなメリットがあります．

PC向けに作られたソースがそのまま流用できたり，またNios II用のコードをPCで動作確認することができたりと，同じ作法が通用する環境があるというのは，やはり使い勝手に大きく影響を及ぼす部分なのです．

DE0の紹介やNios IIシステムの説明までするには誌面が足りなくなってしまいました．次回はDE0の周辺回路を使うペリフェラルの追加や，機能モジュールの組み込みなど，オリジナル・マイコンを作るためのカスタマイズ方法について説明したいと思います．

おさふね・しゅん　J-7SYSTEM WORKS

高位合成の使いどころと最適化の勘所
高位合成言語Impulse Cによる画像処理アルゴリズムの実装

宮島 敬明 Takaaki Miyajima

誰でもプログラミング言語Cで回路が作れる

高位合成を利用すると，回路設計をする際に最も重要なアルゴリズムの検討，処理の順序，並列性の抽出，回路規模と性能のトレードオフの見極めなどにユーザが集中でき，なおかつ生産性が向上します．ここではFPGA向け高位合成言語 Impulse C を使い，画像処理アルゴリズムを記述してAltera社製FPGAへの実装を行い，実際の高位合成の使い方を解説します．前編の今回は高位合成ツールの歴史や使いどころ，そしてImpulse Cの概要について解説します．

1. 高位合成の今昔

● 高位合成の歴史

現在の高位合成言語は，第三世代にさしかかろうとしているといわれています（図1）．70年代から最初期の研究が始まり，第一世代とされる80年代までは，ツールなどは研究の副産物でしかありませんでした．第二世代は90年代半ばから2000年代初めとされ，最初のEDAツールとして商用化されましたが，失敗に終わりました．2000年代初頭から現在が第三世代とされ，C言語ベースの高位合成言語を用いてストリーミング処理などデータパス系回路の記述が可能になりました．また，第四世代は今後数年のうちに到来するとされ，サイクル・レベルの精度が求められる制御回路などの処理が可能になると予想されています[注1]．

● 第三世代のツールは使える！

読者の方の中には，第二世代の高位合成言語を使い「高位合成なんて使えたものじゃない」と考えた方もいらっしゃるでしょう．たしかに以前までは実用に耐えるものでなかったのは確かです．内部のコンパイラの性能が十分でなかったことや，HDLを完全に置き換えようとしたことが主な原因ですが，第三世代の高位合成言語ではこれらの問題は大きく改善されています．

Impulse Cを含む第三世代の多くのツールは，C言語を中間言語に落とす段階で最適化を行いHDLを生成，HDLからネットリストへの論理合成はベンダのツールに任せることですみ分けと最適化を実現しています[注2]．また，データパス系回路の記述に特化したことも特徴として挙げられるでしょう．企業での採用も増え，モジュール・レベルでは実際の製品に利用されている例も増えてきています．制御系回路の記述も可能ではありますが，トリッキなことをする場合が多く，労力を考えるとHDLでの記述をすべきです．

● 高位合成とAltera社

Altera社は，Xilinx社のVivado HLSのようにQuartus II（システム統合ツール）に組み込みの高位合成を持っていませんが，ここで紹介する高位合成ツール Impulse CがQsysを内部的にサポートしています．Altera社だからといって高位合成を利用できないわけではなく，Qsysの柔軟で使いやすい特性をImpulse Cでも利用することができます．また，Altera社が開発中のOpenCLを用いた高位合成による包括的なシステム設計技術が製品化されれば，FPGA設計における高位合成の重要性はさらに増すでしょう．

2. FPGA向け高位合成ツール～ Impulse C, Vivado HLS, CyberWorkBench ～

● 第三世代FPGA向け高位合成の話

第三世代の高位合成は多くの製品が存在しますが，

注1：全体をカバーするC言語のようなものではなく，ある分野に特化したドメイン固有言語がいくつか現れるのではないかと思う．

注2：第二世代の言語の中には，いきなりネットリストを自動生成するものもあった．

第一世代	第二世代	第三世代	第四世代
・研究用途 ・コンパイラの研究などの副産物 ・言語レベルの変換を行う	・最初の商用製品群 ・不十分な回路品質 ・HDLの完全な置き換えを狙う	・実用的な商用製品群 ・回路品質の改善 ・データパス系回路の記述・合成が得意	・研究段階 ・制御系回路の記述・合成も得意に？ ・ドメイン固有言語が有効？
1985年～	1995年～	2005年～	2015年？～

図1 高位合成技術の進化

FPGA向けと称しているものは数が限られます．NEC製のCyberWorkBench FPGA版，Xilinx社製Vivado HLS，そしてImpulse Accelerated Technologies社製Impulse Cではないでしょうか．

CyberWorkBench（CWB）は非常に強力な解析／最適化機能や豊富な設定項目を有する反面，非常に高価です．Vivado HLSは当然ながらXilinx社製FPGAに特化しています．

今回紹介するImpulse Cは，Altera/Xilinx社製のどちらのFPGAや開発ボードもサポートしており，十分に安価です．価格を考慮した場合，CWBとVivado HLS/Impulse Cに分類できますが，両者の共通点はRTLに対して圧倒的に高い生産性であり，違いは自動最適化（スケジューリング，依存関係の解決）の能力と作業量の差であると思います．

● パイプライン化，アンローリングの話

回路の処理性能を向上させるには，パイプライン化とループ・アンローリングを用いた最適化が必須です．多くの高位合成言語が，プラグマ（コンパイラ指示子）を用いて自動的にこれらの最適化を行うことができます．

上に示した3種類のFPGA向け高位合成のどれも，1行のプラグマを入れるだけでこれらの最適化を自動的に行うことができます．アンローリングの場合は，どれだけループを展開するかを指定することも可能なため，プラグマを入れ替えるだけで性能／回路規模の異なる回路を自動生成することができます．

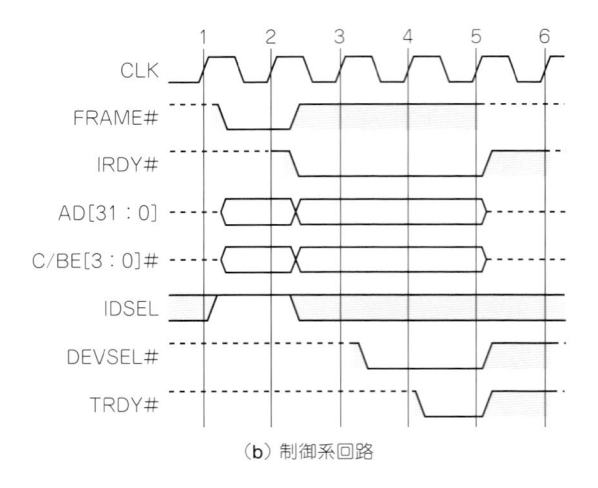

つまり，ある開発期間で検討することができる設計のパターンが増えるということです．もし，最終的な実装にはRTLを使うとしても，高位合成で設計にあたりを付けることは非常に有益でしょう．もちろん，最終的に自動生成されるRTLの品質は，依存関係の抽出などコンパイラの善し悪しに左右されるためツールによって異なります．

● 動作周波数を上げる

Impulse Cでは，入力されたコードを（ほぼ）そのまま合成するため，動作周波数の設定などはユーザが行いません．よって目標とする周波数に近づけるには，演算の順序を変えたり連続する演算を中間レジスタにいったん格納してパスを短くするなどの最適化作業が必要になります．考慮すべき点は基本的にはHDLによる記述と同じで，言語が変わった程度です．作業量としては，ツールが自動的に最適化をやってくれる分，CWBの方が楽でしょう．

● 回路規模を詰める

目標とする回路規模がある場合は，作業量は大幅に増加するでしょう．HDLによる記述にもいえることですが，回路規模の増加を抑えるには演算器やレジスタのリソース・シェアリング（再利用）が必要になります．高位合成でリソース・シェアリングを行う場合でも，ユーザ自信がアルゴリズムを十分に理解し，明示的に記述しなければなりません．多くの高位合成ツールはC言語ベースの独自言語を採用しているため，そもそもリソース・シェアリングを記述することが困難です．CWBなど，一部の高機能（＝高価）なツールでは自動的にリソース・シェアリングを行うものも存在します．

なお，処理に必要な時間（所用クロック数）の確認は，テストベンチなどで検証を行う必要があるので，どのツールも作業量は同程度であると思います．これは，不定回ループなどコードのみから知ることができない情報を元にするので，合成段階ではどのツールも各処理部分の所用クロック数のみをレポートします．

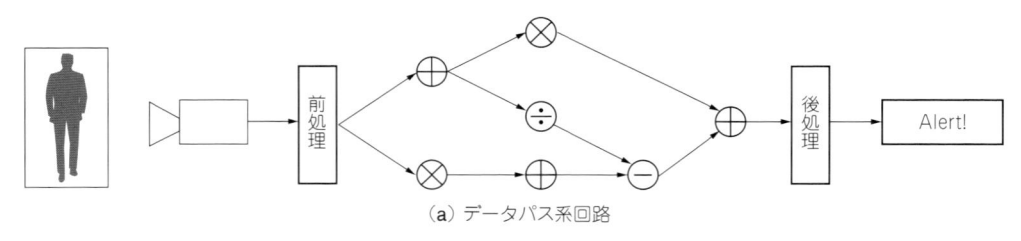

（b）制御系回路

（a）データパス系回路

図2 制御系回路とデータパス系回路

3. 高位合成に向いている処理，向いていない処理

● 第三世代高位合成は制御系回路には不向き

　第三世代の高位合成は，データパス系回路の記述に向いていますが，制御系回路には向いていません．本稿でのデータパス系回路とは，入力データに対し決まった順序である処理をできるだけ高速に行い，正確な所用クロック数や終了時刻についてはあまり重要視しない処理を指します．例えば，画像処理や無線のベースバンド変換などです．対して，制御系回路とは，入り組んだステートや条件分岐をもとに信号のやり取りを行ったり，所定のクロック数である処理を開始/終了しなければならない処理を指します．例えば，DDR SDRAMや各種インターフェースの制御などです（図2）．

● クロックの概念はない

　なぜ制御系回路に向いていないかと言うと，クロックの概念のない（アンタイムド）C言語などを流用しているためです．高位合成言語から自動生成されるHDLは，ステートというよりはビット・イネーブルを大量に用意し，それぞれに対応した処理を順に行っていくような特殊なものです．

　Impulse Cの場合，ソース・コードの1行がほぼそのまま一つのステートとなります．ステートの遷移は現在のステートを示すビットと次のステートへ遷移する信号のAND回路の形で実現されており，人間が書いたものとは似ても似つかないものが自動生成されます．

4. Impulse Cを用いたFPGA実装とその特徴

● Impulse Cの概要

　Impulse C/CoDeveloperは，ANSI CをベースにしたFPGA向け高位合成ツールで，Impulse Cが言語とライブラリ仕様，CoDeveloperが開発環境と合成ツールを指します．言語的には，HDLのモジュールに相当するプロセスや，並列性の記述，API化された通信チャネル，ビット幅の指示が可能なint型など，ハードウェア記述に必要な拡張がなされています．また，プラグマ（コンパイラ指示子）によるループのアンローリングやパイプライン化，処理の関数化も可能です．各プロセスは個々に独立して並列に動作し，プロセス内部は逐次的に動作します．

● Impulse Cの哲学

　少し難しい話になりますが，Impulse Cの設計コンセプトや哲学を理解することで，より良い実装を行うことができるようになります．

　Impulse Cの哲学とは，

　『アプリケーションのデータ・フローを並列動作するプロセスに分割し繋げていき，各プロセスがソフトウェア（SW）なのかハードウェア（HW）なのかを意識させない』

というものです．

　プロセス群に入力を与えて出力を得るという点では，フィルタ処理やUNIXのパイプと考えることもできますが，SWだけでなくHWも記述できる点が異なります．この考え方に沿ってアプリケーションをプロセスに分割したり，それらをつなげて，大きな並列性を抽出することが重要です．例えば，前述のデータパス系回路は，図3のような構成で実装することができるでしょう．また，各プロセス内部の命令ごとの小さな並列性の抽出はImpulseCが自動的に行うので，HDLよりも効率的に大規模実装を行えるようになります．

● Impulse Cの最大の特徴

　高位合成ツールとしての最大の特徴は，前述の哲学を実現する，柔軟なSW/HW分割と協調設計を実現していることです．Impulse Cでは，SWとHWをほぼ同じ言語（ANSI CとImpulse C）で記述で行い，トップレベル・ファイルでどれをHW化するかを指示するので，多くの分割パターンを簡単に設計/検証することができます．このような機能は，従来のソフト・マクロ・プロセッサのみならず，ARMなどの

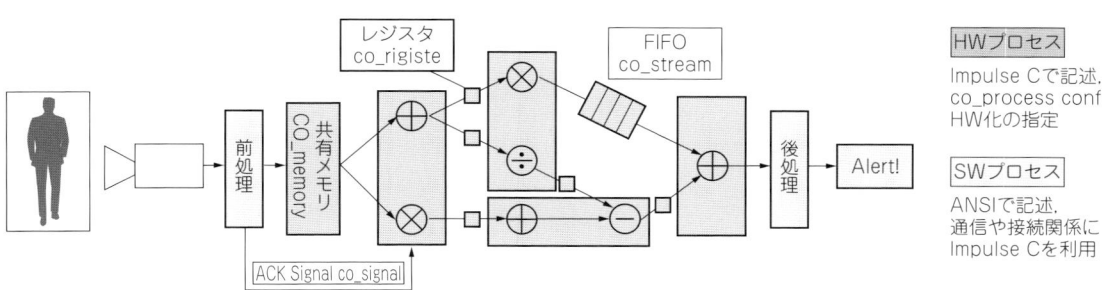

データパスをプロセスへ分割，SW/HW協調設計を実現

図3　Impulse Cを用いたソフトウェア/ハードウェア協調設計

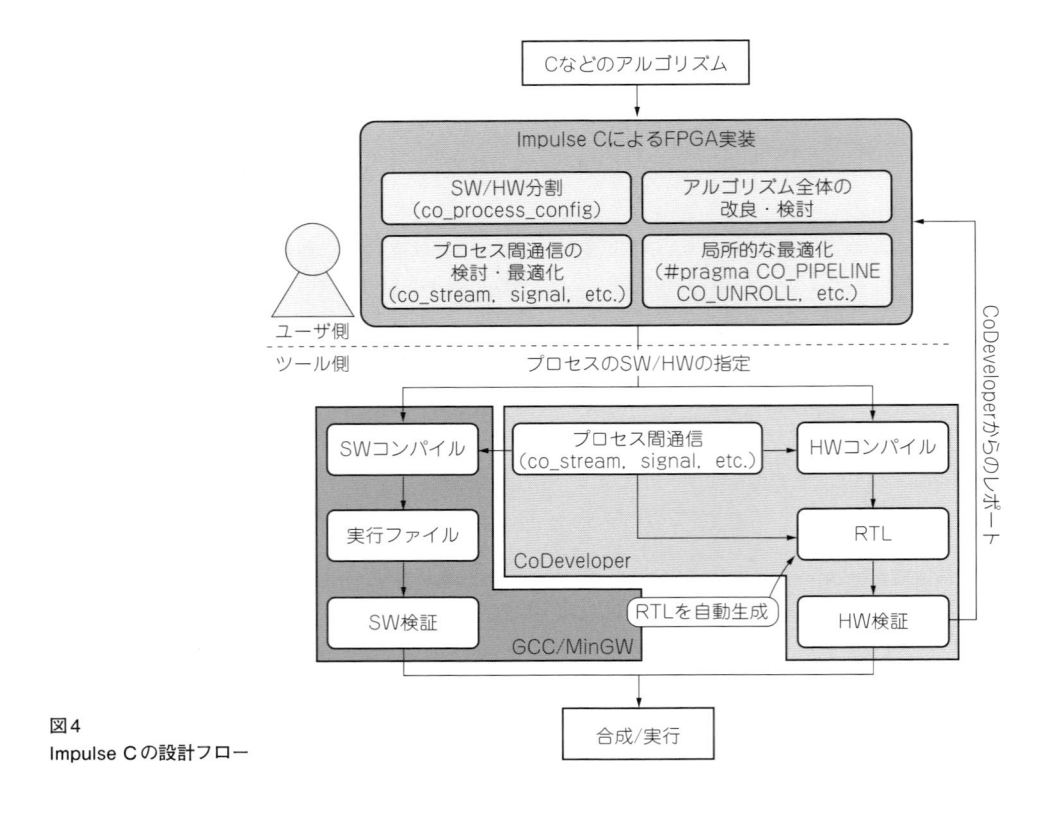

図4
Impulse Cの設計フロー

● Impulse Cでの開発

ハード・マクロ・プロセッサと密に結合されている昨今のFPGAには欠かすことができません．

Impulse CでのHW開発で，ユーザのすべきこととツールが行うことを図4に示します．まず，Cのアルゴリズムのプロファイルから HW で高速化したい部分を見つけ，Impulse C の言語上の制約を考慮に入れてその部分の書き換えを行います．それを元に，CoDeveloperがHDLを自動生成し，得られたパイプライン段数，レイテンシ，速度，回路規模のレポートを参考に細かいを最適化を行っていく形となります．開発フローについては，6節で細かく述べていきます．

また，CoDeveloperの中には，Application MonitorとStage Master Explorerという最適化用のサブアプリケーションがあります．この二つを使いこなせれば，Impulse Cを使いこなせたといえるでしょう．個別のFPGAについてはPlatform Support Package (PSP)を利用します．

5. Impulse Cの言語仕様

● ANSI Cからの拡張仕様

Impulse Cはハードウェアを記述するために，ANSI Cから表1のような拡張がなされています．

プロセス内部での配列の宣言やbit演算についてはANSI Cから変更はないので，通信部分と宣言などに慣れてしまえば言語仕様的には何も難しいことはないと思います．HWプロセスでは，printfなどの組み込み関数や動的メモリ確保，動的配列，コンパイル時に静的に解析ができないポインタなどは利用できません．また，煩雑な信号線の接続やステートマシンの設計が必要ないので，バグも減るでしょう．

これとは別に，HDLのトップレベル記述に対応す

表1 Impulse CのANSI Cからの拡張仕様

co_stream	制御付きFIFO
co_signal	ready制御付きレジスタ
co_register	単純なレジスタ
co_memory	共有メモリ

(a) プロセス間の通信チャネル

co_int1 … co_int64	符号付き1〜64ビット型
co_uint1 … co_uint64	符号なし1〜64ビット型

(b) データ型

IADD1 … IADD32 (a, b)	符号付き1〜32ビット加算器
UADD1 … UADD32 (a, b)	符号なし1〜32ビット加算器
IDIV1 … IDIV32 (a, b)	符号付き1〜32ビット除算器
UDIV1 … UDIV32 (a, b)	符号なし1〜32ビット除算器

(c) 演算器のビット幅指定

るコンフィグレーション関数が存在します．この関数を用いて，各プロセスや通信チャネルのインスタンス化，それぞれの接続関係とビット幅，プロセスのHW化などを指定します．

● Impulse Cの提供するプラグマ

Impulse Cは数多くのプラグマを持っています．それぞれの役割と機能を理解し，使い分けることでより良いHDLを自動生成することができるでしょう．プラグマによる回路への影響は，Stage Master Explorerで確認する必要があるので，後述するSMEとStage Delayの理解が肝心です．

Impulse Cの提供するプラグマの一覧は誌面の都合で割愛します．

● 高位合成ツールCoDeveloper

CoDeveloperは，Impulse Cの開発環境です．新規プロジェクトの作成，オプションの変更，実際のHDLの生成がGUI上で行えます．テンプレートも利用できるうえ，それほど入り組んだ機能やユーザー・インターフェースではないので，簡単に使えると思います．参考文献(1)～(3)に使い方の詳細が記載されてます．ここでは，その中でも重要なPSPとApplication Monitor，Stage Master Explorerについて述べたいと思います．

(1) Platform Support Package (PSP)

Platform Support Package (PSP) は，各ベンダの各FPGAのアーキテクチャ情報を保持したファイルです．ターゲットを正しく選択することで，CoDeveloperがより良い回路を自動生成する手助けとなります．ソフト・マクロ・プロセッサがある場合は，ソフトウェア・プロセスとハードウェア・プロセ

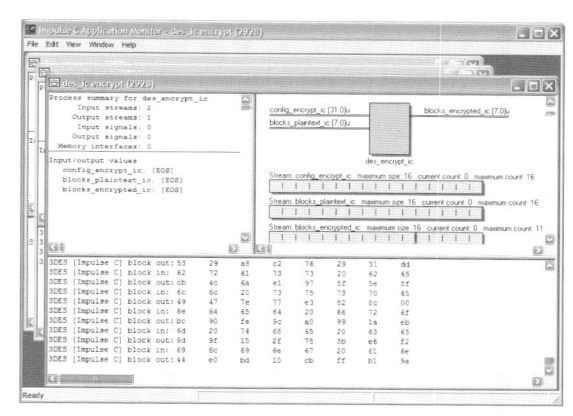

図5 Application Monitor

スのco_streamでの接続，ボード上にメモリがある場合はco_memoryでそれらを利用することができます．なお，ターゲットが決まっていない場合は，Generic (Verilog) を選択することで一般的なHDLを生成することもできます．

(2) Application Monitor

Application Monitor (図5) は，シミュレーション時のプロセスの状態を表示することができます．IF_SIM構文とprintfなどを用いてプロセス内の数値の確認や，入出力ポート (co_stream) を通過する値を確認することができます．また，消費されているFIFOの段数を表示できるので，必要なFIFOの深さを簡単に決定することもできます．

(3) Stage Master Explorer (SME)

Stage Master Explorer (SME，図6) は，合成され

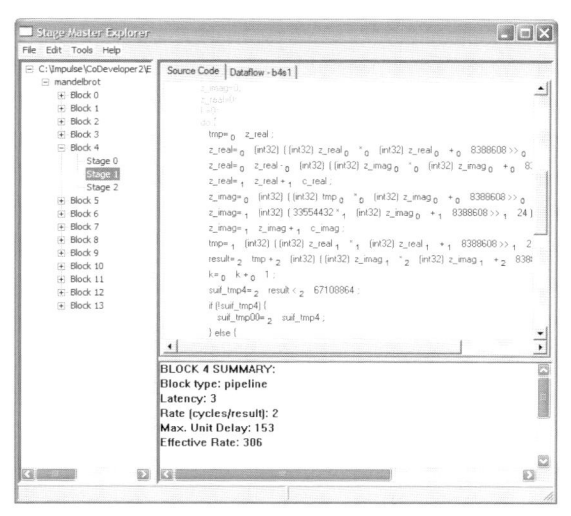

(a) ソース・コードと所用クロック数の対応表示

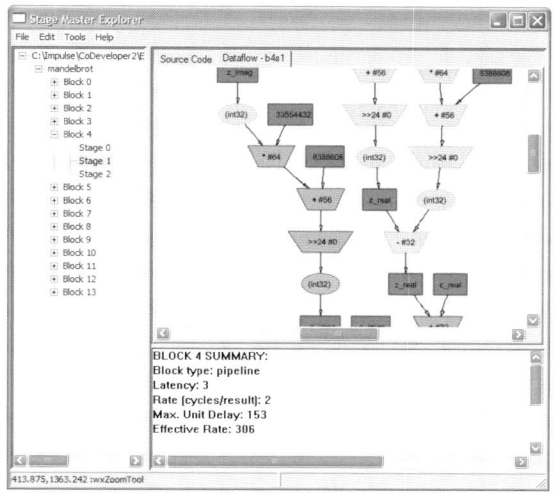

(b) ソース・コードとデータフローの対応表示

図6 Stage Master Explore

た回路の動作を解析やレポートするツールです．実装と最適化の際には，このレポートをもとに，細かいコードの変更を行います．GUI上で，コードとクロックの対応関係やコードと生成されるデータ・フローの対応関係を見ることができ，最適化には必須の機能です．

SMEに特有な概念に，Stage Delayというものがあります．この数値は，クリティカル・パスを示し，自動生成される回路の周波数に対応しています[注3]．この数値が小さければ小さいほど，生成される回路の周波数は高くなります．

6. 高位合成一般における最適化手法

● おすすめの最適化フロー

図7に，最適化を行う際に私が念頭に置いている大まかなフローを示します．このフローは，Impulse Cに限らずどんな高位合成ツールにも当てはめることができ，これに沿って実装することで，初めてのツールでもプラグマの特性や裏側のコンパイラの特徴，性能向上に何がクリティカルなのかがつかめると思います．それぞれの目的は以下の通りです．また，各ステップ中で図8を実行します．

(1) 言語上の制約を修正

ここでは，シンタックス・エラーを取り除くことが目的です．printfやmallocを削除したり，動的ポインタを静的なものへ変更したり，配列のサイズを静的なものにします．また，グローバル変数もできるだけ排除すべきです．ソフトウェアに最適化されている部分はできるだけ元に戻す必要もあります．性能や最適化の事は忘れて，コンパイルが通り評価ができる状態にし，性能評価のベースラインとします．

(2) プラグマの挿入 (1)

ここでは，とりあえずプラグマを挿入してみます．大半のケースでは，プラグマは思い通りの動作をしないでしょう．ですが，出力されるレポートやエラーを見ることで何が原因でうまくいかないのかの見当を付けられます．次のステップへの布石とするのが目的です．

(3) HWを考慮した最適化

ここでは，先ほどのレポートを元にその部分の変更を加えます．変数間の依存性をなくしたり，配列を分割して要素へ並列にアクセスができるようにしたりする必要があるでしょう．また，高位合成ツールが並列性を取り出しやすいようにコーディングし直す必要も出てくるでしょう．最も重要で効果もありますが，時間のかかるステップです．

(4) プラグマの挿入 (2)

ここで，もう一度プラグマを挿入します．依存性の排除などで並列性の抽出が可能になっているので，プラグマが効果的に働くはずです．プラグマを使ってパイプラインの段数を変更させ，目的となる周波数に回路を近づけたりします．プラグマの挿入だけでは目的が達成できない場合は，前のステップに戻り最適化を続けることになるでしょう．

● HWを考慮した最適化

ソフトウェアと同様に，高位合成全体に共通する最適化手法がいくつか存在します[注4]．ここでは基本的かつ重要なものに付いて述べていきます．

(1) グローバル変数の排除

グローバル変数はデータ・フローの解析を困難にさせ，処理を逐次的なものにしてしまいます．特に，いくつかのプロセスにまたがるものは同時アクセスの待ちが並列動作を妨げ，コンパイルは通っても，シミュレーションでうまくいかなくなってしまいます．グローバル変数を引数にしたり，enumなどで引数にすることでパイプライン的な動作が可能になります．

(2) クリティカル・パスの低減

一つのステートメントで一度に多くの演算を行おうとすると，クリティカル・パスが延びてしまいます．

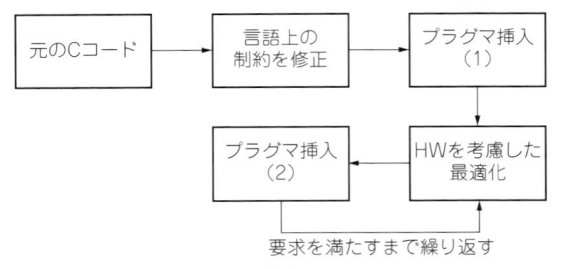

図7 高位合成でおすすめの最適化フロー

注3：数値自体が周波数を示すわけではない．
注4：もちろんアルゴリズムに依存する部分も多く，そこをいかに実現するかが腕の見せ所なのだが．

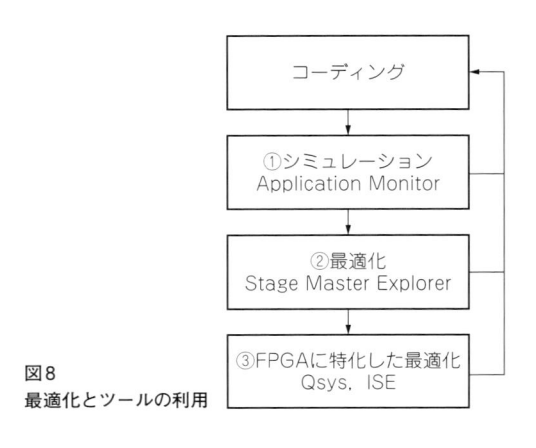

図8 最適化とツールの利用

リスト1　クリティカル・パスの低減

```
// 1クロックで実行しようとしてしまう
g = a * b * c * d * e * f;

// 中間値を用いて、クリティカル・パス
// の低減と並列化を実現
val0 = a * b;
val1 = c * d;
val2 = e * f;
val3 = val0 * val1;
g = val2 * val3;
```

リスト2　演算ツリーの最適化

```
// 演算ツリーが不均一になってしまい、
// jの演算に待ちが発生する
c = a * b;
i = d * e * f * g * h;
j = c * i;

// 中間値を用いて平衡二分木にすることで、
// クリティカル・パスを均一かつ短くする
c = a * b;
val0 = d * e;
val1 = f * g;
val2 = val1 * h;
j = c * val2;
```

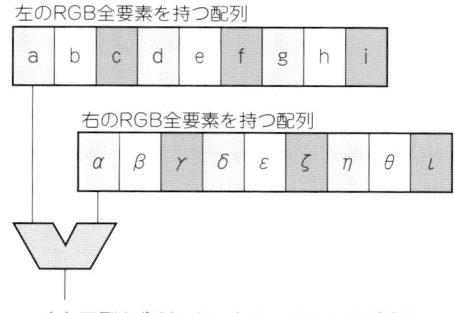

図9　配列の分割イメージ
(a) 配列を分割しないため，アクセスが衝突
(b) アクセスが衝突せず，並列に処理が可能

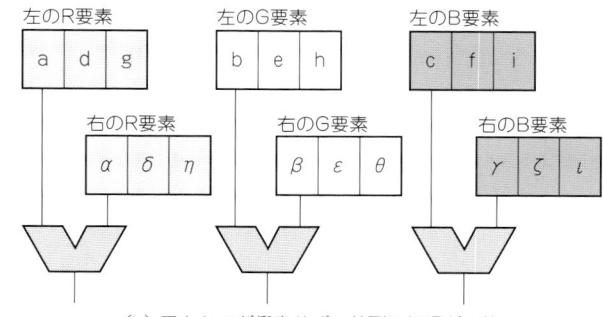

Impulse Cはステートメントを1サイクルで実行するためです．そこで，演算の途中結果をいったん中間値に入れることで，クリティカル・パスを低減し，並列に演算を行うことができます（**リスト1**）．

(3) 演算ツリーの最適化

ツリーのバランス化ともいいますが，演算ツリーを調整し，平衡2分木のような形にすることで特定の演算パスが長大になることを防ぎます．これによってクリティカル・パスも低減されます（**リスト2**）．

(4) 配列の分割

Impulse Cが自動生成するブロックRAMはシンプルなデュアルポートRAMであるため，同じRAM（配列）から値の読み書きは1サイクルで一つだけしか行えません．そこで，アクセスする配列を分割/コピーすることで，この問題を回避可能となります．画像処理でよく見られるRGB値を格納した配列を，それぞれR値のみG値のみ，B値のみに明示的に分割することで，単一配列への同時アクセスをなくします．各配列へ並列にアクセスできるようになるとともに，今後のリソース・シェアリングの布石にもなります（**図9**）．

● 配列の部分レジスタ化

ある配列へのアクセスが必要な場合は，その部分をいったん変数としてコピーして演算に利用します．変数はレジスタなので，並列アクセスが可能となり，依存関係を簡単に取り除くことができます．

*　　　*　　　*

今回は，高位合成とImpulse Cの概略，，最適化の指針について述べました．次回は，画像アプリケーションを用いてより具体的な設計手法と最適化について述べていきたいと思います．

◆参考文献◆
(1) 鳥海佳孝：[実践]C言語による組込みプログラミング スタートブック，技術評論社
(2) David Pellerin, Scott Thibault, 天野英晴監修, 宮島敬明訳；C言語による実践的FPGAプログラミング，エス・アイ・ビー・アクセス
(3) 仲野 巧：Cベース設計の時代がやってきた!，第5章 Cベース設計を体験する ImpulseC/Developerの活用事例，Design Wave Magazine 2009年3月号，CQ出版社
(4) 荒川尚久，泉知論；第2章 高位合成によるFPGA設計を体験する，ディジタル・デザイン・テクノロジ No.15，CQ出版社
(5) Martin Grant and Smith Gary；High-Level Synthesis: Past, Present, and Future，IEEE Des. Test

みやじま・たかあき　慶應義塾大学

USBドングル型のお手軽FPGAキットMicroBoardでチョコット体験
無償ソフトCPUコアMicroBlaze MCSでハード&ソフト作り

横溝憲治 Kenji Yokomizo

MicroBlazeでも無償で使えるバージョンが登場！

Xilinx社製FPGA向けに無償ツールだけで開発可能なソフトCPUコアとしてMicroBlaze MCSが登場した．ここではMicroBlaze MCSを題材に，ハード&ソフト開発の手順を3回（プラットホーム構築編/ソフトウェア開発編/システム応用編）に分けて紹介する．今回はプラットホーム構築編としてMicroBlaze MCSを利用するのに必要な最小限のハードウェアとソフトウェアの作成を紹介する．

1. MicroBlaze MCSの概要

● MicroBlaze MCSとは

Xilinx社では従来からFPGA用ソフトCPUコアとしてMicroBlazeを用意しています．MicroBlazeを使った設計には有償ツールのISE Design Suite Embedded Editionに含まれるXilinx Platform Studio（以降XPS）を使う必要があり，気軽に使うには少々敷居が高いものでした．この辺りを考慮してか，無償ツールのISE WebPACKで使える形でIPコア生成ツールCORE GeneratorのIPとしてMicroBlaze MCS（Micro Controller System，以降MCSと略）が追加されました．MCSは機能を限定したMicroBlazeといくつかのペリフェラルを組み合わせたIPです．またソフトウェア開発ツールのXilinx Software Development Kit（以降SDK）も無償で利用可能になっています．

MCSは機能が限定されているので，設計対象のメインの処理ではなく脇役的な利用に向いています．例えば，UART経由でPCのシリアル・ポートと通信して設定やデバッグする機能などを簡単に実現できます．回路規模（今回の場合は1430スライス）もそれほど大きくないので気軽にFPGAへ組み込んで利用できます．

● MicroBlazeとMCSの違い

表1にMicroBlazeとMCSの違いを示します．MicroBlazeはXPSを利用してほかのIPと接続されて回路に組み込まれます．ユーザの作成したモジュールをXPSから組み込むこともできます．一方，MCSはCORE Generatorを使い，あらかじめ用意されているペリフェラルの有効/無効を設定して作成します．MCSにはあらかじめ用意された機能しか持てないので，ユーザが設計した回路を追加する場合はMCSの外部回路として接続する必要があります．

またメモリの使用についても違いがあります．MicroBlazeはFPGAの外部のメモリも利用可能で，最大4Gバイトまでの領域が利用可能です．MCSはメモリとして内部ブロックRAMを最大64Kバイトまで使用できます．それ以上はCPUからはメモリとして扱えません．

MicroBlaze + XPSの組み合わせは利用可能なIPも多く，詳細な設定もでき，拡張性も回路構成の自由度も高いです．一方，MCSの回路構成は限定されています．しかしながら設定が少ない分あれこれ悩まずに利用できるメリットがあります．

表1 MicroBlazeとMicroBlaze MCS機能の違い

項目	MicroBlaze	MicroBlaze MCS
ハードウェア開発	ISE Embedded Edition	ISE WebPACK
ソフトウェア開発	Xilinx Software Development Kit	Xilinx Software Development Kit
作成ツール	Xilinx Platform Studio	CORE Generator
処理ビット幅	32ビット	32ビット
カスタマイズ	可能	機能追加不可
メモリ	内部ブロックRAM 外部メモリ　最大4Gバイト	内部ブロックRAM （最大64Kバイト）
外部バス	AXI	I/Oバス
ペリフェラル	各種IP，自作回路	UART，FIT，PTI，GPO，GPIのみ
割り込み	あり	あり
デバッグ機能	あり	あり

2. MicroBlaze MCSによるプラットホームの構築

今回はターゲット・ボードとしてSpartan-6を搭載したMicroBoard(**写真1**)を使い，MicroBlaze MCSの開発実装手順を紹介します．

● 設計フローと設計ツール

初めに設計に使用するツールを紹介します．**図1**に設計フローと設計ツールの関係を示します．複数のツールを使用していますが，ISE WebPACKをフル・インストールすると全てのツールが利用できます．ツールの利用にはラインセンスが必要ですが，Xilinx社のサイトで申請すれば無償で発行してくれます．

ハードウェア設計はProject Navigatorを使って進めます．ハードウェア設計の各ツールはProject Navigatorから起動できるようになっています．ソフトウェア開発にはSDKを使用します．SDKは統合開発環境Eclipseをベースとした MicroBlaze用GUN

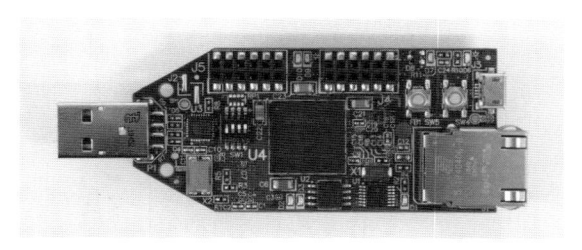

写真1 MicroBoardの外観
Avnet社製のSpartan-6 LX9搭載の評価ボード，コンフィグレーション・データのダウンロード回路を内蔵しているので，USBケーブルで接続するだけでOK．

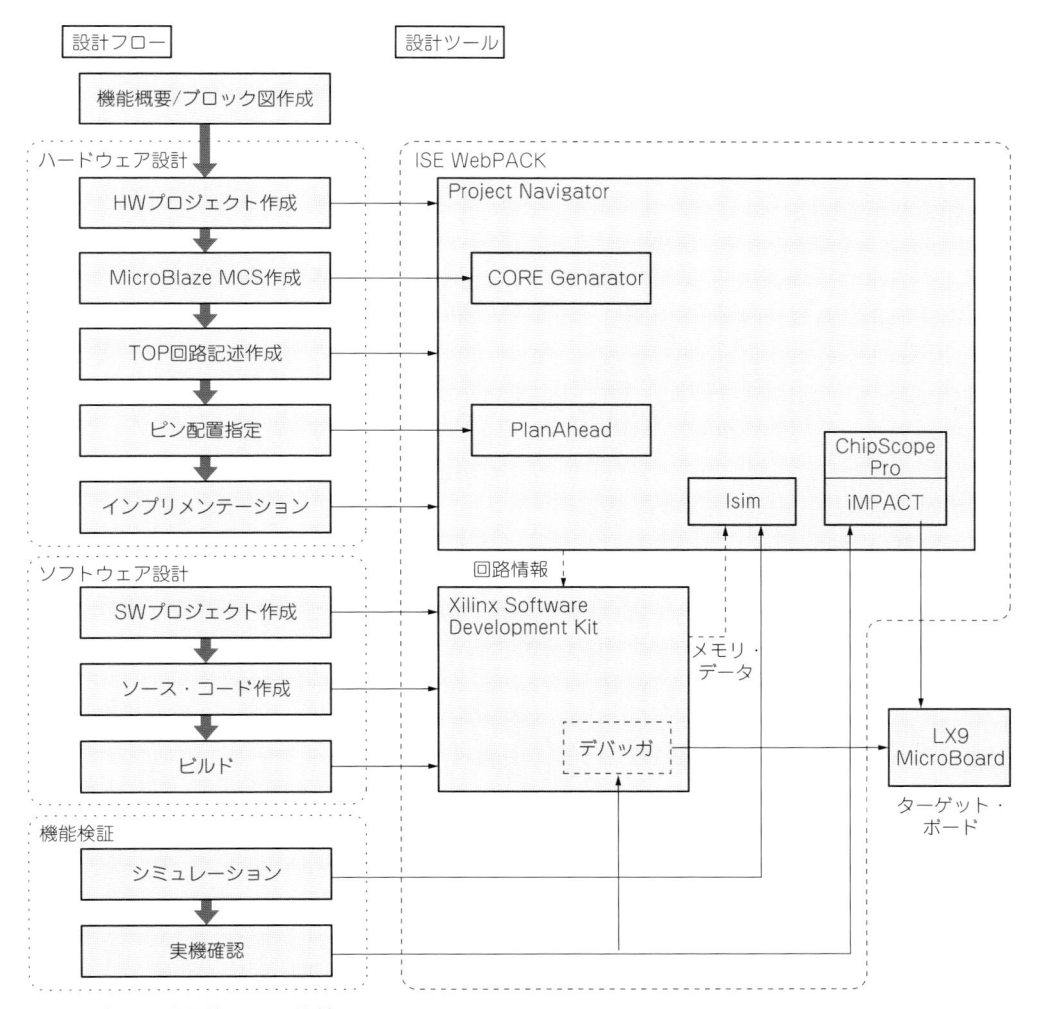

図1 設計フローと設計ツールの関係
ISE WebPACKをフルインストールすると全てのツールが利用可能になる．ChipScope ProはISE WebPACKには含まれないが，MicroBoardにデバイス限定のライセンスが付属している．

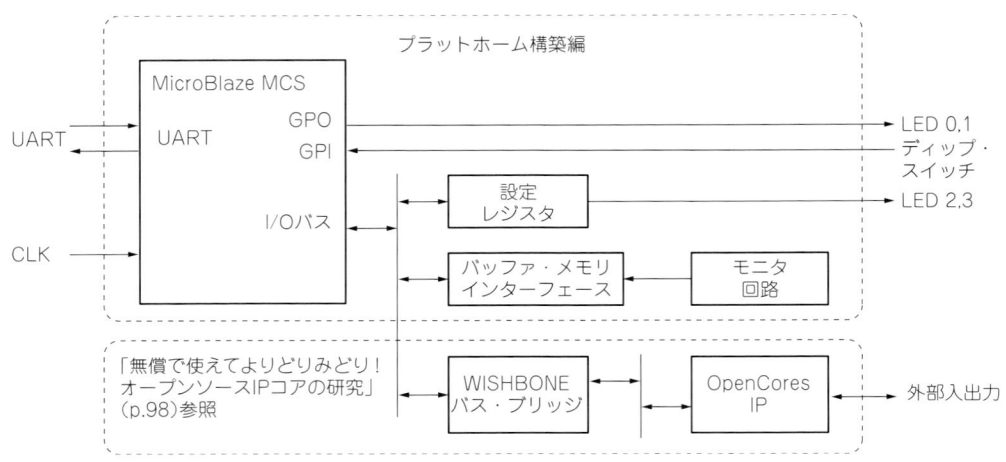

図2 ブロック図
プラットホーム構築編で作成した回路をベースにして，OpenCoresのIPなどを追加していく．

ツールを利用できるソフトウェア開発環境で，MCS用ライブラリも提供します．

開発は機能ブロック図，ハードウェア設計，ソフトウェア設計，検証の順で進めていきます．

● 機能概要/ブロック図作成

ここではMCSを使った最も基本的なシステムを基本プラットホームとして構築します．**図2**に今回設計するシステムのブロック図を示します．メモリ，UART，GPO，GPIなのどの機能はMicroBlaze MCSの内部に組み込まれています．設定レジスタ，バッファ・メモリ・インターフェース，モニタ回路はユーザ設計回路でI/Oバスに接続します．WISHBONEバス・ブリッジはOpenCoresのIPコアを接続するためのバスです．

今回の記事ではMicroBlaze MCSを試すために必要な最低限の機能のみを作成します．各ペリフェラルの制御や割り込みハンドラはソフトウェア開発編で紹介する予定です．

● 設計プロジェクトの作成

設計データを管理するためのProject Navigatorを起動して，プロジェクトを作成します．**図3**に設計プロジェクトの作成手順を示します．Project Navigator起動して「File」→「New Project」を選択します［**図3(a)**］．プロジェクト名を"mb_mcs_sys"としました［**図3(b)**］．使用デバイスはMicroBoardに合わせて，FamilyはSpartran6，DeviceはXC6SLX9，PackageはCSG324，Speedは-2を指定します［**図3(c)**］．

● MicroBlaze MCSの基本設定

次にMicroBlaze MCSを作成します．Xilinx社が提供するほかのIPと同じようにCORE Generatorから作成します．**図4**にMCSの設定手順を示します．Project Navigatorのメニュー・バーから「Project」→「New Source」を選択する［**図4(a)**］と"New Source Wizard"が表示されます．**図4(b)**のようにIP(CORE…)を選択してから，File nameに作成するモジュール名を入力します．今回は"mb_mcs"としました．次に右下のNextをクリックするとIP選択に切り替わるので，MicroBlaze MCSを選択してNextをクリック［**図4(c)**］し，次の画面でFinishをクリックする［**図4(d)**］とMicroBlaze MCSを作成するためのCORE Generatorが起動します．

CORE Generatorの画面では，中央下にあるDatasheetをクックするとドキュメントが表示されるので，設定の際に参考にしてください．基本設定はMCSタグ［**図4(e)**］で行います．Instance Hierarchical DesignはMCSの上位階層でのインスタンス名(mcs_0)になります．Input Clock Frequencyは入力クロック周波数を入れます．今回は100MHzです．Memory SizeはCPUが使うメモリのサイズになります．メモリはFPGA内のブロックRAMで構成されます．64Kバイトまで設定可能です．しかし64KバイトではLX9のブロックRAMをほとんど使用してしまうので，今回は32Kバイトに設定しました．Enable IO Busにチェックを入れると外部I/Oバスが生成されます．またEnable Debug Supportにチェックを入れるとデバッグ機能がサポートされSDKからデバッグ可能になります．Debug JTAG…は複数のMCSを使用した場合のデバッグ時の識別に使用します．Enable MicroBlzae Trace Busは解析用のトレース信号を生成します．今回はTrace Busを使用しません．

● ペリフェラルの設定

各ペリフェラルのタグをクリックするとそれぞれの設定に切り替わります．UART(シリアル通信)の設定［**図4(f)**］は，送信，受信をイネーブル，ボーレー

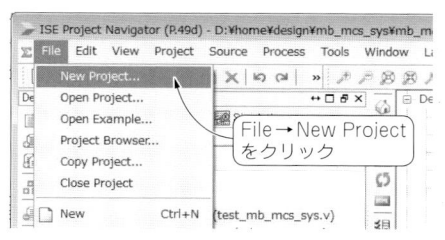

(a) File→New Projectを選択

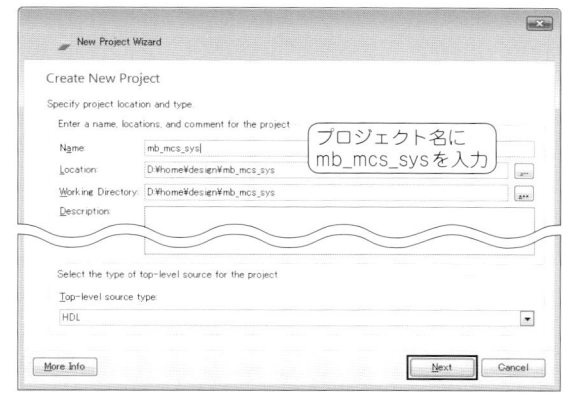

(b) プロジェクト名は"mb_mcs_sys"

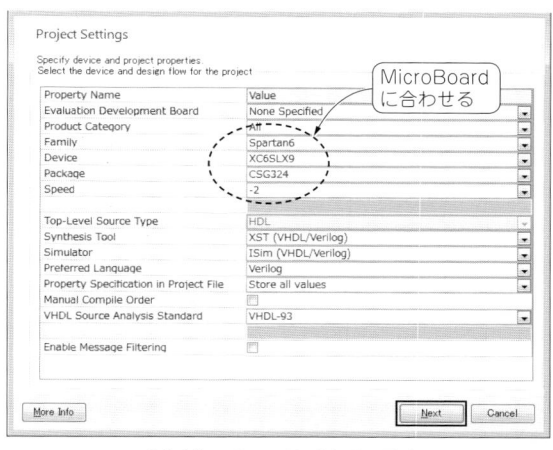

(c) MicroBoardに合わせて設定

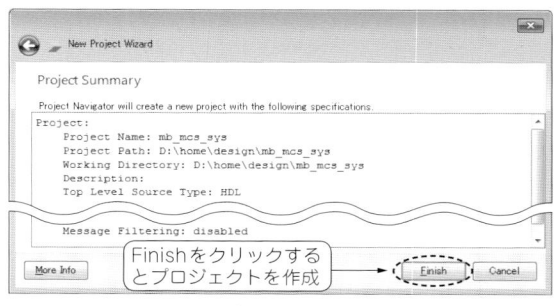

(d) プロジェクトの生成

図3 設計プロジェクトの作成手順

トを115200，データ・ビット数を8に設定します．PCとシリアル通信する場合はPC側の設定もこの値を使います．

FIT（Fixed Interval Timer）はMCS生成時にカウント値の決まっているタイマです［**図4(g)**］．最大で4個まで持てます．各タイマの有効/無効，カウント値，割り込み生成を設定します．今回はFIT1のみ有効，カウント値を100000000，割り込みを生成する設定です．クロックが100MHzなので1秒に1回割り込みを発生します．

PIT（Programable Interval Timer）はソフトウェアからカウント値を設定するタイマです［**図4(h)**］．最大で4個まで持てます．各タイマの有効/無効，カウント・ビット幅，カウンタ値の読み出し，接続するプリスケーラ，割り込み生成を設定します．今回はPIT1のみ有効でカウントビット幅を32，カウント値読み出し可能，接続するプリスケーラなし，割り込みを生成する設定です．

GPO（General Purpose Output）は4個まで持てます［**図4(i)**］．それぞれ有効/無効，ビット幅，初期値を設定します．今回はGPO1のみ使用，32ビット幅で，初期値はオール0に設定します．

GPI（General Purpose Input）は4個まで持てます

［**図4(j)**］．それぞれ，有効/無効，ビット幅，割り込み発生を設定します．今回はGPI1のみ使用，32ビット幅で，割り込み発生に設定します．

Interrupts（外部割り込み）は割り込み信号数，レベル割り込み/エッジ割り込み，割り込み発生条件の設定があります［**図4(k)**］．今回は外部割り込み1本，レベル割り込み，"H"で割り込み発生に設定してあります．ここまでMCSの設定が完了です．Generateをクリックすると MSCのデータが設計フォルダ/ipcore_dirの下に作成されます．

MCS内の各ペリフェラルの内容やアドレスはXilinx社サイトに置いてあるドキュメント（pg052-iomodule.pdf）に記載されているのでこちらも参照してください．

● **TOP回路の作成**

MCSをTOP回路にすることもできますが，MCSとユーザ設計回路をFPGA内に置くためには，MCSとユーザ設計回路をサブモジュールとしてインスタンスするTOP回路HDL記述が必要です．MicroBlaze MCSのインスタンスのひな型が設計フォルダ/ipcore_dirの下にmb_mcs.veoとして作成されて

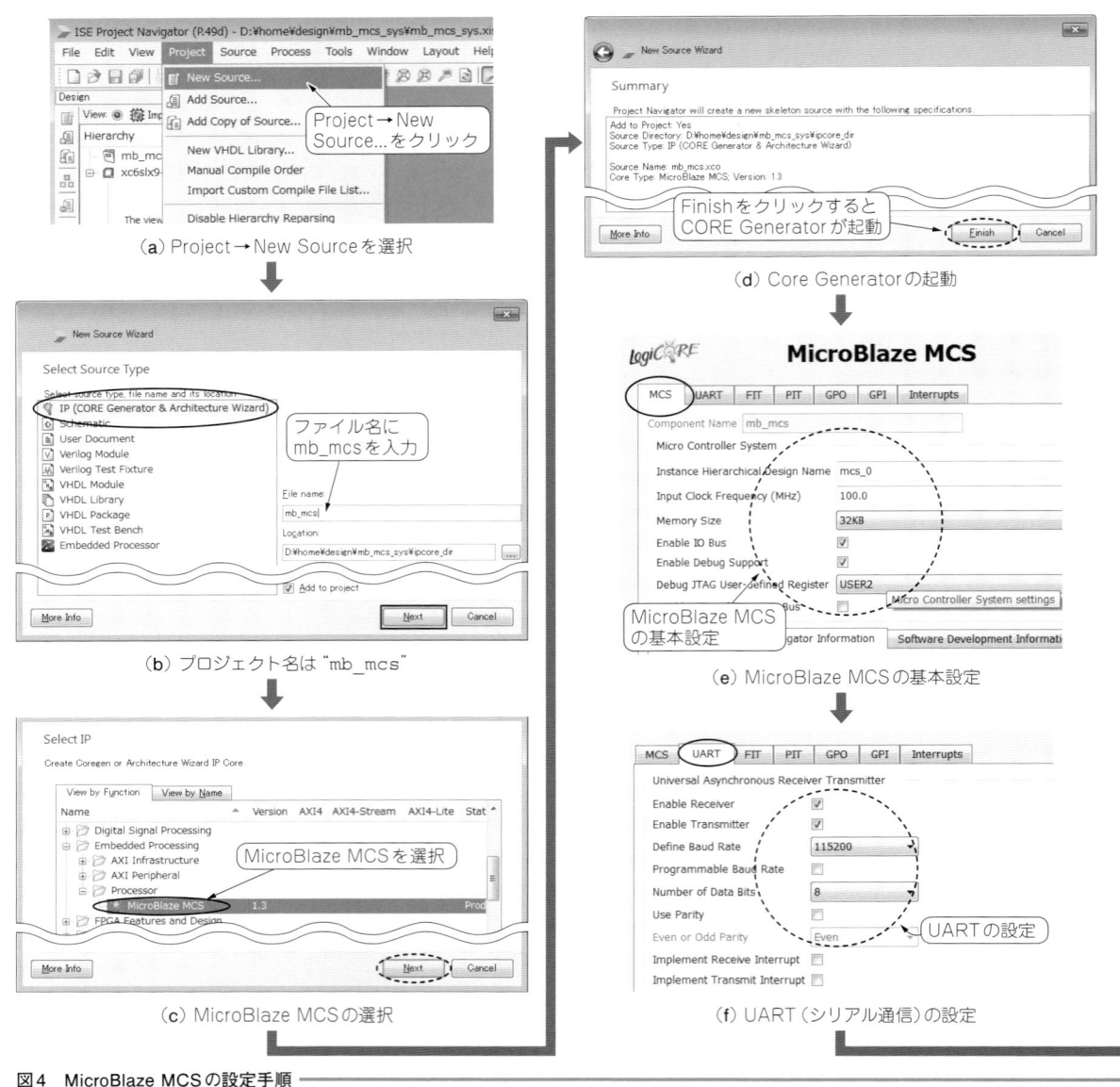

(a) Project→New Sourceを選択

(b) プロジェクト名は"mb_mcs"

(c) MicroBlaze MCSの選択

(d) Core Generatorの起動

(e) MicroBlaze MCSの基本設定

(f) UART（シリアル通信）の設定

図4　MicroBlaze MCSの設定手順

いるので参考にしてください．ただし，インスタンス名はCORE Generatorで設定したmcs_0にしてください．インスタンス名が違うとソフトウェア開発環境にハードウェア情報が上手く伝わらないので注意してください．

GPOの下位4ビットはLEDに接続します．

● ピン配置指定／インプリメンテーション

Project NavigatorでFPGAに書き込む回路データを作成します．始めに論理合成を行います．このときにエラーとなった場合はTOP回路のHDL記述に間違いがあるので見直してください．ピン配置指定にはPlanAheadを使用します．信号リストから信号を選び，チップのPackage図のピンにドロップすると配置が指定されます．指定した情報はUCFファイルに保存されます．リスト1に今回のUCFファイルのピン配置指定を示します．UCFファイルは単なるテキスト・ファイルなので，直接書き換えることでピン配置の指定も可能です．

ピン配置指定が完了したらインプリメンテーションを実行します．インプリメンテーションに成功するとbitファイルとしてmb_mcs_sys.bitが作成されます．

● ソフトウェア開発～ソフトウェア・プロジェクトの作成

ソフトウェア開発はSDKで行います．ソフトウェア開発の詳細については次号のソフトウェア開発編で紹介します．ここでは動作確認のためHello Worldを

(g) FIT (Fixed Interval Timer) の設定

(h) PIT (Programable Interval Timer) の設定

(i) GPO (General Purpose Output) の設定

(j) GPI (General Purpose Input) の設定

(k) Interrupts (外部割り込み) の設定

リスト1 UCFファイルのピン配置指定

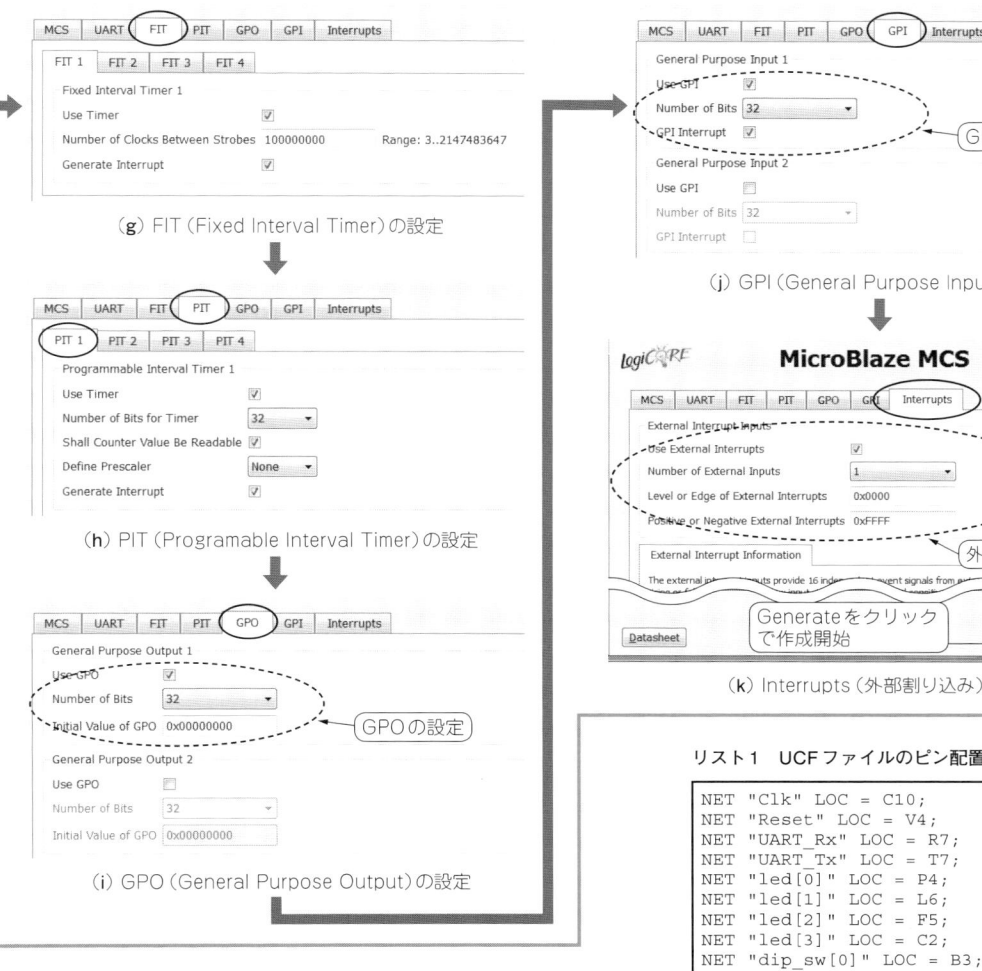

```
NET "Clk" LOC = C10;
NET "Reset" LOC = V4;
NET "UART_Rx" LOC = R7;
NET "UART_Tx" LOC = T7;
NET "led[0]" LOC = P4;
NET "led[1]" LOC = L6;
NET "led[2]" LOC = F5;
NET "led[3]" LOC = C2;
NET "dip_sw[0]" LOC = B3;
NET "dip_sw[1]" LOC = A3;
NET "dip_sw[2]" LOC = B4;
NET "dip_sw[3]" LOC = A4;
```

表示するひな型のソフトウェア・プロジェクトの作成を紹介します．

図5にひな型ソフトウェア・プロジェクトの作成手順を示します．SDKを起動するとワークスペースの指定を求められるので，設計フォルダ¥sdk¥workspaceを指定しています[**図5**(**a**)]．次にハードウェア情報の登録と新規ソフトウェア・プロジェクトを作成します．SDKのウィンドでFile→New→Application Projectを選択します[**図5**(**b**)]．Target HardwareのHardware Platform→Create newを選択するとNew Hardware Projectの設定が表示されるので，ハードウェア情報の登録を行います[**図5**(**c**)]．Project nameはSDKの管理するハードウェア・プロジェクト名で今回はmb_mcs_sys_hwとしました．User defaultlocationにチェックを入れ，次にxmlファイル指定を指定します．xmlファイルにはソフトウェアに必要なメモリサイズやメモリ・ペリフェラルのアドレスなどのハードウェア情報が入っています．この

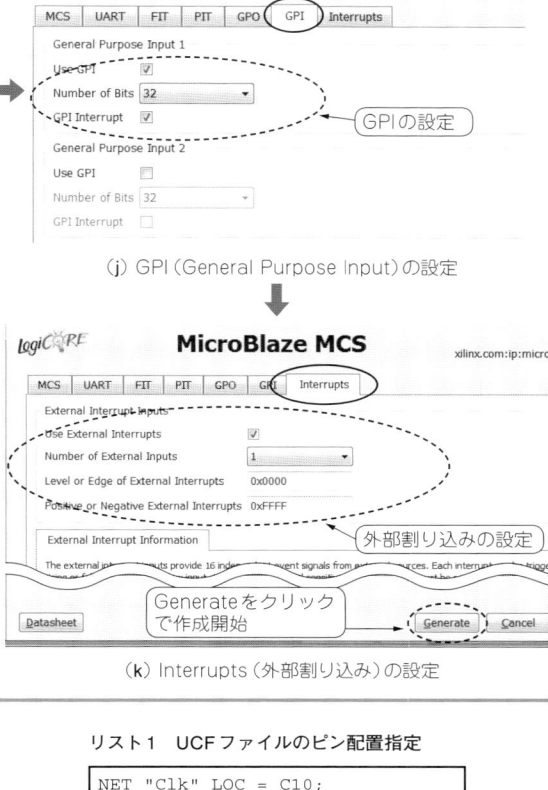

ファイルはMCSをCORE Generatorで作成したときに，MCSモジュール名_sdk.xmlとして作成されています．設計フォルダ¥ipcore_dir¥mb_mcs_sdk.xmlを指定してFinshをクリックします[**図5**(**d**)]．

次にソフトウェア・プロジェクトを設定します．Project nameはhello_world_sw1，Hardware Platformはmb_mcs_sys_hw，Processorはmb_mcsを指定します．OS Platformはstandalone，LanguageはC，Board Support PackageはCreate NewにチェックしてHello_world_sw1_bspを設定してNextをクリック[**図5**(**e**)]し，次の画面でtemplatesとしてHello Worldを選択してFinishをクリックする[**図5**(**f**)]と，ソフトウェア・プロジェクトが作成されてビルドが実行されます．

次にCソース・コードにGPO出力値を変更するコー

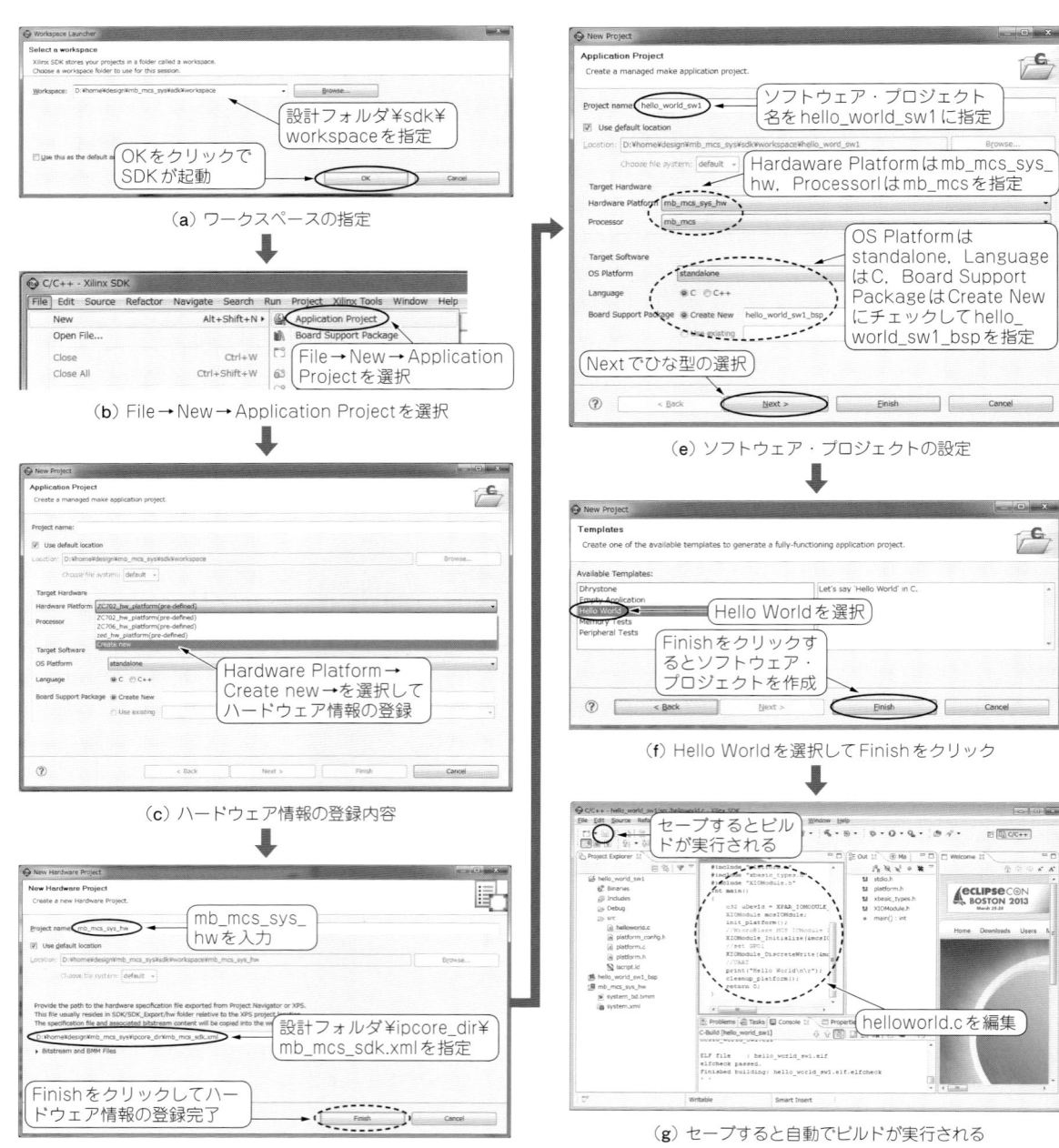

図5 ひな型ソフトウェア・プロジェクトの作成手順

(a) ワークスペースの指定
(b) File→New→Application Project を選択
(c) ハードウェア情報の登録内容
(d) ハードウェア情報の登録完了
(e) ソフトウェア・プロジェクトの設定
(f) Hello World を選択して Finish をクリック
(g) セーブすると自動でビルドが実行される

ドを加えます．リスト2が追加の内容です．Cソース・コードをセーブすると自動でビルドが実行されます［図5(g)］．成功すると新しい実行バイナリ・ファイル（hello_world_sw1.elf）が作成されます．エラーになった場合はCソース・コードを確認してください．

● bit ファイルに elf ファイルを結合

次に，先ほどコンパイルしたプログラムを，FPGAコンフィグレーション・データである bit ファイルに結合する必要があります．この手順は少しややこしいので，本誌ダウンロード・ページに詳細な手順を解説したPDFを準備しておきます．そちらを参照してください．

● 実機での動作

MicroBoardとPCを，USBケーブル2本（コンフィグレーション・データのダウンロード用USBポート

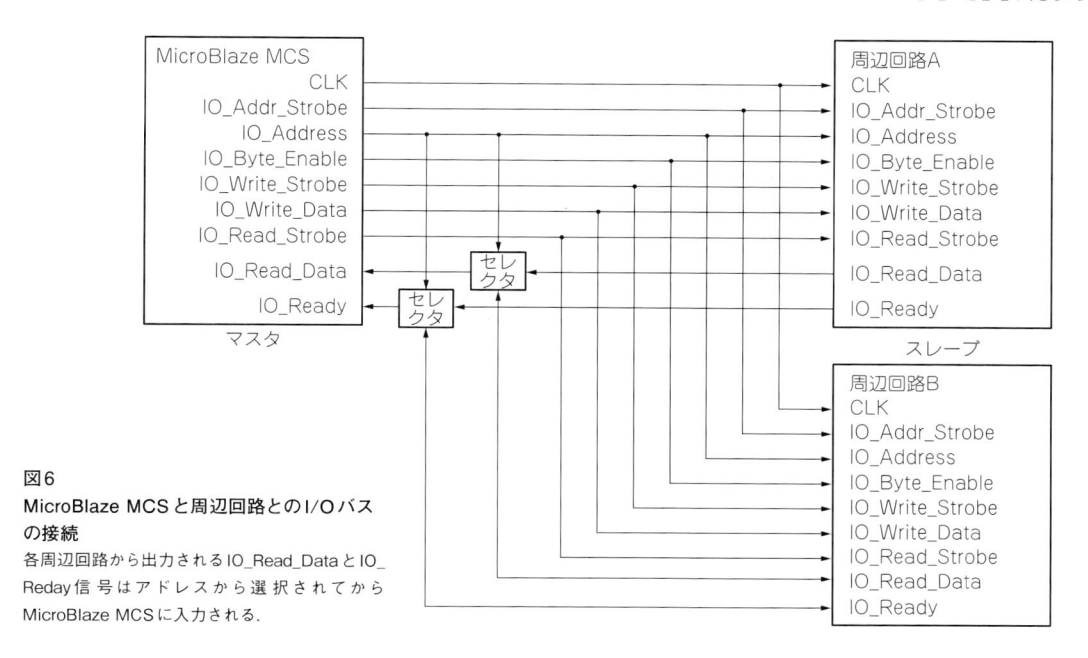

図6
MicroBlaze MCSと周辺回路とのI/Oバスの接続
各周辺回路から出力されるIO_Read_DataとIO_Reday信号はアドレスから選択されてからMicroBlaze MCSに入力される.

リスト2 GPO出力値を変更するプログラム

```c
#include <stdio.h>
#include "platform.h"
#include "xbasic_types.h"
#include "XIOModule.h"
int main()
{
    u32 uDevId = XPAR_IOMODULE_0_DEVICE_ID;
    XIOModule mcsIOMdule;
    init_platform();
    //MicroBlaze MCS IOModule Initialize
    XIOModule_Initialize(&mcsIOMdule, uDevId);
    //set GPO1
    XIOModule_DiscreteWrite(&mcsIOMdule, 1,2);   // GPO1に2をセット
    //UART
    print("Hello World\n\r");                     // UARTへ文字出力
    cleanup_platform();
    return 0;
}
```

表2 MicroBlaze MCSのI/Oバス信号一覧

信号名	ビット幅	方 向[注1]	用 途
IO_Address	32	M→S	アドレス
IO_Byte_Enable	4	M→S	バイト・イネーブル
IO_Write_Data	32	M→S	書き込みデータ
IO_Addr_Strobe	1	M→S	アドレス・ストローブ
IO_Writer_Strobe	1	M→S	書き込みストローブ
IO_Read_Strobe	1	M→S	読み出しストローブ
IO_Read_Data	32	S→M	読み出しデータ
IO_Ready	1	S→M	アクセス完了通知

注1. M→SはMCS(マスタ)出力,周辺回路(スレーブ)入力
S→Mは周辺回路(スレーブ)出力,MCS(マスタ)入力

とUART用USBポートの両方)を使って接続します.MicroBoardにはUSBシリアル変換チップCP2102(Silicon Laboratories社)が搭載されています.初回の接続ではCP2102のドライバのインストールを行ってください.

MicroBoardからのUART送信はPCのターミナル・ソフトを使って表示します.ターミナル・ソフトの通信設定値は,MicroBlaze MCSの作成時のUART設定と同じにします.次にProject Navigatorでbitファイルを生成します.このbitファイルにはソフトウェアの実行バイナリ・データがRAMの初期値として反映されています.iMPACTを起動してFPGAへbitファイルを書き込むとFPGAが起動します.するとすぐにMicroBoardのLED1が点灯して,PCのターミナル上にHello Worldと表示されるはずです.上手く動かない場合は,ピン配置,MCSの入力クロック周波数設定,UARTの設定を確認してください.

3. 周辺回路の追加手順

次はI/Oバスに周辺回路を接続する方法について説明します.

● MicroBlaze MCSのI/Oバス

まずはMicroBlaze MCSのI/Oバスについて紹介します.表2にI/Oバス信号の一覧を,図6にMCSと周辺回路とのI/Oバスの接続例を示します.MCSがマスタとなり,制御信号,アドレス,書き込みデータを出力します.周辺回路はスレーブとなり読み出しデータとready信号を出力します.複数の周辺回路をI/Oバスに接続する場合は,各周辺回路から出力される

(a) 書き込み時

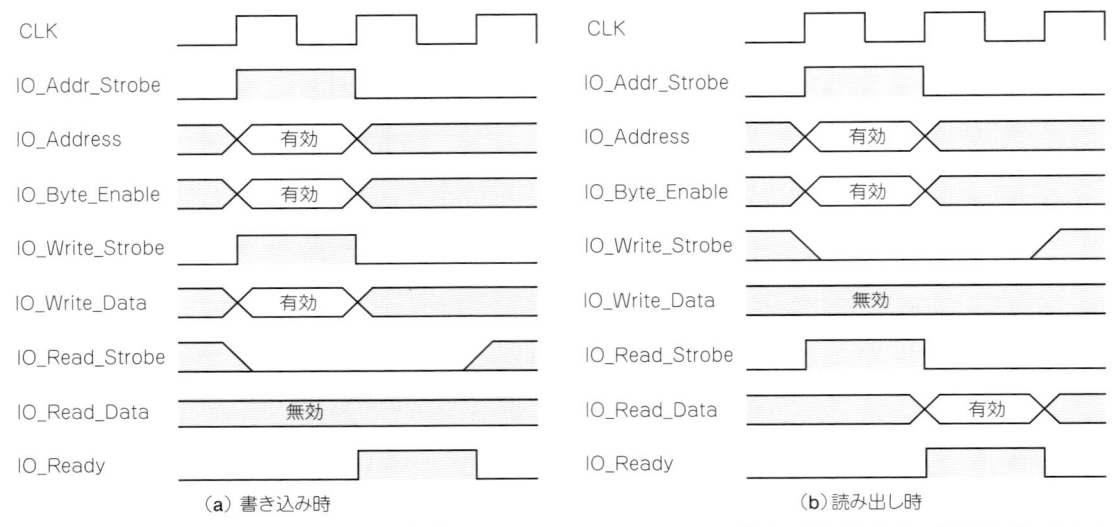

IO_Write_Strobeが"H"で書き込み動作．アドレスと書き込みデータは同時に通知される．書き込みが完了したらIO_Readyを"H"にする．

(b) 読み出し時

IO_Read_Strobeが"H"で読み出し動作．読み出しデータはIO_Readyが"H"のときにCPUに取り込まれる．

図7 MicroBlaze I/Oバスのアクセス波形

IO_Read_dataとIO_Reday信号をアドレスに応じて選択する必要があります．

● I/Oバスのアクセス波形

図7にI/Oバスのアクセス波形を示します．図7(a)は書き込み時の波形です．IO_Addr_Strobe = "H"のときにアドレスとバイト・イネーブルが有効になります．このときにIO_Write_Strobe = が"H"の場合は書き込み動作になり，IO_Write_Dataが書き込みデータです．接続先からのIO_Readyが"H"になると書き込み完了です．

図7(b)は読み出し時の波形です．書き込みと同じようにIO_Addr_Strobe = "H"のときにアドレスとバイト・イネーブルが有効になります．このときにIO_Read_Strobe = が"H"の場合は読み出し動作で，IO_Readyが"H"の時のIO_Read_Dataが有効な読み出しデータとして取り込まれます．

なおMCSでは，I/Oバスのアドレス空間は0xC0000000〜0xFFFFFFFFに固定されて割り当てられています．

● MCSと周辺回路との接続例

MCSから周辺回路を制御する場合の構成例を図8に示します．単純な設定であれば，MCS内に用意したGPOやGPIの信号を周辺回路に接続すれば実現可能です．もう少し高度な制御が必要な場合はI/Oバスを介してユーザ設計回路を接続することになります．

データが少量の場合は，Dフリップフロップ(DFF)で構成した設定レジスタ回路でデータをやりとりします．CPUからのアクセスを周辺回路で判定できるので，イネーブル付きデータ通信などが行えます．

より多くのデータをやりとりする場合は，デュアルポートRAMなどを使ったバッファ・メモリを介して周辺回路と接続します．その場合でもCPUと周辺回路でタイミングを取るために，レジスタ回路を使ったり，後述する割り込みなどを併用します．

I/Oバスを介したデータのやりとりはCPU主導で行われます．よって周辺回路側から処理要求する場合は，割り込み信号でCPUへ通知します．

● 周辺回路の設計

周辺回路例として設定レジスタ回路とバッファ・メモリ回路を紹介します．

設定レジスタ回路(iobus_reg.v)の動作は次のようになります．パラメータで指定されたアドレスとIO_Addressが一致し，IO_Write_Strobeが"H"の場合にデータ・レジスタにバスからの書き込データをセットします．それと同時に有効が値が発生したことを示すため，データ・イネーブルを1CLK間の"H"を出力します．また，書き込みが完了したことを通知するためIO_Readyを"H"にします．IO_Read_Strobeが"H"の場合は，IO_Addressの値で周辺回路からのデータを選択してIO_Read_Dataとして出力します．アクセスの完了と読み出しデータが有効なことを通知するためにIO_Readyを"H"にします．

バッファ・メモリ回路(iobus_bram.v)の動作は次のようになります．メモリはFPGA内のブロックRAMを使ったデュアルポートRAMで，一方をI/Oバスに接続して，一方ポートにはモニタ回路(user_module.v)に接続します．モニタ回路は観測しているデータに変化があった場合に変化後の値とタイミン

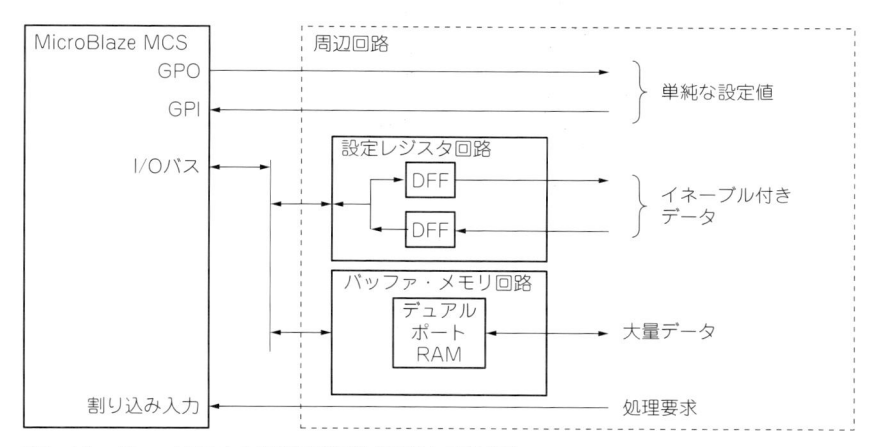

図8 MicroBlaze MCSから周辺回路制御する場合の構成例
GPO，GPIではCPUからアクセス有無の判定がやり難い．設定レジスタであれば周辺回路側でアクセスの判定ができる．

リスト3 周辺回路評価用Cソース・コードの一部

```c
#include <stdio.h>
#include "platform.h"
#include "xbasic_types.h"
#include "XIOModule.h"
#define IOBUS_REG_OFFSET     0x0
#define IOBUS_BRAM_OFFSET    0x1000

int main()
{
    u32 uDevId = XPAR_IOMODULE_0_DEVICE_ID;
    XIOModule mcsIOMdule;
    u8 read_data_8;
    u32 read_data_32;
    init_platform();
    //MicroBlaze MCS IOModule Initialize
    XIOModule_Initialize(&mcsIOMdule, uDevId);
    //iobus_reg
    XIOModule_IoWriteByte(&mcsIOMdule,(IOBUS_REG_OFFSET + 0x0), 0x31);   ← 設定レジスタへの書き込み
    read_data_8 = XIOModule_IoReadByte(&mcsIOMdule,(IOBUS_REG_OFFSET + 0));   ← 設定レジスタへの読み出し
    //read_data_8-> UART
    XIOModule_Send(&mcsIOMdule, &read_data_8,1);
    //BRAM
    read_data_32= XIOModule_IoReadWord(&mcsIOMdule,(IOBUS_BRAM_OFFSET + 0));   ← バッファ・メモリへの書き込み
    XIOModule_IoWriteWord(&mcsIOMdule,(IOBUS_BRAM_OFFSET + 0x0), 0x0);   ← バッファ・メモリへの読み出し
    return 0;
}
```

グをRAMへ書き込みます．MCSはRAMに保存されたデータを読み出します．

TOP回路（mb_mcs_sys.v）では周辺回路をインスタンスし，MCSと周辺回路をI/Oバスで接続します．

リスト3に動作確認用Cソース・コードを示します．書き込み，読み出しに使用している関数はSDKに用意されている関数です．Cソース・コードの指示に従って設定レジスタに値がセットされ，ブロックRAMへ読み書きしています．

* * *

今回はMicroBlaze MCSの作成とソフウェア開発の基本的な手順を紹介しました．ツールでひな型となるソース・コードを作ってくれるので，手軽にハードウェアとソフトウェアを作成できます．デバッグ用途などにも重宝するので，一度使ってみることをお勧めします．

今回の記事ではCソース・コードで使われているヘッダファイルや関数に触れていません．次号のソフトウェア開発編で，ペリフェラルを制御するためのヘッダ・ファイルと関数，割り込み動作などについて紹介する予定です．

よこみぞ・けんじ　設計コンサルタント

編集部から

■今時のFPGAは差動ドライバが使えるんだから，トランスミッタICなんて使わずに，FPGA直結でいきましょう！…というノリで企画してみた特集はいかがだったでしょうか．

打ち合わせの席で，ある筆者の『CPUは汎用性に特化した部品．FPGAは特化するための汎用部品．』という言葉が印象的でした．なるほど，CPUとFPGAを対比するいい表現だと思います．

さて，いよいよFPGAマガジンNo.1が発売となりました（…って，これを書いている段階ではまだ編集中なわけですが…）．最初に本書の企画書を書いてからはや10ヵ月…企画を練るのもまとめるのも大変でしたが，やはり実際の本書編集作業が一番大変！？本誌は3ヵ月に一度の季刊発行ではありますが，既に次号の原稿も手配済みです．ご期待ください． （M）

http://fpga.cqpub.co.jp/

FPGAマガジン

No.2の特集は…2013年7月25日（木曜日）発売予定

特集『USB 3.0 × FPGA』

パソコン周辺拡張インターフェースとして，最も汎用的で最も高速なインターフェースであるUSB 3.0．USB 3.0ホスト機能（XHCI）が内蔵されたIntel社製チップセットを搭載したパソコンも登場し，いよいよ本格的に普及していくでしょう．

次号特集では，USB 3.0の基礎知識から実際の設計手法までを詳しく解説します．USB 3.0対応物理層とFPGAの組み合わせ，USB 3.0対応コントローラ＋FPGA，USB-シリアル／パラレル変換ブリッジIC＋FPGAなど，いろいろな構成でFPGAとパソコンをUSBで接続する事例を紹介します．

またUSB 3.0だけでなく，USBで最も基本的かつ現在でもよく使われる通信速度としてフルスピード（12Mbps）に対応した，USBホスト／ターゲット・コントローラと，その制御プログラムの作成方法についても解説します．ごくごく一般的なFPGAとUSB信号（D＋/D－）を直結するだけで実現できるので，FPGAとパソコンを手軽に接続したい場合に最適です．

※タイトルや内容は変更になる場合があります．

```
CQ出版社
〒170-8461
東京都豊島区巣鴨1-14-2
http://www.cqpub.co.jp/
```

- ●本書記載の社名，製品名について ── 本書に記載されている社名および製品名は，一般に開発メーカーの登録商標または商標です．なお，本文中では™，®，©の各表示を明記しておりません．
- ●本書掲載記事の利用についてのご注意 ── 本書掲載記事は著作権法により保護され，また産業財産権が確立されている場合があります．したがって，記事として掲載された技術情報をもとに製品化をするには，著作権者および産業財産権者の許可が必要です．また，掲載された技術情報を利用することにより発生した損害などに関して，CQ出版社および著作権者ならびに産業財産権者は責任を負いかねますのでご了承ください．
- ●本書に関するご質問について ── 直接の電話でのお問い合わせには応じかねます．文章，数式などの記述上の不明点についてのご質問は，必ず往復はがきか返信用封筒を同封した封書でお願いいたします．ご質問は著者に回送し直接回答していただきますので，多少時間がかかります．また，本誌の記載範囲を越えるご質問には応じられませんので，ご了承ください．
- ●本書の複製等について ── 本書のコピー，スキャン，デジタル化等の無断複製は著作権法上での例外を除き禁じられています．本書を代行業者等の第三者に依頼してスキャンやデジタル化することは，たとえ個人や家庭内の利用でも認められておりません．

Ⓡ〈日本複製権センター委託出版物〉本書の全部または一部を無断で複写複製（コピー）することは，著作権法上での例外を除き，禁じられています．本書からの複製を希望される場合は，日本複製権センター（TEL：03-3401-2382）にご連絡ください．

FPGAマガジン No.1

編　集	FPGAマガジン編集部
発行人	寺前 裕司
発行所	CQ出版株式会社
	〒170-8461　東京都豊島区巣鴨1-14-2
電　話	編集 03-5395-2122
	販売 03-5395-2141
振　替	00100-7-10665

2013年5月1日発行
©CQ出版株式会社 2013
（無断転載を禁じます）

定価は裏表紙に表示してあります
乱丁，落丁はお取り替えします

編集担当者　村上真紀
印刷・製本　大日本印刷株式会社
DTP　クニメディア株式会社
Printed in Japan